Eva Bähnisch

Die Kohlmeise

Eva Bähnisch

Die Kohlmeise

Parasitierung, Stress und Fremdgehen in unterschiedlichen Habitaten

Südwestdeutscher Verlag für Hochschulschriften

Impressum/Imprint (nur für Deutschland/only for Germany)
Bibliografische Information der Deutschen Nationalbibliothek: Die Deutsche Nationalbibliothek verzeichnet diese Publikation in der Deutschen Nationalbibliografie; detaillierte bibliografische Daten sind im Internet über http://dnb.d-nb.de abrufbar.
Alle in diesem Buch genannten Marken und Produktnamen unterliegen warenzeichen-, marken- oder patentrechtlichem Schutz bzw. sind Warenzeichen oder eingetragene Warenzeichen der jeweiligen Inhaber. Die Wiedergabe von Marken, Produktnamen, Gebrauchsnamen, Handelsnamen, Warenbezeichnungen u.s.w. in diesem Werk berechtigt auch ohne besondere Kennzeichnung nicht zu der Annahme, dass solche Namen im Sinne der Warenzeichen- und Markenschutzgesetzgebung als frei zu betrachten wären und daher von jedermann benutzt werden dürften.

Coverbild: www.ingimage.com

Verlag: Südwestdeutscher Verlag für Hochschulschriften GmbH & Co. KG
Heinrich-Böcking-Str. 6-8, 66121 Saarbrücken, Deutschland
Telefon +49 681 37 20 271-1, Telefax +49 681 37 20 271-0
Email: info@svh-verlag.de

Zugl.: Essen, Universität Duisburg-Essen, Dissertation, 2011

Herstellung in Deutschland (siehe letzte Seite)
ISBN: 978-3-8381-3169-6

Imprint (only for USA, GB)
Bibliographic information published by the Deutsche Nationalbibliothek: The Deutsche Nationalbibliothek lists this publication in the Deutsche Nationalbibliografie; detailed bibliographic data are available in the Internet at http://dnb.d-nb.de.
Any brand names and product names mentioned in this book are subject to trademark, brand or patent protection and are trademarks or registered trademarks of their respective holders. The use of brand names, product names, common names, trade names, product descriptions etc. even without a particular marking in this works is in no way to be construed to mean that such names may be regarded as unrestricted in respect of trademark and brand protection legislation and could thus be used by anyone.

Cover image: www.ingimage.com

Publisher: Südwestdeutscher Verlag für Hochschulschriften GmbH & Co. KG
Heinrich-Böcking-Str. 6-8, 66121 Saarbrücken, Germany
Phone +49 681 37 20 271-1, Fax +49 681 37 20 271-0
Email: info@svh-verlag.de

Printed in the U.S.A.
Printed in the U.K. by (see last page)
ISBN: 978-3-8381-3169-6

Copyright © 2012 by the author and Südwestdeutscher Verlag für Hochschulschriften GmbH & Co. KG and licensors
All rights reserved. Saarbrücken 2012

Inhaltsverzeichnis

1. Einleitung　　　　　　　　　　　　　　　　　　　　　　　　　　1
1.1 **Kohlmeise** ... 1
1.2 **Blutbild-Analysen** ... 5
1.3 **Blutparasiten von Vögeln** ... 7
1.3.1 Malaria-Parasiten ... 8
1.3.2 *Plasmodium* ... 9
1.3.3 *Haemoproteus* ... 12
1.3.4 Auswirkungen verschiedener Einflüsse auf die Parasitierung ... 13
1.4 **Stresshormone** ... 15
1.5 **Monogamie und Fremdgehrate bei Vögeln** ... 18
1.6 **Fragestellung** ... 22

2. Material und Methoden　　　　　　　　　　　　　　　　　　　24
2.1 Untersuchungsgebiete ... 24
2.2 Untersuchungszeitraum und Datenerhebung ... 26
2.3 Fang ... 27
2.4 Blutentnahme und äußere Inspektion ... 28
2.5 Erfassung der Parasiten und Blutzellen ... 30
2.6 Stresshormonanalysen ... 30
2.7 Vaterschaftsanalysen ... 31
2.7.1 DNA-Isolierung aus Blut ... 31
2.7.2 Amplifikation der DNA mit Hilfe der PCR ... 32
2.7.3 Multiplex-PCR ... 32
2.7.4 Fragment-Analyse im ABI310 Genetic Analyzer ... 33
2.7.5 Methoden zur Sequenzierung einzelner Allele ... 34
2.7.6 Überprüfung der PCR-Produkte auf Polyacrylamid-Gelen ... 34
2.7.7 Aufreinigung der PCR-Produkte mit ExoSAP ... 36
2.7.8 Cycle-Sequenzier-PCR ... 36
2.7.9 Kapillargelelektrophoretische Auftrennung der Produkte der Cycle-
　　　Sequenzierungs-PCR ... 37
2.8 **Datenauswertung** ... 38

3. Ergebnisse 39

3.1 Belegungsrate der Nistkästen und Bruterfolg 39
3.2 Gewichte und Ektoparasiten 40
3.3 Blutparasiten 41
3.3.1 Bestimmung der Blutparasiten 41
3.3.2 Gesamtprävalenz der Blutparasiten 42
3.3.3 Prävalenz der Blutparasiten in den verschiedenen Lokalitäten 43
3.3.4 Prävalenz der Blutparasiten im Jahresverlauf 44
3.3.5 Prävalenz der Blutparasiten in Abhängigkeit von Brutzeit, Geschlecht, und Lokalität 45
3.3.6 Parasitämien bei Tieren mit unterschiedlichem Gewicht 48
3.3.7 Parasitämie der Wiederfänge 50
3.4 Differenzierung der Blutzellen 51
3.4.1 Blutbild der Kohlmeise 51
3.4.2 Prävalenz und Anzahl veränderter heterophiler Granulozyten 53
3.4.3 Anteil veränderter Granulozyten in Relation zum Gewicht 55
3.4.4 Anteil veränderter heterophiler Granulozyten bei Wiederfängen 57
3.4.5 H/L-Quotienten bei Tieren aus unterschiedlichen Lokalitäten 57
3.5 Stresshormontiter 58
3.5.1 Stresshormontiter bei unterschiedlich schweren Tieren und bei unterschiedlicher Zeitdauer bis zur Blutabnahme 59
3.5.2 Stresshormontiter bei unterschiedlicher Zeitdauer bis zur Blutabnahme unter Einbeziehung der Brutzeit 60
3.5.3 Stresshormontiter bei Männchen, Weibchen und Nestlingen und bei unterschiedlichen Parasitämien 62
3.5.4 Stresshormontiter bei Tieren aus unterschiedlichen Lokalitäten 63
3.6 Fremdvaterschaften 69
3.6.1 Fremdvaterschaften in den einzelnen Lokalitäten 69
3.6.2 Fremdvaterschaften in den einzelnen Jahren 72
3.7 Vergleiche verschiedener Parameter 74
3.7.1 Vergleich der Stresshormontiter und der Anzahl veränderter Granulozyten 74
3.7.2 Vergleich der Parasitämien und der Anzahl veränderter heterophiler Granulozyten 78

3.7.3 Vergleich der Parasitämien und Kortikosteron-Konzentrationen ... 80
3.7.4 Vergleich der Parasitämien und Fremdkopulationen sowie Kortikosteron-
Konzentrationen ... 85

4. Diskussion — 94
4.1 Material- und Methodik-Probleme ... 94
4.2 Belegungsrate der Nistkästen und Bruterfolg ... 100
4.3 Blutparasiten ... 103
4.4 Anzahl der heterophilen Granulozyten und der veränderten Subpopulation ... 110
4.5 Stresshormon-Konzentrationen ... 115
4.6 Fremdvaterschaften ... 119
4.7 Verknüpfungen verschiedener Parameter ... 124

5. Zusammenfassung — 127
Summary ... 129

6. Anhang — 131

7. Abkürzungsverzeichnis — 137

8. Literaturverzeichnis — 139

9. Danksagung — 179

1. Einleitung

1.1 Kohlmeise

Die Kohlmeise (*Parus major*) gehört zu den bekanntesten Singvögeln in Europa und ist sehr oft Objekt der verschiedensten ökologischen Studien (z.B. Garvin *et al.* 1993; Merino *et al.* 1997, 2000a; Hõrak *et al.* 1998; Hauptmanová *et al.* 2002; Payevsky 2006). Die Kohlmeise ist die größte Meise Mitteleuropas und ein territorialer Höhlenbrüter, der in sozial monogamen Saisonehen lebt (Glutz & Bauer 1993; Gosler 1993; Limbrunner *et al.* 2007a). Das Verbreitungsgebiet erstreckt sich über den größten Teil der Nordhemisphäre, wobei der amerikanische Kontinent vollständig ausgespart wird (Glutz & Bauer 1993). Die Kohlmeise bevorzugt generell Laubmischwälder mit einem hohen Anteil an Eichen (*Quercus* spp.) und einer reichen Kraut- und Strauchschicht (Kluijver 1951; Lack 1955, 1964; Perrins 1965; Limbrunner *et al.* 2007a). Weniger attraktiv sind Buchen-, Kiefern- und Fichtenwälder. Kohlmeisen sind anpassungsfähiger als alle anderen Meisenarten (Familie Paridae) und scheuen auch nicht die menschliche Nähe. Deshalb finden sie sich regelmäßig nicht nur in städtischen Parks und Friedhöfen, sondern auch in innerurbanen Lebensräumen, sofern mindestens eine größere Baumgruppe vorhanden ist (Glutz & Bauer 1993). Ansonsten besiedelt die Kohlmeise praktisch alle Baum-bestandenen Lebensräume von der Meeresküste bis zur Baumgrenze und alle unterschiedlichen Habitatstrukturen. Sie brütet aber auch außerhalb des Waldes (Abs 1987; Glutz & Bauer 1993). Die Meisen überwintern im Brutgebiet. Sie sind in der Regel brutort- und z.T. auch bruthöhlentreu und gelten daher als Stand- oder Strichvogel (Glutz & Bauer 1993; Bezzel & Prinzinger 1990a). Kohlmeisen verlassen das Bruthabitat nur in Ausnahmefällen (Kluijver 1951; Glutz & Bauer 1993).

Außerhalb der Brutzeit ziehen Kohlmeisen auf der Suche nach Futter oft mit anderen Meisenarten in gemischten Trupps umher (Glutz & Bauer 1993; Limbrunner 2007a). In kalten Jahreszeiten profitieren die Tiere in den Städten vom wärmeren Stadtklima und Zufütterungen durch den Menschen. In Klimazonen, in denen die Winter oft besonders streng sind, wandern sie in den Wintermonaten verstärkt in die Städte (Orell 1989; Glutz & Bauer 1993; Hõrak & Lebreton 1998). Im Frühjahr dagegen zieht ein Teil der Kohlmeisen wieder in den Wald, um dort zu brüten, andere verbleiben in den Städten (Beressem *et al.* 1983; Schmidt & Steinbach 1983; Glutz & Bauer 1993).

Im Gegensatz zu anderen Meisenarten sind die Geschlechter der Kohlmeise gut erkennbar: beim Männchen ist der markante schwarze Bauchstreif breiter als beim

Weibchen und zieht sich bis zur Kloake. Des Weiteren erfolgt die Geschlechterbestimmung der Elternvögel über den Brutfleck, eine stark durchblutete kahle Stelle, die ausschließlich an der Bauchseite von Weibchen auftritt. Auch das Alter adulter Tiere ist anhand der Färbung am Außensaum der Handdecken und durch unvermauserte Flügelpartien gut bestimmbar. Bei der Brut wird hierzu die Flügellänge oder die Länge der Handschwinge 9 der größten Nestlinge benutzt (Orell 1983; Glutz & Bauer 1993; Limbrunner et al. 2007a). Die Mauser der Kohlmeise beeinflussen verschiedene Faktoren wie Alter und Geschlecht, aber auch die Fotoperiode, geographische Lage sowie die Jahreszeit (Gosler 1996; Adamík & Vaňáková 2006).

Nur wenige europäische Vogelarten sind bezüglich ihrer Brutbiologie so umfassend untersucht wie die Kohlmeisen (Winkel 1970; Curio & Regelmann 1982; Schmidt et al. 1985a; Sanz 1998; Gaedecke & Winkel 2005; Mészáros et al. 2006). Dabei gehen die meisten Untersuchungen auf Nistkastenstudien zurück (Perrins 1979; Schmidt et al. 1985b; Winkel 1996; Rönsch et al. 2005). Mit zunehmender Höhenlage des Brutgebietes verzögern sich Legebeginn und Gelegegröße, und die Häufigkeit von Zweitbruten nimmt ab (Kluijver 1951; Lack 1955, 1964; Perrins 1965; Pikula 1975; Zang 1980, 1982; Krementz & Handford 1984; Limbrunner et al. 2007a).

Die Geschlechtsreife wird am Ende des ersten Lebensjahres erreicht, wobei jedoch nicht alle Einjährigen direkt brüten (Glutz & Bauer 1993). Die ersten Paarungsrufe und -spiele erfolgen an schönen Wintertagen, die Paarbindung im März, spätestens im April (Niethammer 1996). Die Brutzeit beginnt meistens Ende März. Das Weibchen sucht in Begleitung des Männchens eine Nisthöhle aus und baut dann vorwiegend aus Moos, Wurzeln, Grashalmen und Flechten ein Nest und polstert es innen zusätzlich mit Haaren aus (Glutz & Bauer 1993; Limbrunner 2007a). Bei jeder Kopulation werden – wie auch bei vielen anderen Vogelarten – ein oder gleich mehrere Eier befruchtet (Bezzel & Prinzinger 1990b). Im April werden insgesamt 5-10 Eier mit ziegelroten Einschlüssen gelegt. In seltenen Fällen kommt es auch zu einer Zweitbrut im Juni. Die Eigröße wird von Außenfaktoren, wie Nahrung und Temperatur, sowie den spezifischen Eigenschaften der Eltern, besonders der Weibchen, beeinflusst (Föger & Pegoraro 1996). Die Gewichtsentwicklung der Jungtiere und dadurch auch die Mortalität der Nestlinge spiegelt sich in der Eigröße wider (Glutz & Bauer 1993). In Stadtgebieten liegen die Gewichte der Kohlmeiseneier deutlich unter denen der Eier aus ländlicheren Habitaten (Föger & Pegoraro 1996).

Die Bebrütung beginnt bereits vor Ablage des letzten Eies (Walter 1979; Glutz & Bauer 1993). Bis zu diesem Zeitpunkt decken die Weibchen das Gelege zu, sobald sie es verlassen. Die Brutdauer beträgt insgesamt 13-14 Tage, und es brütet nur das Weibchen. In der Nestlingsphase von 15-21 Tagen werden die Jungtiere dann sowohl vom Weibchen als auch dem Männchen gefüttert (Glutz & Bauer 1993; Limbrunner 2007a). Um das Nest sauber zu halten, recken die Jungtiere zur Entleerung des Darms die Kloake nach oben, und die Elterntiere nehmen den umhäuteten Kotballen entgegen, verschlucken ihn oder tragen ihn aus dem Nest (Glutz & Bauer 1993; Niethammer 1996; Reichholf 2003). Beide Elterntiere beschützen die Jungtiere vor Prädatoren. Dabei hängt die Intensität des Beschützens von dem Risiko, welches der Altvogel eingeht, und der Aussicht auf eine neue Fortpflanzung ab (Curio & Regelmann 1982). Nach Verlassen des Nestes werden die Jungtiere noch weitere 8-14 Tage jeweils von Männchen und Weibchen gefüttert und geführt. Dann verlassen die flügge gewordenen Kohlmeisen den Familienverband und das Gebiet (Glutz & Bauer 1993; Niethammer 1996).

Zur Charakterisierung der Populationsstrukturen von Kohlmeisen müssen sowohl die exogenen als auch die endogenen Faktoren des Habitats betrachtet werden. Exogene Faktoren beziehen sich auf die Bedürfnisse der Art, also auf die Qualität des Lebensraumes, wie Nahrungsressourcen, Brutplatzangebot, Strukturierung und Größe des Lebensraumes und die Anzahl und die Art der Prädatoren (z.B. Habicht oder Sperber) und anderer dort lebender Tiere (Radler 1988; Saunders *et al.* 1990). Der Faktor Prädator spielt aber eine eher untergeordnete Rolle (Lack 1964; Perrins 1965; Van Balen 1973; Perrins & Geer 1980; Hudde 1986; Glutz & Bauer 1993). Nur beim Auftreten vieler Prädatoren sind Auswirkungen erkennbar. In einem solchen Habitat sind die Kohlmeisen signifikant leichter als in Gebieten mit geringerer Prädation (Gentle & Gosler 2001). Das Gewicht der adulten Tiere hängt von der Anzahl der Prädatoren aber auch von den Nahrungsressourcen des Habitats ab (Glutz & Bauer 1993). Aber auch die Temperaturen sowie Niederschlag, Sonnenscheindauer und Luftfeuchte beeinflussen das Weibchen und dadurch auch das Gelege (Bellot *et al.* 1991; Mészáros *et al.* 2006).

Die endogenen Faktoren, also die Ebene des Genpools, beeinflussen die genetische Fitness der Art, also die Fähigkeit sich an ändernde Umweltbedingungen anzupassen. Die Fitness einer Art hängt dabei vom Grad der genetischen Variabilität und von der jeweiligen Größe der Population ab. Dabei ist die Populationsgröße mit der genetischen Variabilität korreliert (Sugg *et al.* 1996). Der Einfluss endogener und exogener Faktoren spiegelt sich auch in vielen Untersuchungen zur Brutbiologie in Stadthabitaten wider, die für die Kohlmeisen weniger geeignet sind, so dass weniger Eier gelegt werden (Lack 1955; Beressem *et al.* 1983; Cowie & Hinsley 1987; Glutz & Bauer 1993; Junker-Bornholdt & Schmidt 2000). Des Weiteren stirbt ein großer Anteil der Jungvögel in städtischen Habitaten bereits noch im Nest, und die restlichen Jungvögel fliegen im Vergleich zu Jungtieren aus einem Waldhabitat mit einem geringeren Gewicht aus (Bellot *et al.* 1991; Mészáros *et al.* 2006). Für die Jungenaufzucht spielen unter anderem das Nahrungsangebot, das Körpergewicht des brütenden Weibchens sowie die Lichtmenge am Neststandort eine große Rolle (u.a. Glück 1979; Martin 1995; Mészáros *et al.* 2006; Sánchez *et al.* 2007). Das Raupenangebot hängt von den zur Verfügung stehenden allochtonen oder autochtonen Baumarten ab und ist in einem autochtonen Habitat höher. Deshalb werden bei der Nahrungssuche vor allem einheimische Bäume aufgesucht (Kolb 1996). In einem autochtonen Habitat legen die Kohlmeisen tendenziell mehr Eier pro Brut, die Schlüpfrate ist geringfügig höher, die Jungvogelsterblichkeit geringer und die Nestlinge sind deutlich schwerer als solche in Gebieten mit exotischen Baumarten. Die Habitate mit einheimischen Baumarten sind zudem tendenziell dichter besiedelt (Kolb 1996).

Der Zeitpunkt der Eiablage unterliegt einer endogenen Periodik, beeinflussbar durch Temperatur, Tageslängenveränderungen und das Nahrungsangebot (Schmidt 1984). Vermutlich bedingt durch Klimaerwärmung brüten die Kohlmeisen heutzutage zwei Wochen früher als noch vor knapp 50 Jahren. Hierdurch ziehen sie einen größeren Nutzen aus der saisonalen Nahrung, da sich die meisten Raupen wegen der wärmeren Frühlingstemperaturen ebenfalls zwei Wochen früher entwickeln (Chamantier *et al.* 2008). Die Frühjahrstemperaturen beeinflussen den Zeitpunkt der Eiablage indirekt über den Laubaustrieb und das Insektenangebot (Schmidt 1984). Früh brütende Vögel haben trotz des höheren Risikos durch Kälteeinbrüche generell mehr Erfolg als spät brütende Vögel. Neben den oben genannten Aspekten hängt dies wohl auch mit den schwindenden Ressourcen während der Eiablage zusammen, wenn alle Vögel zur Brut schreiten (Gienapp & Visser 2006). Kohlmeisen-Nestlinge werden von beiden Elterntieren mit den besonders energiereichen Raupen gefüttert (z.B.: Lepidoptera: *Euproctis chrysorrhoea*, *Tortrix viridana*), die sich in Laub- und Laubmischwäldern während der Frühlingsmonate sehr stark vermehren, so dass in den Wäldern genug Nahrung für die Nestlinge vorhanden ist. Die Sterberate liegt oft unter 5 %, nimmt jedoch in baumarmen Habitaten und nadelbaumreichen Regionen stark zu, da dort weniger Raupen vorhanden sind (Lack 1955, 1964; Gibb & Betts 1963; Van Balen 1973; Perrins 1979; Steinbach *et al.* 1980; Kiziroglu 1982; Cowie & Hinsley 1987; Winkel & Winkel 1987; Kolb 1996; Junker-Bornhold & Schmidt 2000). Bei einem Vergleich der Jungenaufzucht von Kohlmeisen in einem älteren und einem jüngeren Waldgebiet hatten die Jungtiere aus dem älteren Waldhabitat zwar ein höheres Gewicht, jedoch auch eine höhere Parasitenprävalenz. Demnach stellt das ältere Waldhabitat eine gute Grundlage für die Tiere bei der Futtersuche dar, jedoch ebenso für die Vektoren von Parasiten (Sánchez *et al.* 2007).

Kohlmeisen werden von verschiedenen Parasiten befallen (s. Kap. 1.3), u.a. *Trypanosoma* sp., *Leucocytozoon* sp., *Haemoproteus majoris*, *Plasmodium relictum*, *P. polare*, *P. circumflexum*, *P. vaughani* (Haberkorn 1968, 1984; Bishop & Bennett 1992a; Hasselquist *et al.* 2007). Die Meisen und viele andere Vögel sind zusätzlich auch mit Kokzidien (*Isospora* sp., *Eimeria*, *Sarcocystis*) infiziert, wobei unklar ist, ob sich die Jungvögel durch das Futter oder über die Eltern mit *Isospora* infizieren (Svobodová 1994, 1996; Svobodová & Cibulková 1995).

1.2 Blutbild-Analysen

Die Blutmenge eines Vogels macht ca. 3-13 % der Körpermasse aus. Die normale Blutmenge liegt bei 7,8-9,2 ml pro 100 g Körpermasse und damit ungefähr im gleichen Bereich wie bei Säugern. Blutuntersuchungen werden bei Vögeln neben Vaterschaftsanalysen und der Detektion von Parasitämien verstärkt zur indirekten stoffwechselphysiologischen (z.B. Hunger usw.) und phylogenetischen Analysen eingesetzt (Prinzinger & Misovic 1994). Zur Auswertung des Blutes müssen die verschiedenen Typen von Zellen identifiziert werden. Erythrozyten von Vögeln besitzen Zellkerne und die heterophilen Granulozyten sind anders ausgebildet als bei Säugetieren (Prinzinger & Misovic 1994). Die Erythrozyten von Vögeln sind oval mit einem zentralen, ovalen Kern umgeben vom Plasma. Unreife und reife Erythrozyten werden anhand der Plasmafärbung, der runden bzw. ovalen Form und der Größe unterschieden.

Bei den anderen Blutzellen ist die Identifizierung schwieriger (Canfield 1998). Bei den Leukozyten werden Granulozyten, Monozyten und (große, mittlere und kleine) Lymphozyten unterschieden (Ervin 1980; Prinzinger & Misovic 1994; Campbell & Ellis 2007). Die unterschiedliche Größe der Zellen hat wohl keine funktionelle Bedeutung. Lymphozyten sind rund mit einem ebenfalls runden Kern und umgeben vom Plasma. Sie sind in einem Blutausstrich meist deformiert. Monozyten kommen sehr selten vor. Bei diesen sehr großen, unregelmäßig geformten Zellen mit einem nierenförmigen Kern enthält das Plasma manchmal Körner oder sie differenzieren zu Vakuolen mit phagozytierendem Material. Bei den Granulozyten finden sich heterophile, eosinophile und basophile Granulozyten, die sich in der Segmentierung der Kernlappen unterscheiden. Die Heterophilen sind runde Zellen mit blassem Plasma und einem stäbchenförmigen, segmentierten Kern. Im Gegensatz dazu besitzen die selten vorkommenden eosinophilen Granulozyten runde Granula und einen meist zweilappigen Kern und sind schlecht von den heterophilen Granulozyten abzugrenzen. Die ebenfalls selteneren basophilen Granulozyten sind wie die zwei anderen Typen der Granulozyten rund und besitzen einen zentral gelegenen Kern. Heterophile Granulozyten sind phagozytierende Zellen, welche in Verbindung mit Entzündungen stehen. Es sind keine spezifischen Immunzellen, sondern helfen bei der Auflösung von Entzündungsreaktionen (Parslow 1994).

Die Anzahl der Leukozyten und die Anteile der verschiedenen Typen hängen von verschiedenen exogenen und endogenen Faktoren ab. Generell besitzen Jungvögel weniger Leukozyten als Altvögel. Östrogengaben bei Männchen verändern die Häufigkeit, wobei der Anteil der heterophilen Granulozyten zunimmt und der der Lymphozyten abnimmt. ACTH, Kortikoide und Stress können die Anzahl der heterophilen Granulozyten erhöhen, während die Anzahl der Lymphozyten sinkt (Lumeij 1996; Scope 1999).

Häufig finden sich Gruppen von ovalen Thrombozyten. Diese sind deutlich kleiner als die Erythrozyten und besitzen ein größeres Kern-Zytoplasmaverhältnis. Sie sind für den Wundverschluss und die Blutgerinnung von Bedeutung, welche bei den Vögeln deutlich schneller verläuft als bei Säugetieren. Ebenfalls enthalten die Thrombozyten Serotonin, welches die Gefäße verengt und auch das Schmerzempfinden verringert. Ihre Anzahl ist bei Männchen und Weibchen gleich (Prinzinger & Misovic 1994; Lumeij 1996; Fudge 1997; Scope 1999; Wedel 1999).

Über die Relation von heterophilen Granulozyten zu den Lymphozyten bzw. auch über die Lymphozyten-Konzentration kann eine Immunsuppression und darüber die Stressintensität erkannt werden (Hõrak *et al.* 1998; Moreno *et al.* 1999; Kilgas *et al.* 2006). Ist der Heterophilen/Lymphozyten-Quotient erhöht, so indiziert dies Stress bzw. ein erhöhtes Auftreten von Parasiteninfektionen (Ots & Hõrak 1996; Laaksonen *et al.* 2004). Mit Blutparasiten infizierte Zaunammern besaßen mehr Leukozyten als nicht infizierte Individuen, was sich auch in der geringeren körperlichen Kondition widerspiegelte. Dabei korrelierte die Gefiederfärbung negativ mit dem Anteil der Lymphozyten und positiv mit dem der heterophilen Granulozyten (Figuerola *et al.* 1999).

1.3 Blutparasiten von Vögeln

Parasiten sind Lebewesen, die andauernd oder vorübergehend auf oder in einem andersartigen Organismus, dem Wirt, leben und diesen schädigen, ihn aber höchstens zu einem späteren Zeitpunkt töten (Wülker & Schaub 2002). Unter natürlichen Bedingungen besteht zwischen einem Parasiten und dem Endwirt ein Gleichgewicht, welches sich im Laufe der Evolution eingestellt hat; hierdurch können die Parasiten ihre Wirte langfristig nutzen. Dieses Gleichgewicht kann regional unterschiedlich sein (Kaltz & Shykoff 1998; Mehlhorn 2002a; Snoeijs *et al.* 2004a,b). Blutparasiten finden sich in sehr vielen Vögeln der verschiedensten Arten auf der ganzen Welt (Bennett *et al.* 1982b, 1994). Meistens sind es Arten der Gattungen *Trypanosoma*, *Leucocytozoon*, *Plasmodium* und *Haemoproteus* (Peirce 1989). Bei manchen Vogelpopulationen sind bis zu 90 % der Population mit Blutparasiten befallen und dabei mit einem oder mit bis zu vier verschiedenen Parasiten-Arten infiziert (Ervin 1980). Solch ein Mehrfachbefall mit Parasiten ist bei Wildvögeln durchaus nicht selten (Manwell & Rossi 1975; Perkins 2000; Waldenstöm *et al.* 2004). Andererseits sind in Vögeln mancher Gattungen, die in extremen Lebensräumen vorkommen, wie z.B. marinen, salinen, ariden oder alpinen Bereichen, keine Blutparasiten vorhanden (Figuerola *et al.* 1996; Forero *et al.* 1997; Blanco *et al.* 1998). Der Grund hierfür oder die sehr geringe Verbreitung von Blutparasiten ist nicht klar (Figuerola *et al.* 1996). Neben dem Mangel entsprechender Vektoren in diesen Lebensräumen spielt eventuell eine gesteigerte Immunabwehr dieser an extreme Lebensräume angepassten Tiere eine Rolle (Bennett *et al.* 1992a; Figuerola *et al.* 1996; Martinez-Abrain *et al.* 2004; Shurulinkov & Chakarov 2006). In einem geeigneten Makrohabitat können sich die Vektoren besser vermehren und daher dort auch vermehrt auftreten und so leichter mehr Vögel infizieren (Tella *et al.* 1999). Hierdurch scheint ein Zusammenhang zwischen dem Habitat und der Parasitierung der Vektoren vorzuliegen.

Zu Blutparasiten und ihrem negativen Einfluss auf die Fitness, den Vogelzug, die Paarbindung und den Bruterfolg der Vögel („Hamilton-Zuk"-Hypothese) finden sich mehrere Feld-Untersuchungen, unter anderem an Buntfalken (*Falco sparverius*),

Trauerschnäppern (*Ficedula hypoleuca*), Weidensperlingen (*Passer hispiolensis*) und Blaumeisen (*Parus caeruleus*) (Hamilton & Zuk 1982; Borgia 1986; Borgia & Collins 1990; Rätti *et al.* 1993; Siikamäki *et al.* 1997; Dawson & Bortolotti 2000, 2001; Ilmonen *et al.* 2000; Merino *et al.* 2000b; Hahn 2010). Weibliche Zaunammern (*Emberiza cirlus*) sollen anhand der Stärke der Gefiederfärbung erkennen, ob die Männchen hoch parasitiert sind oder nicht (Figuerola *et al.* 1999). Bei Blaumeisen ist die UV-Färbung des Gefieders positiv korreliert mit einem höheren Überwinterungs-erfolg und einem Einfluss auf das Geschlechterverhältnis der Nachkommen (Griffith *et al.* 2003). Weibliche Blaumeisen reduzieren sogar ihren Brutaufwand bei Partnern, welche aufgrund der UV-Färbung geringere Überlebenschancen für die Nestlinge bieten (Limbourg *et al.* 2003). Bei vielen Vogelarten treten noch weitere Effekte auf, z.b. weisen männliche Turmfalken (*Falco tinnunculus*), welche stark mit Haematozoen infiziert sind, eine hellere Gefiederfärbung auf, als nicht infizierte Männchen. Die para-sitologisch eingeschränkte Kondition führt zu einer reduzierten Balz-Fütterung; vermutlich legen deshalb Turmfalkenweibchen, welche mit infizierten Männchen verpaart sind, zu einem späteren Zeitpunkt und schmalere Eier (Korpimäki *et al.* 1995; Møller *et al.* 1998). Bei Weibchen zeigen sich Auswirkungen auf die Eiablage, da eine signifikante Zunahme der Prävalenz mit Malaria-Parasiten positiv mit der Brutgröße korreliert (Opplinger *et al.* 1996a,b).

In der Regel kann der Wirt die Parasiten-Entwicklung regulieren. Dies gilt jedoch nur, solange der Wirt keine starke Beeinträchtigung erleidet, die zur Immun-suppression führt und häufig in einer starken Vermehrung der Parasiten resultiert (Faber & Haid 1995; Siikamäki *et al.* 1997; Mehlhorn 2002a; Stjernman *et al.* 2004). Solche Beeinträchtigungen können vom Parasiten selbst ausgelöst werden oder durch weitere Erkrankungen, Mangelernährung oder auch physischer und psychischer Belastungen z.B. bei Hierarchie-Auseinandersetzungen oder Territorialkämpfen (Faber & Haid 1995; Mehlhorn 2002a).

1.3.1 Malaria-Parasiten

Erstmals wurde 1884 in einem Blutausstrich eines Wildvogels ein Malariaerreger entdeckt (vergl. Haberkorn 1978). Die Vogelmalaria ist fast auf der ganzen Welt verbreitet; nur in Australien tritt sie sehr selten auf (Bennett *et al.* 1993a; Krone *et al.* 2001; Schrenzel *et al.* 2003). Zu den Erregern der Vogelmalaria gehören Arten der Gattungen *Leukozytozoon*, *Plasmodium* und *Haemoproteus* (Hellgren *et al.* 2004). Die

Einleitung

Identifizierung erfolgt anhand des Vorkommens von Parasitenstadien in den Thrombozyten und Leukozyten sowie von Gametozyten, welche den Erythrozyten-Zellkern verschieben (Cambell & Ellis 2007). Generell sollen die Nestlinge von Standvögeln häufiger als die von Zugvögeln infiziert sein (Shurulinkov & Golemansky 2003). Die Vögel werden von Mücken verschiedener Arten, welche als Vektoren für den Parasiten dienen, gestochen und so mit Vogelmalaria Erregern infiziert (Beaudoin et al. 1971). Die Parasitämie bei *Plasmodium* spp. und *Haemoproteus* spp. schwankt jahreszeitlich (u.a. Haberkorn 1968; Bennett et al. 1982a; Bernhard & Bair 1986; Deviche et al. 2001; Shurulinkov & Golemansky 2003; Hasselquist et al. 2007). Die Intensität des Parasitenbefalls variiert zwischen den Individuen und Arten (Bennett & Cameron 1974). Auch andere Faktoren beeinflussen die Parasitämie, z.B. Biotop und Alter der Tiere (Haberkorn 1984). Die Vogelmalaria soll sich auf die Fitness des Wirtes stark negativ auswirken, da die intrazellulären Parasiten einen negativen Einfluss auf den Stoffwechsel nehmen (Chen et al. 2001). Sperlingsvögel, vor allem auch die Kohlmeisen, sind sehr oft mit *Plasmodium* spp. und *Haemoproteus* spp. befallen (Hasselquist et al. 2007; Wiersch et al. 2007). Dabei führen *Plasmodium* spp. und *Haemoproteus* spp. zu geringfügigen bis sehr starken Symptomen (Hasselquist et al. 2007). Vogelmalaria-Erreger haben die Fähigkeit, neue Wirts-Arten zu befallen. Im Laufe der Evolution fand eine umfassende Wirt-Parasiten-Koevolution statt, so dass Vogelmalaria-Erreger ein breites Wirtsspektrum haben (Ricklefs et al. 2004; Schrenzel et al. 2003). Dies resultierte in einer schnellen Verbreitung und zu einer weltweiten Ausbreitung einer Parasitenspezies, auch in Gebiete, in denen der Erreger vorher noch nicht vorkam. Der Wechsel eines Parasiten in eine neue Wirtsspezies bewirkt in der Regel zunächst einen Anstieg der Mortalität in der Wirtspopulation. Eine Wirtspopulation, die vorher keine Berührung mit dem Parasiten hatte, ist dadurch eventuell sogar in ihrer Existenz gefährdet (Benning et al. 2002; Woodworth et al. 2005).

1.3.2 *Plasmodium*

Bei wildlebenden Vögeln sind 16 verschiedene *Plasmodium*-Arten bekannt (Boch et al. 2006). Zur Speziesidentifizierung und -klassifizierung der Erreger sowie zur Erfassung der Infektionsprävalenzen werden auch heutzutage noch morphologische Gesichtspunkte bei Giemsa-gefärbten Blutausstrichen verwendet, welche lichtmikroskopisch untersucht werden (Graczyk et al. 1993; Valkiūnas & Iezhova 2001; Krone et al. 2001; Perkins & Schall 2002; Waldenström et al. 2004). *Plasmodium* in Vögeln tritt beinahe auf der ganzen Welt auf, in Australien jedoch nur sehr selten und in Neuseeland und der Antarktis wohl gar nicht (Smyth 1976; Seed & Manwell 1977; Bennett et al. 1993a,b; Schrenzel et al. 2003). Auch in Europa und Deutschland ist *Plasmodium* in Vögeln weit verbreitet (Kučera 1981a,b,c; Haberkorn 1984; Krone et al. 2001; Scheuerlein & Ricklefs 2004). Die weltweite Verbreitung der Vogelmalaria soll durch das Zugverhalten der Vögel zustande gekommen sein (Manwell 1935), möglicherweise aber auch als Folge der Klimaerwärmung und zunehmender Verschleppung infizierter Vögel und Mückenvektoren (Feldman et al. 1995; Benning et al. 2002; Woodworth et al. 2005). In Deutschland finden sich nicht die wichtigsten Erreger der Hühnermalaria, *Plasmodium juxtanucleare* und *P. gallinaceum*. Meistens tritt bei Sperlingsvögeln, Tauben, Enten, Schwänen, aber auch bei Pinguinen im Zoo, *Plasmodium relictum* (syn. *praecox*) auf (Fix et al. 1988; Bishop & Bennett 1992a,b; Mehlhorn et al. 1993).

Für den Fortbestand von Malaria-Infektionen, besonders in den gemäßigten Breiten, ist es wichtig, dass die Gamonten dann im Blut der Wirbeltiere kreisen, wenn die betreffenden Überträgerinsekten vorhanden sind, *Culex-*, *Aedes-*, *Anopheles-* und *Culiseta*-Arten. Bei *Plasmodium*-Infektionen können Warmblüter eine Prämunität ausbilden und zu einem mehr oder weniger symptomlosen Parasitenträger mit wenigen Parasiten im Blut werden, an dem sich die Stechmücken aber noch infizieren können (Haberkorn 1968).

Wenn *Plasmodium*-Parasiten durch den Stich der weiblichen Mücke in den Vogel injiziert werden, dringen die Sporozoiten in die Endothelzellen und Phagozyten des retikuloendothelialen Systems ein (Lunge, Leber, Milz, Knochenmark) (Olsen 1974). Aus den Sporozoiten entwickeln sich innerhalb weniger Stunden Makroschizonten, die ihrerseits Merozoiten produzieren. Nach der Zerstörung der Wirtszelle dringen die Merozoiten in dieser exoerythrozytären Schizogonie wiederum in neue Gewebszellen ein und entwickeln sich erneut zu Schizonten. In der zweiten und dritten Schizontengeneration werden neben den Makroschizonten auch Mikroschizonten gebildet aus denen Mikromerozoiten hervorgehen, die junge Erythrozyten befallen. Dadurch wird die Blutinfektion eingeleitet (erythrozytäre Schizogonie). Wenn die Merozoiten in die roten Blutkörperchen eingedrungen sind, ist ein lichtmikroskopischer Nachweis gut möglich. Die aus Merozoiten in den Erythrozyten heranwachsenden Schizonten sind von kugeliger bis polymorpher Gestalt und drängen den Wirtszellkern an die Peripherie. Nach einiger Zeit entstehen in den Erythrozyten die kugeligen männlichen bzw. weiblichen Gamonten.

Werden die Gamonten beim Saugakt von einer Mücke aufgenommen, so differenzieren sich im Mitteldarm der Mücke die Gamonten zu den jeweiligen Gameten (1 weiblicher bzw. 4-8 männliche). Nach der Befruchtung der weiblichen Gamete wird die Zygote beweglich (Ookinet), durchwandert das Mitteldarmepithel und wächst zwischen Basalmembran und Epithelzelle zur Oozyste heran, in der sich die Sporozoiten bilden. Nach Platzen der Oozyste gelangen die Sporozoiten in die Leibeshöhle und aus der Hämolymphe in die Speicheldrüsen der Mücke, aus der sie beim nächsten Saugakt erneut übertragen werden (Mehlhorn *et al*. 1993; Mehlhorn & Piekarski 2002).

Die neben den geschlechtlich differenzierten Parasitenformen in den Erythrozyten des Wirtes heranwachsenden Schizonten gewährleisten durch die Bildung von Merozoiten, die nach Platzen der Erythrozyten neue rote Blutkörperchen befallen, die ständige Aufrechterhaltung der Blutinfektion. Nach einer Reihe von Generationen setzen immunologische Abwehrmechanismen seitens der Wirte ein, die die im Blut befindliche Anzahl von Erregern vorübergehend reduzieren oder auch völlig zum Verschwinden bringen und dadurch die akute Phase der Infektion beenden. Die exoerythrozytäre Phase wird dagegen durch das Immunsystem nicht beeinflusst; die persistierende Gewebsinfektion ist somit eine Quelle von Rezidiven, die stressbedingt besonders in der Brutsaison auftreten können (Applegate 1970; Hiepe & Jungmann 1983).

Die Inkubationszeit sowie die Präpatenz betragen jeweils ungefähr eine Woche; die Patenz kann bis zu einem Jahr anhalten (Mehlhorn *et al*. 1993). Über die Prävalenzrate der Vogelmalaria liegen unterschiedliche Daten vor, wobei jedoch die Infektion in gemäßigten Zonen nicht seltener auftritt als in tropischen (Smyth 1976; McClure *et al*. 1978). In Vogelarten, die eine Koevolution mit dem Erreger durchlaufen haben, steigt die Parasitämie zunächst an, nimmt dann aber wieder ab, bevor lebensbedrohliche Werte erreicht werden, und der Parasit verschwindet aus dem Blut. Falls eine Wirtsart zuvor allerdings noch nie mit Malaria-Parasiten Kontakt hatte oder ein neuer Parasitenstamm in eine Wirtspopulation eindringt, kann die Infektion einen tödlichen Verlauf nehmen (Bensch 2000). Hierdurch führen *Plasmodium*-Erreger bei Zootieren und bei Privathaltungen exotischer Vögel oft zu erheblichen wirtschaftlichen Schäden (Lindt & Hörning 1966; Kronberger *et al*. 1977; Valentin *et al*. 1994). In den letzten Jahren hat sich das Interesse für die Vogelmalaria aus weiteren Gründen verstärkt. Der Malariaerreger erobert, entweder durch voranschreitende Klimaerwärmung oder durch Verschleppung infizierter Vögel und Mückenvektoren, seit einiger Zeit Gebiete, in denen er vorher nicht vorkam. Die Folge ist ein eventuelles Aussterben nichtadaptierter Vogelpopulationen (Feldman *et al.* 1995; Benning *et al.* 2002; Woodworth *et al.* 2005).

Die Infektion führt bei Jungvögeln und adulten Vögeln zu Fieber, enorm vergrößerter Milz, Niere und Leber sowie Anämie, hochgradiger Schwäche, Apathie und Koma. Weitere Symptome sind ein aufgeplustertes oder zerzaustes Aussehen des Vogels. Über starken Gewichtsverlust und Lethargie sowie über Dehydrierung, Hämolyse, Anoxämie und Organversagen führt die Infektion rasch zum Tod (Seed & Manwell 1977). Stirbt ein Vogel an Vogelmalaria, liegen zwischen dem Auftreten erster klinischer Symptome und dem Tod im Durchschnitt 24 h (Viner *et al.* 2001). Übersteht der Vogel die initiale Phase, kann er auf Grund von Rezidiven später noch an einer Malaria-Infektion zu Grunde gehen. Stressvolle Situationen, z.B. Kälteeinbrüche, die einen Rückfall auslösen, verringern oft die Überlebenschance (Hayworth *et al.* 1987). Bei Sperlingsvögeln verläuft die Infektion meist asymptomatisch. Dabei scheinen männliche Tiere auf *Plasmodium* empfindlicher zu reagieren als weibliche (Boch *et al.* 2006).

1.3.3 *Haemoproteus*

Haemoproteus-Infektionen sind bei Vögeln ebenfalls weltweit verbreitet, vor allem bei Greifvögeln, Eulen und Singvögeln (Haberkorn 1968; Mehlhorn *et al.* 1993; Adriano & Cordeiro 2001). Auch für den Fortbestand der *Haemoproteus*-Infektionen ist bedeutend, dass die Gamonten dann im Blut der Wirbeltiere kreisen, wenn die betreffenden Vektoren vorhanden sind (Lausfliegen: *Pseudolynchia* (syn. *Lynchia*) *maura*; nur bei *H. columbae* Gnitzen der Gattung *Culicoides*) (Haberkorn 1968; Mehlhorn *et al.* 1993). Vermehrt tritt *Haemoproteus* spp. im Blut im September auf (Bernard & Bair 1986). Nach der Infektion wird der Wirt, wie auch bei der *Plasmodium*-Infektion, oft zu einem mehr oder weniger symptomlosen Parasitenträger (Haberkorn 1968; Mehlhorn *et al.* 1993).

Wenn der Parasit durch den Stich des Vektors in den Vogel injiziert wird, gelangen die Sporozoiten mit dem Speichel in die Blutbahn des Vogels und befallen die Endothelzellen innerer Organe (z.B. Lunge, Milz, Leber). Dort verläuft die gesamte Schizogonie (Boch *et al.* 2006; Mehlhorn *et al.* 1993). Im Gegensatz zu Arten der Gattung *Plasmodium* vermehren sich *Haemoproteidae* sowohl endo- als auch exoerythrozytär (Haberkorn 1968; Tomé *et al.* 2005). Einige dringen in Endothelzellen ein und wiederholen den Schizogoniezyklus. Die meisten differenzieren sich außerhalb der

Erythrozyten zu weiblichen und männlichen Gametozyten. Etwa vier Wochen p.i. sind die hantelförmigen Gamonten um den Wirtszellkern der Erythrozyten lichtmikroskopisch nachweisbar. Werden diese von den Vektoren aufgenommen, so werden die Sporozoiten, wie bei der Gattung *Plasmodium*, an der Darmwand gebildet. Die Präpatenz liegt bei der *Haemoproteus*-Infektion bei 4-5 Wochen und die Patenz bei mehreren Jahren.

Im Regelfall verläuft die Infektion unauffällig und asymptomatisch. Zum Teil befallen *Haemoproteus*-Erreger bis zu 95 % der roten Blutkörperchen der Vögel, ohne dass diese heftige Symptome zeigen (Desser & Bennett 1993). Gelegentlich finden sich aber Appetitlosigkeit, Ruhelosigkeit und Anämie (Mehlhorn *et al.* 1993; Boch *et al.* 2006). Ebenso gibt es signifikante Beziehungen zwischen der Infektion mit diesen Protozoen und der Brutzeit der weiblichen Kohlmeisen. Bei einem Vergleich parasitenfreier und parasitierter Kohlmeisen-Weibchen legten die parasitierten Weibchen ihre Eier später, und die Jungvögel schlüpften zu einem späteren Zeitpunkt. Dies soll mit dem Energieverlust des Vogels durch die Parasiten zusammenhängen (Allander & Bennett 1995).

1.3.4 Auswirkungen verschiedener Faktoren auf die Parasitierung

Verschiedene Faktoren, z.B. Brutzeit, Nestsuche und Jungenaufzucht, wirken sich auf die Parasitenprävalenz aus (Poulin & Vickery 1993; Keller 1995). Diese Stressfaktoren können unter anderem den Befall mit Parasiten so beeinflussen, dass die Parasitämie gefördert oder gehemmt wird. So korreliert der *Plasmodium*-Befall mit der Fütterungsrate der Jungtiere und der Brutgröße bei Kohlmeisen. Bei einer großen Brut suchen die Männchen, nicht aber die Weibchen, signifikant mehr Futter, und die Parasitämie verdoppelt sich bei ihnen (Richner *et al.* 1995).

Bei einem Vergleich der Auswirkungen des Parasitenbefalls bei den beiden **Geschlechtern** scheinen weibliche Tiere weniger empfindlich als männliche Tiere zu sein (Roberts *et al.* 1996). Dies liegt zum einen am unterschiedlichen Immunsystem und zum anderen an den Geschlechtshormonen (Araneo *et al.* 1991; Roberts *et al.* 2001). Dieses Phänomen ist bei Protozoen (*Plasmodium chabaudi, Trypanosoma cruzi, Babesia microti, Isospora* sp.) und anderen Parasiten (*Trichinella spiralis*, Nematoden, usw.) in mehreren Untersuchungen detailliert erfasst worden (u.a. Barnard *et al.* 1993; 1996a,b; Klein *et al.* 1999; Lourenço *et al.* 1999; Schuster & Schaub 2001b; Krücken *et al.* 2005a,b; Bähnisch 2005; Stadler 2005; Wunderlich *et al.* 2005). Die Geschlechtshormone können sowohl auf die Makrophagen als auch auf die T-Zellen einwirken, obwohl die spezifischen androgenen Rezeptoren bei diesen fehlen (Benten *et al.* 1999a,b). Bei Gruppen von drei Männchen der Labormaus (*Mus domesticus*) besaßen die dominanten Tiere, bei denen die Testosteron-Konzentrationen immer am höchsten sein sollen, die niedrigsten Parasitämien mit *Trypanosoma cruzi*. Einzeln gehaltene Männchen wiesen niedrigere Parasitämien auf als die in Gruppen gehaltenen Tiere (Schuster & Schaub 2001b). Jedoch zeigten die dominantesten Tiere eine erhöhte Parasitämie von *Babesia microti*, wenn es bei reinen Männchengruppen von Mäusen in großzügig gehaltenen Gehegen auf Grund der Einrichtungsgegenstände zum Kampf kam (Bernard *et al.* 1993, 1996). Es liegen auch diesbezüglich Unterschiede bei Weibchen vor, wenn man in kleine Weibchen-Gruppen Männchen eingliedert oder nicht. Die Weibchen hatten einen niedrigen Östrogen- und Parasitengehalt, bis ein Männchen in die Gruppe kam. Bei beiden Geschlechtern stiegen die Werte an. Die Weibchen mit dem höchsten Kortikosteron- und Progesteron-Level hatten den niedrigsten Parasitenbefall (Schuster & Schaub 2001a).

Neben dem Geschlecht beeinflusst auch das **Alter** der Tiere die Parasitendichte. Oft haben Jungtiere einen stärkeren Parasitenbefall als adulte Tiere. Beispiele liefern Trauerschnäpper und Buntfalken, bei denen Nestlinge und subadulte Vögel eine deutlich höhere Prävalenz als die adulten Tiere aufweisen (Merino & Potti 1995; Dawson & Bortolotti 1999). Keine altersbedingten Unterschiede fanden sich in einem Untersuchungszeitraum von über sechs Jahren bei Drosselrohrsängern (*Acrocephalus arundinaceus*), die mit *Haemoproteus payevskyi* (Haemosporida) infiziert waren (Hasselquist 2007). Es fand sich zudem kein Zusammenhang zwischen dem **Gewicht** der Tiere und der Intensität der Effekte (Bennett *et al.* 1988). Faktoren wie z.B. die Ernährung beeinflussten dagegen die Parasitämie. Vögel, die vermehrt Früchte aufnahmen, besaßen weniger Kokzidien, als die Tiere, die mehr Insekten fraßen (McQuistion *et al.* 2000).

Neben den Parasiten, dem Geschlecht und dem Alter des Wirtes wirken auch **psychoneuroimmunologische** Faktoren auf das Immunsystem (Schuster & Schaub 2001a,b; Stadler 2005). Diese resultieren aus dem sozialen Umfeld, dem Stress (Kapitel 1.4) und dem Status der Tiere. Auswirkungen von Stress auf den Parasitenbefall waren bisher besonders bei Tieren erkennbar, welche in einer Rangordnung leben, z.B. bei Gruppen von männlichen Hausmäusen, welche mit *Trypanosoma cruzi* infiziert waren. Dabei besaßen die dominanten sowie einzeln gehaltenen Tiere die niedrigsten Parasitämien (Schuster & Schaub 2001b; Pravousudov *et al.* 2003). Haltungs-Stress kann einen Einfluss auf die Höhe der Parasitämien nehmen (Barnard *et al.* 1993, 1996a,b). Bei Gruppen von Mäuse-Weibchen, die ohne Geruch von Männchen gehalten wurden, wiesen die Tiere immer höhere Parasitämien von *Trypanosoma cruzi* auf als Tiere in normal gehaltenen Gruppen (Schuster & Schaub 2001a). Eventuell ist dies ein Hinweis auf Stress bei der artfremden Haltung. Bei den Mäuse-Männchen gab es eine enge Korrelation zwischen einem *Trypanosoma cruzi*-Parasitenbefall und dem sozialen Status. Ranghohe Männchen hatten einen niedrigeren und rangniedrigere Mäuse einen höheren Parasitenbefall. Diese Ergebnisse belegen einen Einfluss von sozialem Stress auf die Parasitämie (Schuster & Schaub 2001b). Des Weiteren wiesen Hamster bei paarweiser Haltung einen höheren Parasitenbefall mit Helminthen auf als solitär gehaltene Hamster (Rashed *et al.* 1996). Die Lebensweise zeigt auch bei Vögeln einen Einfluss auf die Prävalenz mit Parasiten: solitär oder in Paaren lebende Vögel waren signifikant weniger mit Kokzidien infiziert als in Gruppen lebende (McQuistion *et al.* 2000).

Es kommt bei vielen Tieren in jeder Fortpflanzungsperiode zu einer neuen Paarbindung, die erst erkämpft und anschließend gefestigt werden muss. Bei Kohlmeisen muss das Männchen seinen Partner sowie die Höhle vor anderen Männchen und anderen Vogelarten besonders gut und lange verteidigen. Das ist für dominante Tiere einfacher als für sozial schwächere. Parasitenstatus und Immunkompetenz spielen bei der „Immunkompetenz-Handikap"-Hypothese eine bedeutende Rolle (Braude *et al.* 1998; Deviche & Cortez 2005). Dabei soll unter anderem ein hoher Testosteron-Level zu einer Reduzierung der Brutfürsorge und der Überlebenschance führen (Dufty 1989; Wingfield *et al.* 1990; Moss *et al.* 1994; Saino *et al.* 1995; Ketterson *et al.* 1996). So ist die Testosteronsekretion auch ein wichtiger Faktor, welcher zwischen der Balz und der Paarung und damit dem Fortbestand bei Vögeln vermittelt (Ros *et al.* 1997).

1.4 Stresshormone

Bei Stress antwortet der Körper mit der Ausschüttung der Stresshormone aus der Nebennierenrinde, v.a. von dem Mineralcorticoid Aldosteron sowie den Glukokortikoiden Kortison, Kortisol und Kortikosteron (Faber & Haid 1995; Greenberg *et al.* 2002). Über die Nebennierenrinde erfolgt die sekundenschnelle Anpassung an eine veränderte und eventuell bedrohliche Umweltbedingung. Dabei werden zuerst die Glukokortikoide und die Katecholamine freigesetzt. Durch eine zusätzliche Freisetzung von Acetylcholin kommt es u.a. zur Ausschüttung von Adrenalin. Dieses Zusammenspiel der verschiedenen Hormone erhöht die Reaktionsbereitschaft des Organismus gegenüber Stress. Dadurch wird der Körper in einen Zustand versetzt, der für Kampf- und Fluchtsituationen besonders vorteilig ist. Die Skelettmuskulatur wird optimal versorgt und die Magen-Darm-Tätigkeit gehemmt (Faber & Haid 1995). Der Anteil der einzelnen Hormone an der Gesamt-Glukokortikoid-Konzentration ist artspezifisch und daher variabel (Keller 1995; Palme et al. 2005). Bei Kohlmeisen handelt es sich dabei um Kortikosteron (van Duyse et al. 2000, 2004).

Die Glukokortikoid-Konzentration ist ein Indikator für die Intensität des Stresses und wird durch den circadianen Rhythmus, das Alter, die Fortpflanzung und den emotionalen Status beeinflusst (Aschoff 1978; Widowski et al. 1989). Die notwendige Futtersuche und die dadurch erfolgende Exposition für Prädatoren sind natürliche Stressfaktoren (Clinchy et al. 2004). Zusammen mit dem sozialen Stress, der z.B. unter anderem mit der Dominanz oder dem Verteidigen des Nestes, aber auch mit dem Klima zusammenhängt, verändern sie den individuellen Hormonstatus. Bei häufigen Störungen von Auerhühnern (*Tetrao urogallus*) z.B. steigt der Grundlevel des Kortikosterons an (Thiel et al. 2005). Bei der Jungtieraufzucht treten verschiedene Klassen des Stresses auf. Sie reichen von kurzen Brutperioden mit starkem Stress bis zum Stress durch Todesfälle von einem der Partner oder bei alleine aufziehenden Vögeln. Alle diese Klassen führen zu unterschiedlich hohen Stressantworten bei den Vögeln (Wingfield & Sapolsky 2003). Die Glukokortikoidsekretion wird außerdem durch physiologischen Stress erhöht, z.B. durch Hitze, Kälte, Hunger, Durst, Infektionen und Verletzungen (van Duyse et al. 2000, 2004). Längere Belastungen führen zu einer erhöhten Produktion und Ausschüttung von Glukokortikosteroiden.

Bei der Bestimmung des Glukokortikoidtiters im Blutplasma führt die Blutabnahme bei Tieren schon zu einer Stresssituation, und der Stresshormontiter kann sich innerhalb von Minuten um das 10-fache erhöhen (Palme et al. 2005). Bei Labortieren wird dieser Effekt durch rasches Arbeiten vermieden (Schuster 2001a). Bei Wildvögeln kommt es ebenfalls nicht zur Stresshormontitererhöhung, wenn der Fang der Vögel und die Blutabnahme innerhalb von 3-10 min erfolgen (Cash et al. 1997; Hiebert et al. 2000; Vleck et al. 2000; van Duyse et al. 2004; Raouf et al. 2005). Ein erhöhter Glukokortikoidgehalt wird nicht länger als 90 min im Blut aufrecht erhalten, da es zu einem schnellen Abbau der Hormone und der raschen Ausscheidung über Kot, Urin und Speichel kommt. Eine nicht-invasive Methode ist der Nachweis der Glukokortikoide z.B. im Kot oder in der Kloakenflüssigkeit (Hiebert *et al.* 2000; Eriksson *et al.* 2004; Touma *et al.* 2004; Queyras & Carosi 2004; Brousset Hernandez-Jauregui *et al.* 2005; Goymann & Jenni-Eiermann 2005; Palme *et al.* 2005; Thiel *et al.* 2005; Touma & Palme 2005). Im Kot variiert die Konzentration der Glukokortikoidmetabolite artspezifisch. Ebenfalls hängt die Zeitdauer der Nachweisbarkeit von der Tierart bzw. Länge des Darms und von der Dauer des Stresses ab (Queyras & Carosi 2004; Scheiber *et al.* 2005). Des Weiteren können als äußere Faktoren Temperatur und relative Feuchte die Konzentration der Glukokortikoidmetabolite im Kot beeinflussen (Touma *et al.* 2004; Millspaught & Washburn 2004). Die Blutabnahme mit Hilfe einer blutsaugenden Wanze (z.B. *Dipetalogaster maxima*), welche bei brütenden Vögeln mit einem künstlichen Ei eingebracht wurde, ist eine weitere nicht-invasive Methode, da hierfür der Vogel nicht gefangen werden muss. Hierbei wird brütenden Weibchen ein Kunstei, welches eine Wanze enthält, zu den Eiern gelegt (Becker *et al.* 2006). Die Konzentrationen von Progesteron und Hydrokortisone weisen keinerlei Veränderungen durch die Wanze auf. Diese treten erst auf, wenn das Vogelblut bis zu acht Stunden in der Wanze verbleibt (Voigt *et al.* 2004).

Stress kann das Immunsystem negativ beeinflussen und zu einer Immunsuppression führen (Kapitel 1.3.4). Während der Brutzeit kann die stressbedingte Reduktion der Immunkompetenz zu einer erhöhten Anfälligkeit der Elterntiere gegenüber Parasiten führen. Eine hohe Anzahl an Parasiten während der Reproduktionsphase findet sich bei vielen Vögeln und Säugetieren. Dies kann eine Konsequenz der Reduktion der immunologischen Verteidigungsmechanismen gegen Parasiten sein (Gustafsson *et al.* 1994; Allander 1997; Stjernman *et al.* 2004). Der physiologische Stress wurde bei Trauerschnäppern mit Hilfe von HSP60 und 70 Proteinen („heat shock proteins") und dem Verhältnis von Heterophilen/Lymphozyten (H/L) quantifiziert und mit männlichen Charakterzügen wie dem Gesang verglichen. Dabei sangen die Männchen mit einem höheren HSP70 Level länger und vielseitiger und der H/L-Quotient war erhöht (Tomás *et al.* 2004). Bei anderen Studien lag jedoch keine Korrelation zwischen Kortikosteron-Level und dem H/L-Verhältnis vor (Dohms & Metz 1991; Daghir 1995). Bei Messung des Stresses mit Hilfe von HSP60 & 70-Level durch das Blut kommt es erst nach acht Stunden zum Abbau der Hitzeschockproteine, wenn die Blutproben gekühlt gelagert werden (Tomás *et al.* 2004).

Stress kann sich negativ auf die Fitness der Tiere auswirken und die Lebenserwartung sowie den Reproduktionserfolg reduzieren (Trivers 1972; Johnsen & Zuk 1998; Sanz & Tinbergen 1999; Jenni-Eiermann *et al.* 2004). Der Grundlevel der Glukokortikoid-Konzentration kann bei einigen Arten geschlechtsabhängig differieren. Bei einem Stamm von Labormäusen enthielt das Serum der Männchen höhere Konzentrationen als das der Weibchen. Bei anderen Mäusestämmen und weiteren sozial lebenden Tieren, wie Ratten und Pavianen, lag zwischen beiden Geschlechtern kein Unterschied vor (Touma *et al.* 2003; Sands & Creel 2004; Palme *et al.* 2005). Bei Gruppen von Tieren ohne kooperative Reproduktion besaßen sowohl bei Weibchen- als auch Männchengruppen die dominanteren Tiere die niedrigeren Konzentrationen (Schuhr 1987). Auch die Konkurrenz im Nest innerhalb der Brut führt zu unterschiedlichen Stresshormon-Konzentrationen (Nuñez-de la Mora 1996; Martinez-Padilla *et al.* 2004). Weibliche Jungtiere im Nest erhalten mehr Futter als die männlichen Geschwister, wodurch eine Ressourcenkonkurrenz entsteht. Die Stresshormon-Konzentration liegt bei weiblichen Nestlingen höher, wenn das größte Tier ein Weibchen ist, als bei Bruten, bei denen das größte Jungtier ein Männchen ist. Dies steht im Zusammenhang mit der Bruthierarchie der weiblichen Nachkommen im Nest untereinander (Martinez-Padilla *et al.* 2004).

1.5 Monogamie und Fremdgehrate bei Vögeln

Vögel eignen sich besonders gut zur Untersuchung der Einflüsse auf und zur Struktur von Paarungssystemen, da sie von Monogamie über Polyandrie und Polygynie bis hin zur Promiskuität verschiedene Paarungsmuster entwickelt haben (Birkhead & Møller 1992). Früher wurde angenommen, dass über 90 % der Vogelarten monogam leben (Lack 1968; Black 1996). Zwar beobachtete man auch damals schon Fremdkopulationen, d.h. Kopulationen außerhalb des Paarbundes, jedoch wurde dies eher als ein krankhaftes Verhalten gedeutet (Lack 1968). Früher waren Elternschaftsbestimmungen schwierig, da keine geeigneten Methoden zu Verfügung standen. Zur Bestimmung der Elternschaft wurden morphologische Marker herangezogen, z.B. Unterschiede in der Gefiederfärbung oder Isoenzymanalysen. Hierdurch wurden lediglich einzelne Individuen von der Elternschaft ausgeschlossen (Cheng *et al.* 1983; Alatalo *et al.* 1984). Ähnliche Probleme ergaben sich beim Vergleich der Blutgruppen, über die ebenfalls nicht die Vaterschaft des anderen Vogels ermittelbar war (Brün *et al.* 1993). Neuere Untersuchungen mittels des DNA-Fingerprinting belegen bei vielen

Vogelarten, wie auch der Kohlmeise und bei anderen fest verpaarten Arten, regelmäßige Kopulationen außerhalb des Paarbundes (Birkhead & Møller 1992; Birkhead et al. 1992; Gullberg et al. 1992; Lubjuhn et al. 1993, 1999a; Blackey 1994; Westneat & Webster 1994; Brün et al. 1996; Westneat & Sherman 1997; Møller & Ninni 1998; Strohbach et al. 1998).

Lange Zeit wurde das Balzverhalten einheimischer Singvögel vor allem als Mittel zur Festigung einer monogamen Paarbindung angesehen. In vielen Nestern stammen jedoch nicht alle Jungtiere vom männlichen Teil des Paares ab, dem sozialen Männchen (Amrhein 1999). Die große Anzahl von Jungtieren aus Fremdkopulationen widerlegten bei 90 % der Vogelarten eine Monogamie (Jeffreys et al. 1985; Ali et al. 1986; Birkhead & Møller 1992; Brün et al. 1996). Die genetischen Väter der auf Fremdkopulationen zurückgehenden Nestlinge waren meist Reviernachbarn der „betrogenen" Kohlmeisen-Männchen (Strohbach et al. 1998). Inzwischen wird mit dem Begriff „soziale Monogamie" das Zusammenleben zur Reproduktionszeit von 90 % aller Vogelarten umschrieben (Black 1996). Dabei beteiligen sich jeweils ein Männchen und ein Weibchen bei der Jungenaufzucht; es handelt sich jedoch nicht immer auch um die genetischen Eltern aller Jungtiere im Nest (Lubjuhn 2005a). Bei Labor- und Feldstudien verschiedener Arten verpaarten sich Weibchen, bevor sie Nachwuchs bekamen, oft erst mit mehreren Männchen (Jennions & Petrie 2000). Diese Polyandrie erhöhte die Überlebensrate der Jungtiere, da nur das konkurrenzstärkste Ejakulat erfolgreich war. Hierfür fehlt allerdings der Beweis, ob z.B. das konkurrenzstärkste Ejakulat auch die besten Jungtiere bringt (Fisher et al. 2006). Bei Tannenmeisen begingen ältere Männchen mehr Seitensprünge als die jüngeren Artgenossen. Es sollten aber für einen Seitensprung nicht nur das Alter von Bedeutung sein, sondern auch weitere Faktoren wie Gesang, Gefiederschmuck oder der soziale Rang (Schmoll et al. 2007). Bei Rauchschwalben (*Hirundo rustica*) und anderen Arten fanden sich weitere Verknüpfungen zwischen Körpermerkmalen und Ankunftszeit im Brutgebiet. Männchen mit früherer Ankunftszeit und den längsten Schwanzfedern hatten das höchste Gewicht und wurden am seltensten betrogen. Allerdings zeigten alle körperlichen Merkmale keine signifikanten Zusammenhänge mit der Fremdgehrate, und die Nachkommen aus einer Fremdkopulation besaßen keine besseren Überlebensraten (Krokene et al. 1998; Otter et al. 2001; Møller 2000, 2003a,b; Johannessen et al. 2005).

Bei Blaumeisen ist das Fremdgehverhalten der Männchen ein wichtiger Faktor für den reproduktiven Erfolg, und die Häufigkeit wird wahrscheinlich durch Androgenvermitteltes Verhalten beeinflusst. Die Testosteron-Konzentration steigt während der Brutzeit an, und die Männchen mit einem hohen Testosterongehalt verhalten sich aggressiver und entwickeln ein ausgeprägteres Brutverhalten. Dies führt zu einem höheren Reproduktionserfolg. Dieses System ist aber fein abgestimmt. So reduziert eine exogene Erhöhung der Testosteron-Konzentration die Spermienproduktion und die Fitness. Diese Männchen wurden im Vergleich zu unbehandelten Männchen ebenso oft von den Weibchen betrogen und konnten nicht häufiger mit anderen Weibchen kopulieren (Foerster & Kempenaers 2004).

Männchen haben durch Kopulationen außerhalb des Paarbundes einen evolutionären Vorteil. Sie erhöhen dadurch ohne zusätzlichen Brutaufwand die Anzahl der Nachkommen und sind hierbei nur durch die Anzahl der zur Verfügung stehenden Weibchen eingeschränkt (Davies 1991; Arnold & Duvall 1994; Amrhein 1999; Brün 1999; Lubjuhn et al. 1999b; Lubjuhn 2005a; Gross 2005). Welchen evolutionsbiologischen Vorteil die Weibchen aus dem Fremdgehen ziehen, ist nicht direkt offensichtlich, da diese dadurch die Anzahl ihrer Nachkommen nicht steigern können (Lubjuhn et al. 1999a,c; Jennions & Petrie 2000; Birkhead & Pizzari 2002; Lubjuhn 2005b). Der weibliche Fortpflanzungserfolg ist zudem beschränkt durch Nahrung, Raum, den Aufwand der Jungenaufzucht und die Qualität des Spermas (Emlen & Oring 1977; Gowaty 1996; Birkhead & Møller 1996; Zeh & Zeh 1997). Deshalb nahm man lange Zeit an, dass das Männchen die tragende Rolle beim Fremdgehen einnimmt und dass die mehr oder weniger passiven Weibchen zum Fremdgehen von den Männchen gezwungen werden (Wrege & Emlen 1987; Westneat et al. 1990).

Erst vor wenigen Jahren wurde belegt, dass auch bei Kohlmeisen häufig die Weibchen eine aktive Rolle beim Fremdkopulieren einnehmen und sogar eine Hauptrolle spielen. Demnach handelt es sich v.a. um einen Weibchen-gesteuerten Prozess (Birkhead & Møller 1993; Strohbach 1998; Amrhein 1999). Weibchen fordern einerseits Männchen zu Kopulationen außerhalb des Paarbundes auf, andererseits können sie aber auch erfolgreich Kopulationsversuche fremder Männchen abwehren (Smith 1988; Gowaty & Bridges 1991; Björklund et al. 1992; Kempenaers et al. 1992; Lifjeld & Robertson 1992; Wagner 1992; Gowaty 1994; Lifjeld et al. 1994; Sheldon 1994; Strohbach et al. 1998; Double & Cockburn 2000). Bei Sumpfschwalben (*Tachycineta bicolor*) und Rotkehlchen-Hüttensängern (*Sialia sialis*) bleibt die Fremdkopulation offensichtlich ohne Folgen für die Weibchen (Kempenaers et al. 1998). Für weibliche Kohlmeisen bedeutet aber die Kopulation außerhalb des

Paarbundes einen erhöhten Aufwand bei der Jungenaufzucht und ist damit nicht kostenneutral, da Futterraten und die Verteidigungsintensität „betrogener" Männchen niedriger sind als die „nicht betrogener" Männchen (Møller 1988; Lifjeld et al. 1998; Osorio-Beristain & Drummond 2001; Lubjuhn 2005a). Wie die Männchen den Betrug durch die Weibchen erkennen, ist noch nicht bekannt (Lubjuhn 2005b). Ebenfalls unbekannt ist der Nutzen, den die Weibchen der Kohlmeisen und anderer Vogelarten trotz dieser Nachteile aus Fremdkopulationen ziehen (Lubjuhn et al. 1993; Dixon et al. 1994; Weatherhead et al. 1994; Wright & Cotton 1994; Lubjuhn 1995; Møller & Tegelström 1997; Sheldon et al. 1997; Lifjeld et al. 1998).

Zur Erklärung des Nutzens der Weibchen aus Fremdkopulationen werden mehrere Hypothesen diskutiert, wie die „Sperm competition"-, die „Gute Gene"- und die „Kompatibilitäts"-Hypothese (Westneat et al. 1990; Birkhead & Møller 1992, 1998; Lubjuhn 1995, 2005a; Amrhein 1999; Lubjuhn et al. 1999b, 2000; Griffith et al. 2002, 2007; Charmantier et al. 2004; Townsend et al. 2010). Bei der „sperm competition"-Hypothese sucht das Weibchen das Männchen mit dem Sperma aus, welches die meisten Nestlinge zeugen kann. Bei der „Guten Gene"-Hypothese wird davon ausgegangen, dass Weibchen, die mit qualitativ schlechten Männchen verpaart sind, durch Kopulationen außerhalb des Paarbundes mit Männchen höherer Qualität versuchen, die genetische Qualität ihrer Nachkommen zu maximieren. Die „guten Gene" können sich dabei einerseits in einer gesteigerten Vitalität und damit in einer höheren Überlebenswahrscheinlichkeit und andererseits in einer stärkeren Attraktivität und somit einem höheren Fortpflanzungserfolg der Nachkommen niederschlagen (Fisher 1930; Zahavi 1975; Hamilton & Zuk 1982; Kirkpatrick 1982; Andersson 1986). Die „Gute Gene"-Hypothese trifft bei einem Teil der Vogelarten zu (Houtman 1992; Kempenaers et al. 1992, 1997a,b; Hasselquist et al. 1996; Sundberg & Dixon 1996). Es gibt jedoch auch Ergebnisse bei vielen Arten, die der „Gute Gene"-Hypothese widersprechen (Gray 1997a,b; Krokene et al. 1998; Strohbach et al. 1998; Lubjuhn et al. 1999a,c, 2001; Whittingham & Dunn 2001). Bei Kohlmeisen wurde die „Gute Gene"-Hypothese, nach der Weibchen sich Männchen mit besseren Genen suchen, nicht bestätigt (Strohbach et al. 1998).

Die Hypothese der „genetischen Kompatibilität" geht im Gegensatz zur „Gute Gene"-Hypothese nicht von einer absolut höheren genetischen Qualität der fremden Kopulationspartner aus, sondern nimmt statt dessen einen Interaktionseffekt zwischen dem männlichen und weiblichen Genotyp an. Weibchen würden demnach nicht

Kopulationen mit einem generell hochwertigen Männchen suchen, sondern mit einem Männchen, dessen Genom mit dem eigenen am kompatibelsten ist oder es am besten ergänzt (Kempenaers & Dhondt 1993; Zeh & Zeh 1996, 1997; Brown 1997; Jennions 1997; Kempenaers *et al.* 1999; Foerster *et al.* 2003). Für diese Hypothese sprechen Untersuchungen an Blaukehlchen (*Luscinia svecica*) sowie Sumpfschwalben (*Trachycineta bicolor*), bei denen Fremdkopulationen offenbar die Immunkompetenz der betreffenden Nachkommen erhöhen (Kempenaers *et al.* 1999; Johnsen *et al.* 2000). Bei Blaumeisen wurden alle drei Hypothesen geprüft. Hierbei hatten die Jungtiere, die aus Fremdvaterschaften resultierten, eine höhere Ausflugrate als die restlichen Brutgeschwister. Es gab keinen Unterschied zwischen den Geschlechtern. Diese Ergebnisse unterstützen beide Hypothesen mit dem genetischen Schwerpunkt (Chamantier *et al.* 2004).

1.6 Fragestellung

Der Einfluss des Parasitenbefalls oder psychoneuroimmunologischer Faktoren auf das Fremdkopulieren ist bisher noch nicht untersucht. Für Untersuchungen der Wechselbeziehungen von Parasit und Wirt unter Einbeziehung des Fremdgehens bis hin zu psychoneuroimmunologischen Aspekten sind kleine Labortiere optimal geeignet, weil sie am stärksten bei den Haltungsbedingungen und ihren genetischen Vorraussetzungen standardisierbar sind. Dies ist jedoch auch ein Nachteil, weil die Ergebnisse nicht unbedingt auf freilebende Wirte übertragbar sind. Bei freilebenden Tieren sind besonders Arten geeignet, die standorttreu sind, in verschiedenen Habitaten häufig vorkommen sowie wenig störungsempfindlich sind und es dadurch erlauben, die Tiere mehrfach zu fangen und zu beproben. Dies trifft alles bei der Kohlmeise zu, die außerdem als Höhlenbrüter auch gerne künstliche Höhlen annimmt, die manipulierbar sind. Gegenüber den bisherigen Untersuchungen an Labormäusen, Hamstern und Zootieren (Barnard *et al.* 1993, 1996a,b; Rashed *et al.* 1996; Schuster & Schaub 2001; Stadler 2006) sollten deshalb in der vorliegenden Arbeit zur Erfassung von Parasit-Stress-Interaktionen Wildtiere berücksichtigt werden, bei denen Fremdkopulationen bekannt sind. Da die neue Methode des DNA-Fingerprintings belegt, dass viele der Singvogelarten, unter anderem auch die Kohlmeise, regelmäßig fremdgehen, sollte sie als Untersuchungsobjekt dienen.

In der vorliegenden Studie sollte die Anzahl der Parasiten bei Kohlmeisen verschiedenen Geschlechts, Alters und dem damit verbundenen individuellen Stressfaktor untersucht werden und in Bezug zum Bruterfolg gesetzt werden. Hierbei sollten verschiedene Jahreszeiten, welche wiederum verschiedene Stressfaktoren beinhalten, einbezogen werden. Des Weiteren sollten unterschiedliche Lokalitäten berücksichtigt werden (z.B. Wald-, Stadt- und Zoohabitat), um für Lokalitätsbeurteilungen die Belastung durch Parasiten und Stress zu erfassen. Der Stress sollte über stress-anzeigende Immunzellen, die veränderte heterophile Granulozyten, sowie die Stresshormon-Konzentration quantifiziert werden. Weiterhin sollte untersucht werden, ob sich bei Fremdkopulationen der Weibchen der Parasitenbefall der Männchen unterscheidet, da Weibchen sich ihre Männchen auf Grund von konditionsabhängigen Signalen aussuchen, welche einen direkten Einfluss auf die Immunabwehr haben und somit auch auf die Parasitierung (Sheldon *et al.* 1997; Gleeson *et al.* 2005). Dazu sollte erstmalig bei den Untersuchungsgebieten erfasst werden, ob und wie oft Fremdvaterschaften vorliegen.

Insgesamt sollten diese Ergebnisse einen weiteren Einblick liefern, ob es durch den individuellen Parasitenbefall und damit zusammenhängend den Stress in den verschiedenen Lokalitäten (ggf. durch Überprüfung der „Hamilton-Zuk"-Hypothese) zu Fremdkopulationen der weiblichen Kohlmeise kommt und warum.

2. Material und Methoden

2.1 Untersuchungsgebiete

Es wurden vier verschiedene Gebiete im Großraum Essen und Wuppertal untersucht. In diesen waren die Kohlmeisen unterschiedlich stark verschiedenen Problemen ausgesetzt, z.B. ungleich vielen Bruthöhlen oder unterschiedlich vielen einheimischen Bäumen und dadurch bedingt Unterschieden im Nahrungsangebot und -menge. Ebenfalls variierte die Anzahl und die Art der Prädatoren. In diesen vier Lokalitäten waren alle Nistkästen mindestens drei Meter hoch aufgehängt, da Passanten die Kästen sonst entwendeten, zerstörten, Müll darin entsorgten oder die Tiere negativ beeinflussten. Die Nistkästen waren in den jeweiligen Lokalitäten nicht gleichmäßig verteilt, und auch die Bauform der Holz-Beton-Nistkästen war nicht einheitlich. Die Abstände der Nistkästen zueinander variierten von wenigen (<5 m) bis zu 150 m. Die in der vorliegenden Arbeit untersuchten Lokalitäten waren im Einzelnen:

Lokalität 1: Bredeneyer Wald

Der Bredeneyer Wald ist ein geschlossener Wirtschaftshochwald mit einer Fläche von 70 ha am südlichen Rand der Stadt Essen. Dominantes Gehölz ist die Buche (*Fagus sylvaticus*), stellenweise wachsen aber auch als weitere autochthone Bäume Eichen (*Quercus*), Ahorn (*Acer*) und Eschen (*Fraxinus excelsior*). Ebenfalls kommen kleinere Nadelholzbestände vor mit Fichten (*Picea* spp.), Kiefern (*Pinus* spp.) und Douglasien (*Pseudotsuga* spp.). Die Kraut- und Strauchschicht, u.a. mit Stechpalme (*Ilex aquifolium*), Holunder (*Sambucus* spp.), Brombeere (*Rubus* spp.) und Rhododendron (*Rhododendron* spp.), ist auf Grund der dominanten Buchen wenig gut entwickelt. Insgesamt werden im Bredeneyer Wald von der Abteilung Allgemeine Zoologie, Universität Essen, 70 künstliche Nistkästen regelmäßig kontrolliert. Diese sind jedoch nicht gleichmäßig im Areal verteilt. Im Bredeneyer Wald wurde nur während der Brutzeit gefangen.

Lokalität 2: Holsterhausen

Hierbei handelt es sich um einen ca. 15 ha großen, dicht bebauten Stadtteil im Zentrum der Stadt Essen mit größtenteils Wohn- bzw. Gewerbe-Gebäuden und ohne Parks oder anderen größeren Grünflächen. Lärm- und Verkehrsaufkommen sind sehr hoch. Vegetation gibt es nur als Straßenbegleitgrün und in den Innenhöfen als Gärten mit kleinen Rasenflächen und Zierbeeten. Die Vegetation in den einzelnen Innenhöfen variiert in ihrer Zusammensetzung stark, jedoch ist der Anteil von allochthonen Gewächsen hoch. Insgesamt 24 künstliche Nisthöhlen wurden teilweise unmittelbar an der Straße oder in Garagenhöfen aufgehängt, meist aber in den Innenhöfen von Häuserblocks. Auch in dieser Lokalität wurde nur während der Brutzeit gefangen.

Lokalität 3: Segeroth-Park

Dieses Untersuchungsgebiet ist ein öffentlich nutzbarer Park mit einer Fläche von 10,1 ha, der in der nördlichen Innenstadt von Essen liegt und häufig von Joggern, Spaziergängern mit Hunden und spielenden Kindern genutzt wird. Nördlich an den Park grenzt ein unter Denkmalschutz stehender Friedhof. Des Weiteren ist der Segeroth-Park umgeben von Wohnhäusern (teilweise mit Gärten), Kleingartensiedlungen, städtischem Betriebsgelände, brachliegenden Bahngleisen, dem Essener Campus der Universität Essen-Duisburg und einem Firmengelände. Der Park wird durch eine breite, viel befahrene Straße in einen westlichen (6 ha) und einen östlichen (4,1 ha) Bereich unterteilt. Bis zu den 80er Jahren war dieser Park ein Friedhof und wurde in den 90ern durch das städtische Grünflächenamt zu einem „Ökopark" umgestaltet. 2008 wurde der Park erneut „ökologisch" verändert. Dabei wurden neue Wege angelegt sowie viele ältere Bäume und ein Großteil der Strauchschicht entfernt.

Der Park ist durch seine Freiflächen, die von Sträuchern aber auch Bäumen begrenzt werden, artenreich und vielschichtig. Überwiegend wachsen in dem Park autochthone Laubgehölze (Weiß-Birke (*Betula pendula*), Linde (*Tilia* spec.), Pappel (*Populus* spp.), Gemeine Esche (*Fraxinus excelsior*)); 20 % der Bäume sind allochthon (z.B. Gewöhnliche Rosskastanie (*Aesculus hippocastanum*), Ahornblättrige Platane (*Plantanus x hispanica*), Gewöhnliche Robinie (*Robinia pseudoacacia*)), und nur vereinzelt kommen als Nadelholz Gemeine Fichten (*Picea abies*) vor. Auch in der Strauchschicht überwiegen allochthone Arten (Rhododendron, Buschiger Liguster (*Ligustrum obtusifolium*)). Nur ein kleiner Teil der Strauchschicht ist autochthon (Schwarzer Holunder (*Sambucus nigra*), Echte Brombeere (*Rubus fructicosus*)). Die Baum- und die teilweise noch vorhandene Strauchschicht sind seit der letzten Umgestaltung 2008 nicht mehr so üppig ausgebildet. Im Segeroth-Park brüteten die Kohlmeisen fast ausschließlich in den im Rahmen der vorliegenden Untersuchung aufgehängten 40 Nistkästen. In dieser Lokalität wurde sowohl während als auch nach der Brutzeit gefangen.

Material und Methoden

Lokalität 4: Zoologischer Garten Wuppertal

Der Zoologische Garten umfasst 24 ha und ist geprägt durch die landschaftliche Gestaltung eines Parks, der um die Jahrhundertwende entstand. Einheimische Bäume vom angrenzenden Wald überwiegen, wie die Buche, Weißbirke, Eberesche (*Sorbus aucuparia*), Linde, Spitzahorn (*Acer platanoides*), Platane (*Platanus acerifolia*), Europäische Eibe (*Taxus baccata*) und die Stechpalme. Viele als Blickfang gepflanzte Bäume sind inzwischen mehr als 100 Jahre alt, ebenso einige nicht einheimische Arten wie z.B. Mammutbäume (*Sequoia gigantea*). Nicht einheimische Besonderheiten sind weiterhin die Scheinzypresse (*Chamaecyparis pisifera*), Magnolie (*Magnolia soulangiana*), Ginkgo (*Ginkgo biloba*), Roteiche (*Quercus rubra*), Sanddorn (*Hippophae rhamnoides*) und die Rosskastanie (*Aesculus hippocastanum*). Eine Kraut- und Strauchschicht ist stellenweise vorhanden. Die Baum- und Strauchschicht wird durch die Gehege mit den verschiedensten Tieren von allen Kontinenten, Besucherwege und zum Teil von Rasenflächen unterbrochen. Das ausschließlich außerhalb der Brutzeit genutzte Fanggebiet lag abseits der Besucherwege.

2.2 Untersuchungszeitraum und Datenerhebung

Die Freilanduntersuchungen wurden von 2007-2009 durchgeführt, wobei versucht wurde, möglichst alle Kohlmeisen-Brutpaare der Population in den jeweiligen Lokalitäten zu erfassen. Es wurden alle Erst- und Zweitbruten untersucht. Während der Paarungs- und Bruthöhlensuche wurde auf die Datenaufnahmen verzichtet, um die Vögel nicht zu stören (s.u.).

Ab dem Beginn der jeweiligen Brutzeit (März) wurden die Nistkästen regelmäßig einmal pro Woche oder nach Bedarf häufiger kontrolliert. Dabei wurden Legebeginn, Eizahl, Schlupfrate und -datum sowie Anzahl der Nestlinge und Mortalitätsrate protokolliert. Lag zum Zeitpunkt der Kontrolle noch kein komplettes Gelege vor, so ließ sich der Legebeginn unter der Annahme, dass täglich ein Ei gelegt wird, retrospektiv bestimmen (Glutz & Bauer 1993). Vollgelege waren dann vorhanden, wenn die Eizahl bei zwei aufeinanderfolgenden Kontrollen identisch blieb. Bei der Kontrollfrequenz standen die brütenden Weibchen im Vordergrund und sollten dabei so wenig wie möglich gestört werden. Diese Kontrollen endeten spätestens am 16. Lebenstag der Brut, um nicht ein vorzeitiges Ausfliegen der Nestlinge zu verursachen. An diesem Tag wurde das letzte Mal das Gewicht der Nestlinge kontrolliert. Da es sich in dieser Entwicklungsphase kaum noch oder gar nicht mehr ändert, spiegelt dies das Ausfluggewicht wieder (Rheinwald 1975). Nach dem

Material und Methoden

Ausfliegen jeder Brut wurden die Kästen auf verstorbene Nestlinge kontrolliert und anschließend für die nächste Brut gesäubert.

Für Fang, Beringung und Blutabnahme lagen alle erforderlichen Genehmigungen nach § 8a Abs. 1+2, § 9 Abs. 2 Nr. 7 Tierschutzgesetz sowie § 20e und § 20g Abs. 6 Ziff. 3 BNatSchG. vor. Nach der dritten Brutsaison (Juni 2009) begannen die Analysen der Stresshormon- und DNA-Proben sowie die Auswertungen der Blutausstriche, die insgesamt Ende Oktober 2010 abgeschlossen waren.

2.3 Fang

Von März 2007 bis Juli 2009 wurden während der Brutzeit (April-Juli) die Tiere in den künstlichen Brutkästen in allen vier Lokalitäten und außerhalb der Brutzeit mit Hilfe von Japannetzen im Segeroth-Park und im Zoologischen Garten Wuppertal gefangen. In der Brutzeit erfolgte einmalig der Fang der Elterntiere während der Fütterung der acht bis 16 Tage alten Nestlinge in den Nisthöhlen meistens mit Hilfe einer speziellen, von F. Ludescher entwickelten Fangvorrichtung: an der Innenseite der Höhlenvorderwand wurde eine kleine Plastikscheibe befestigt; an diese wurde eine Nylonschnur fixiert und so nach außen gelegt, dass sie für den Vogel nicht sichtbar war. Der Brutkasten musste aus einiger Entfernung mit Hilfe eines Fernglases beobachtet werden, da sonst der adulte Vogel wegen der Störung den Brutkasten nicht angeflogen hätte. Wenn der Altvogel zum Füttern in den Kasten flog, wurde mit der Schnur die Scheibe vor das Einflugloch gezogen, so dass der Vogel den Nistkasten nicht wieder verlassen konnte. Zu diesem Zeitpunkt begann die Zeitmessung für die Probenentnahme. Bei gut erreichbaren Kästen wurden diese nur versteckt beobachtet und beim Einfliegen des Altvogels angelaufen, um das Einflugloch zu verschließen. Die Vögel wurden stets schnellstmöglich beprobt und wieder freigelassen.

Außerhalb der Brutzeit wurden die Meisen an drei verschiedenen Stellen im Segeroth-Park und an einer Stelle im Zoologischen Garten Wuppertal mit Hilfe von Japannetzen gefangen. Die Vögel wurden jeweils an fest installierte Futterplätze angelockt, die während des gesamten Zeitraumes von 2007-2009 zur konstanten Anlockung der Meisen immer mit Sonnenblumenkernen gefüllt waren und nicht zu exponiert in einem Gebüsch lagen. Um ein permanentes Stören der Meisen an einer Futterstelle zu vermeiden, wurde im Segeroth-Park alle zwei bis drei Tage der Fangort gewechselt. Im Zoologischen Garten Wuppertal wurde unregelmäßig gefangen, so dass kein Wechsel notwendig war. Bei längeren Schlechtwetterperioden, fehlendem Interesse der Kohl-

Material und Methoden

meisen an der Futterstelle oder aus technischen Gründen – Umbaumaßnahmen des Segeroth-Parks – wurden keine Kohlmeisen gefangen.

Die Netze wurden nur am Fangtag um die Futterstelle herum aufgebaut. Die Vögel konnten das Netz nicht sehen, verfingen sich beim Anfliegen der Futterstelle im Netz und wurden sofort daraus entnommen. Waren mehrere Kohlmeisen gleichzeitig im Netz, so wurden alle aus dem Netz befreit und bis zur Blutabnahme in kleinen Baumwollsäckchen aufbewahrt. Diese gängige ornithologische Praxis bringt den Vorteil gegenüber kleinen Käfigen in einer geringeren Verletzungsgefahr sowie der Dunkelheit in den Säckchen, weshalb die Tiere nicht in Panik geraten und ruhig sitzen bleiben.

Zur Identifizierung bekamen alle adulten Kohlmeisen und Nestlinge einen Ring mit einer fortlaufenden Nummer (Vogelwarte Helgoland). Die Geschlechtsbestimmung erfolgte bei den Altvögeln über den Brutfleck der Weibchen sowie ihren schmaleren und kürzeren Bruststreif. Zur Altersbestimmung diente bei den adulten Vögeln die Färbung des Außensaumes der Handdecken und das Auftreten unvermauserter Flügelpartien und bei den Jungtieren die Körper- und Gefiederentwicklung (Flügellänge, Länge der Handschwinge 9) (Orell 1983; Glutz & Bauer 1993; Limbrunner *et al.* 2007).

2.4 Blutentnahme und äußere Inspektion

Da die Erythrozyten von Vögeln Zellkerne und damit DNA enthalten, war eine geringe Menge Blut von ca. 50-200 µl ausreichend, die Vaterschaft, den Endoparasiten-Befall und die Stresshormon-Konzentrationen zu bestimmen. Das Blut wurde sowohl von den adulten Vögeln als auch den Nestlingen an der Flügelvene (*Vena ulnaris*) entnommen. Vor der Blutentnahme wurden die Flügel im Bereich der Entnahmestelle mit 70 % Ethanol desinfiziert. Dann wurde die Vene mit einer sterilen Mikrokanüle punktiert. Der austretende Blutstropfen wurde sofort mit einer nicht heparinisierten Hämatokritkapillare aufgenommen und in ein Eppendorfgefäß überführt. Verschloss sich die Anstichwunde nicht direkt nach der Blutentnahme, so wurde die Blutung mit Clauden-Watte gestillt.

Bei jedem Vogel wurde nach der Blutentnahme die Ringnummer abgelesen bzw. beim Fehlen eines Ringes dieser angelegt. Nach der Geschlechtsbestimmung wurden bei der äußeren Inspektion z.B. Verletzungen und Gefiederzustand (Mauser) protokolliert. Ebenfalls wurde die Kohlmeise auf Ektoparasiten wie Milben, Zecken

Material und Methoden

und Flöhe hin untersucht (Löwenstein & Hönel 1999). Nach der Wägung mit einer Federwaage wurde der Vogel – sofern die Blutung beendet war – sofort frei gelassen. Insgesamt wurden 2007-2009 910 Kohlmeisen gefangen und beringt. Es konnte nicht bei all diesen Kohlmeisen ein Blutausstrich angefertigt werden, weil manchmal die Blutmenge zu gering war oder das Blut zu schnell agglutinierte.

Die Blutproben wurden in eine mit Eis gefüllte Styropor-Box überführt und schnellstmöglich im Labor für 10 min bei 3800 G zentrifugiert. Das Serum, welches für die Stresshormonanalyse benötigt wurde, sowie für die Vaterschaftstests der Blutkuchen, welcher zusätzlich mit 250 µl APS-Puffer überschichtet worden war, wurden getrennt bis zur weiteren Untersuchung bei -20 °C eingefroren (Arctander 1988). Zur Herstellung des APS-Puffers wurden 10 g Na_2EDTA, 1 g NaF sowie 0,1 g grobkristallines Thymol in einem Glaskolben vermengt und unter Schwenken in 90 ml *Aqua dest.* gelöst. Die Lösung wurde mit NaOH bzw. HCl auf pH 8 eingestellt, mit *Aqua dest.* auf ein Endvolumen von 100 ml aufgefüllt und 20 min gerührt. Nach der Entnahme des überschüssigen Thymols wurde die Lösung autoklaviert.

Zur Erfassung des Stresshormontiters sollten vom Vogelfang bis zur Blutabnahme maximal 3-10 min benötigt werden (Cash *et al.* 1997; Hiebert *et al.* 2000; Vleck *et al.* 2000; van Duyse *et al.* 2004; Raouf *et al.* 2005). Zur Validierung konnte eine neuere Methode zur stressfreien Blutentnahme dienen. Vergleichbar mit der Methode an Fledermäusen (*Microchiroptera*), Fluss-Seeschwalben (*Sterna hirundo*), Kaninchen (*Oryctolagus cuniculus*) und verschiedensten Zootieren erfolgte die Blutabnahme mit Raubwanzen der Art *Dipetalogaster maxima* (von Helversen & Reyer 1984; von Helversen 1986; Voigt *et al.* 2003; Stadler *et al.* 2007; Stadler 2009). Dabei sollten die Wanzen von dem auf dem Nest ruhenden oder brütenden Vogel 40 bis 200 µl Blut saugen. Die Wanzen im 3. Larvenstadium wurden in kleine Baumwollsäckchen eingenäht und in das Nest eingebracht, während das Weibchen auf Futtersuche war. Hierdurch konnte die Wanze an dem Weibchen während der Ruhephase saugen, ohne dass der Vogel beeinflusst wurde. Nach dem Saugvorgang der Wanze wurde eine Kanüle in deren Magen eingeführt und das Blut entnommen (u.a. von Helversen 1986). Die Blutproben konnten im Anschluss dem jeweiligen Tier zugeordnet werden, da durch vorherige Fänge bekannt war, welches Weibchen in den jeweiligen Nistkästen brütete.

2.5 Erfassung der Parasiten und Blutzellen

Direkt nach der Blutentnahme wurden für die Bestimmung der Blutparasiten und der Parasitämie sowie zur Quantifizierung der verschiedenen Blutzellen von kleineren Blutstropfen zwei Blutausstriche pro Kohlmeise angefertigt. Der an der Luft getrocknete Ausstrich wurde im Labor mit Diff-Quick-Lösung erst fixiert und sofort im Anschluss gefärbt, mit Leitungswasser abgespült und erneut getrocknet (Hauska et al. 1999). Durch die Färbung waren im Mikroskop bei 1000facher Vergrößerung die Strukturen der Blutzellen und dadurch auch die Parasiten innerhalb der Blutzellen gut sichtbar und unterscheidbar. Im Blutausstrich wurde bei jeweils 2.000 Erythrozyten die Parasitierung erfasst (Godfrey et al. 1987). Die Bestimmung der Erreger der Gattungen *Haemoproteus* und *Plasmodium* in einem Blutausstrich ist schwierig, da die Gametozyten der Vogelmalaria sich z.T. stark ähneln (Seed & Manwell 1977; Bennett et al. 1994; Campbell & Ellis 2007). Wegen dieser Problematik verifizierte Herr Prof. Dr. A. Haberkorn, Bayer Science Crop, die Bestimmung der Blutparasiten in der vorliegenden Arbeit. Durch die Analysen von Ausstrichen wurden die Parasitenstadien nur im akuten Stadium der Parasitämie erfasst. Auf eine genauere Bestimmung der Prävalenz über sensiblere Methoden, wie z.B. eine Polymerase-Kettenreaktion (PCR), wurde aus zeitlichen und finanziellen Gründen verzichtet. Bei der Auswertung wurde nicht zwischen den Erregern der beiden Gattungen unterschieden, da ihre Pathologie ähnlich sein soll (Friend et al. 1999; Hasselquist et al. 2007).

Zusätzlich wurden bei 2.000 Blutzellen die heterophilen, eosinophilen und basophilen Granulozyten sowie Thrombozyten, Monozyten und Lymphozyten quantifiziert. Zur Erfassung der Umweltbelastung wurden bei den Blutausstrichen ebenfalls die veränderten heterophilen Blutkörperchen ausgezählt (Campbell et al. 2007). Von Kohlmeisen, die tot gefunden wurden oder im Nest verstarben, wurde durch eine Nekropsie ein Leber-Abklatschpräparat erstellt (Abdruck der geschnittenen Leber auf einem Objektträger). Dieses wurde an der Luft getrocknet, mit der Diff-Quick-Lösung fixiert und dann gefärbt (s.o.). Anschließend wurde das Präparat unter einem Mikroskop auf einen Parasitenbefall hin untersucht.

2.6 Stresshormonanalyse

Die Konzentrationen der Stresshormonmetabolite in den Serumproben wurden bei Herrn Prof. Dr. F. Schwarzenberger, Biochemisches Institut der Veterinärmedizinischen Universität Wien, über Enzym-Immuno-Assays (EIA) bestimmt (Palme

& Möstl 1997). Der Enzym-Immuno-Assay nutzte gruppenspezifische Antikörper, welche eine simultane Erfassung der Metabolite ermöglichten und zu einem guten Nachweis führten (Palme *et al.* 2005). Die Detektion der Metabolite nach Rettenbacher *et al.* (2004) erfolgte mit beschichteten Mikrotiterplatten über die (Doppel-) Antikörpertechnik und Steroide als Label zum Nachweis der Kortikosterone. Aufgrund der Kreuzreaktionen erfasste dieser Assay Metabolite mit einer 3,11 Dioxy-Struktur.

Maximal 0,5 ml der Proben wurden in 5 ml 60 % Methanol verdünnt. Die Analyse der Aliquots dieser Lösung und der Antikörper erfolgte mit einer 1:20.000 Verdünnung. Kortikosteron, mit einer Bandbreite von 2-500 pg, wurde als Standard benutzt, wobei der 50 % Wert bei 60 pg lag. Dabei ergab sich eine Nachweisgrenze von 0,01 pg. Es wurden meistens 50 µl verdünnte Probe mit 100 µl Antikörper und 100 µl Steroiden über Nacht bei 4 °C inkubiert. Anschließend wurden die Mikrotiterplatten mit 0,02 % Tween 20 Lösung gewaschen und getrocknet, bevor 250 µl Streptavidin-Meerrettich-Peroxidasen-Konjugat (4,2 mU) aufgetragen wurden. Nach 45 min bei 4 °C in der Dunkelkammer und einem weiteren Waschschritt mit Tweed wurden die Platten mit Tetramethylbenzin bestrichen und bei 4 °C inkubiert. Nach 45 min wurde diese Reaktion mit 50 µl 2 M Sulfatsäure gestoppt. Die Absorption wurde in einem Automatik Elisareader bei einer Wellenlänge von 450 nm (Referenzfilter 620 nm) gemessen (Rettenbacher *et al.* 2004; Rettenbacher & Palme 2009).

2.7 Vaterschaftsanalysen

Die Bestimmung der Vaterschaften erfolgte durch Frau Dr. Poetsch im Rechtsmedizinischen Institut der Universitätsklinik Essen.

2.7.1 DNA-Isolierung aus Blut

Die DNA-Isolierung erfolgte nach den Angaben des Herstellers mit Hilfe des Invisorb Spin Blood Mini Kits. Maximal 200 µl Probe (Homogenat des Blutkuchens) wurden mit 200 µl Lysis Puffer (4 °C) vermischt (Merril *et al.* 1981; Budowle *et al.* 1991; Saladin *et al.* 2003), 5 min bei Raumtemperatur inkubiert und 1 min bei 9.100 G zentrifugiert. Das Sediment wurde mit 400 µl Lysis-Puffer A und 20 µl Proteinase K resuspendiert und unter leichtem Schwenken für 7-10 min bei Raumtemperatur inkubiert. Nach Zugabe von 200 µl Bindungspuffer A und einer Inkubation für 1 min bei Raumtemperatur wurde die Lösung 2 min bei 1.380 G zentrifugiert. Das Sediment

Material und Methoden

wurde in 500 µl Waschpuffer II resuspendiert und erneut für 1 min bei 1.380 G zentrifugiert. Dem zweiten Waschschritt mit demselben Volumen folgte eine Zentrifugation von 4 min bei 1600 G. Das Sediment wurde in ein neues Reaktionsgefäß überführt und nach Resuspension in 100 µl Elutionspuffer D für 1 min bei Raumtemperatur inkubiert. Nach erneuter Zentrifugation für 1 min bei 8.000 G, wurde der Überstand mit der DNA abgenommen.

2.7.2 Amplifikation der DNA mit Hilfe der PCR

Die Polymerase-Kettenreaktion (PCR) wird zur in vitro Vervielfältigung von spezifischen DNA-Abschnitten genutzt und entspricht einer zellulären Replikation. In den sich wiederholenden Zyklen wird die Anzahl der DNA-Kopien jeweils verdoppelt (Saiki et al. 1988). Die Methode besteht im Wesentlichen aus drei Schritten.

Im ersten Schritt wurde die DNA bei 94 °C denaturiert. Dabei lösten sich die Wasserstoffbrücken des DNA-Stranges, so dass nur noch die Einzelstränge der DNA vorlagen. Im zweiten Schritt kam es durch die Abkühlung auf 48-65 °C zur Anlagerung der Primer (Annealing). Dabei lagerten sich die Oligonukleotidprimer an die zu amplifizierende Region an und markierten diese. Der dritte Schritt war die Kettenverlängerung (Elongationsphase). Bei einem Temperaturoptimum von 72 °C synthetisierte die *Taq*-Polymerase die zu den Primern komplementären DNA-Stränge. Diese DNA-Stränge dienten in den nachfolgenden Zyklen als Matrize. Dieser PCR-Prozess wurde 20-25 mal wiederholt. Zum Abschluss wurde der Ansatz für 10 min bei 72 °C inkubiert, um eine vollständige Synthese aller Amplifikate zu gewährleisten.

2.7.3 Multiplex-PCR

Die Multiplex-PCR ist eine Erweiterung der herkömmlichen PCR (Chamberlain et al. 1988). Bei beiden PCR-Methoden werden sowohl das Nukleotidgemisch als auch eine thermostabile Polymerase und die DNA-Matrize benötigt, jedoch werden in der Multiplex-PCR mehrere Primerpaare verwendet, was die gleichzeitige Vervielfältigung mehrerer DNA-Abschnitte erlaubt (Chamberlain et al. 1988). Die jeweiligen PCR-Produkte waren über die Fluoreszenzmarkierungen FAM, JOE und TAMRA an den Primerenden zu unterscheiden. Der Ansatz der Multiplex-PCR bestand aus 1,5 mM $MgCl_2$, 2-5 ng DNA und 200 µM dNTPs. Das Gesamtvolumen von 12 µl wurde mit dem 1-fach *Taq*-Puffer eingestellt. Zur Amplifikation der Short-tandem-repeat (STR)-DNA wurden bei optimierten Amplifikationsparametern (1. Zyklus: 8 min 95 °C; 30

Zyklen: 1 min 94 °C, 2 min 55 °C und 2,5 min 72 °C) folgende Primerkonzentrationen/-markierungen eingesetzt (Saladin *et al.* 2003):

PmaGAn27	2 nM FAM	PmaC25	2 nM JOE
PmaTGAn33	4 nM FAM	PmaTAGAn86	2 nM TAMRA
PmaD22	4 nM FAM	PmaTAGAn45	2 nM TAMRA
PmaTAGAn71	2 nM JOE	PmaD105	4 nM TAMRA
PmaTGAn42	2 nM JOE		

2.7.4 Fragment-Analyse im ABI310 Genetic Analyzer

Mit dem ABI Prism 310 Genetic Analyzer erfolgte die STR-Analyse der Amplifikate der Multiplex-PCR basierend auf der Kapillarelektrophorese. Diese Elektrophorese ist eine Weiterentwicklung der klassischen Gelelektrophorese zur Auftrennung von DNA. Hierbei ist das Trägermedium flüssig, wodurch die Anwendung in einer Kapillare ermöglicht wird. Diese wird automatisch an der Kathode mit dem Trägermedium beschickt. Durch die angelegte Hochspannung von 5000 V wandern die negativ geladenen DNA-Fragmente zur Anode und werden dabei entsprechend ihrer Länge aufgetrennt. Kurze DNA-Fragmente wandern schneller als längere. Über eine Lasergestützte Anregung der Fluoreszenzmarkierungen wird das Ergebnis bei der Kapillarelektrophorese sichtbar gemacht (Chamberlain *et al.* 1988; Berg *et al.* 2003).

Es wurden für jede Analyse 12 µl Wasser, 0,5 µl Standard-Rox 500 und jeweils 1 µl Amplifikat gemischt und für 2 min bei 90 °C denaturiert. Anschließend wurden die Gemische auf Eis gekühlt und bei 2.000 G zentrifugiert. Der Überstand wurde nach Herstellerangaben im ABI Prism 310 Genetic Analyzer elektrophoretisch aufgetrennt. Hierfür wurde das im Gerät fest installierte Modul A mit der dazugehörigen Matrix A (ABI Collection Software 2.1) verwendet. Die Größenbestimmung der jeweiligen FAM-, JOE- oder TAMRA-markierten PCR-Produkte wurde mit der in der Gene Scan 3.1-Software implementierten „local Southern method" automatisch durchgeführt. Die Auswertung erfolgte durch zwei unabhängige Personen, die manuell die definierten Allele der untersuchten STRs den einzelnen DNA-Peaks zuordneten (Doppelblindverfahren). Die Alleltypisierung basierte auf selbst hergestellten Leitern aus sequenzierten Allelen aus den untersuchten Proben (Poetsch, persönliche Mitteilung).

2.7.5 Methoden zur Sequenzierung einzelner Allele

Durch die Sequenzierung einzelner Allele war es möglich, Rückschlüsse auf die Anzahl der STRs zu ziehen (Chamberlain *et al.* 1988; Berg *et al.* 2003). Der Ansatz mit insgesamt 12,5 µl Gesamtvolumen bestand aus: 1fach PCR-Puffer ABI; 0,3 nM je Primer; 200 µM je dNTP; 0,2 µl Ampli *Taq*Gold; 2-5 ng DNA. Für den Einzel-PCR-Ansatz (Singleplex) wurden 1,25 µl 10x PCR-Puffer ABI, 0,5 µl je Primer, 1,25 µl dNTP-Mix, 0,2 µl Ampli *Taq*Gold und 10-20 ng DNA gemischt und der Ansatz mit H$_2$O auf 12,5 µl Endvolumen versetzt.

Der normale Ablauf der PCR begann mit der Aktivierung der *Taq*-Polymerase für 8 min bei 95 °C. Anschließend folgten 30 Zyklen, zu Beginn mit der Denaturierung der DNA für 1 min bei 94 °C, dann dem Annealing der Primer für 1 min bei 52-60 °C und anschließend mit der Extension der Primer für 2 min bei 72 °C. Zum Schluss erfolgte einmalig ein Elongationsschritt für 30 min bei 72 °C. Für jeden der verwendeten STRs wurden 5-15 verschiedene Allele sequenziert (Kapitel 2.7.8).

2.7.6 Überprüfung der PCR-Produkte auf Polyacrylamid-Gelen

Die gelelektrophoretische Auftrennung der PCR-Produkte wurde angewandt, um die Proben auf die ausreichende Menge amplifizierter DNA und auf die spezifische Länge der DNA-Fragmente hin zu untersuchen (Merril *et al.* 1981; Budowle *et al.* 1991). Bei der Elektrophorese werden geladene Teilchen in einem elektrischen Feld nach Ladung und Größe getrennt, wobei kleinere Fragmente schneller als größere wandern. Die Wandergeschwindigkeit der Fragmente ist zudem auch abhängig von der Konformation der Teilchen, der Stärke des elektrischen Feldes, dem Laufpuffer, dem pH-Wert und der Gelkonzentration. Durch die Phosphorsäurereste in der DNA werden diese negativ geladen und wandern im elektrischen Feld in Richtung Anode. In Polyacrylamid (PAA)-Gelen werden DNA-Fragmente bis zu einer Länge von 1000 bp getrennt (Sambrook & Russell 2000).

Die Gele werden charakterisiert durch den T und den C-Wert [%], die die Gesamtkonzentration an Acrylamid und Bisacrylamid im Gel bzw. den Anteil von Bisacrylamid (Quervernetzer/Crosslinking) am Gesamtacrylamid angeben. Das Verhältnis von Bisacrylamid und Acrylamid bestimmt die Porengröße des Gels. Des Weiteren enthält das Gel Ammoniumpersulfat (APS), welches als Donator freier Radikale die Polymerisation initiiert, sowie N,N,N',N'-Tetramethylendiamin (TEMED), welches als Katalysator und Beschleuniger fungiert (Sambrook & Russell 2000).

Die Trägerfolie wurde auf eine mit 99,8 % Dichlorethan silanisierte Glasplatte überführt. Dabei sollte durch Wasser, welches sich zwischen der Trägerfolie und der Glasplatte befand, sichergestellt werden, dass dort keine Luftblasen vorlagen. Eine gleichmäßige Dicke des Gels wurde sicher gestellt durch Spacer (Dicke 0,5 mm), die auf die Ränder der Trägerfolie gelegt wurden. Zuerst wurden 6,6 ml 30 % PAA, 5 ml 35 mM Tris-Sulfat und 11,6 ml H_2O in einem Erlenmeyer-Kolben vermischt und etwa 10 min entgast. Nach Zugabe von 200 µl 10 % APS und 20 µl TEMED wurde die Lösung auf die Trägerfolie gegossen und mit einer silanisierten Glasplatte bedeckt. Das Gel polymerisierte innerhalb von 30 min aus und wurde bis zur Verwendung im Kühlschrank aufbewahrt.

Für die Elektrophorese wurden zwei mit Bromphenolblau getränkte TBE-Pufferstreifen auf das Gel gelegt. Anschließend wurden jeweils 3 µl Proben und die 100 bp Leiter an der Kathode auf das Gel aufgetragen. Das PAA-Gel wurde in die Elektrophorese-Kammer gelegt, und es wurde für ca. 30-45 min eine Gleichspannung angelegt (750 V, 25 mA, 25 W).

Mit Hilfe der Silberfärbung, die Proteine sowie Nukleinsäuren anfärbt, wurden nach der Elektrophorese die DNA-Banden sichtbar gemacht (Merril 1981). Dies geschah durch die Komplexbindung der Silberionen mit den Phosphorsäureresten der DNA-Fragmente bei einem pH-Wert von mehr als 10,5 und durch die anschließende Reduktion zu elementarem Silber. Für die Silberfärbung wurde das Gel auf einem Schüttler platziert. Die DNA wurde mit 1 % HNO_3 für 3 min durch Oxidation fixiert. Anschließend wurde das Gel drei mal mit H_2O gewaschen. Es folgte die Inkubation für 20 min in 0,02 % $AgNO_3$ (=0,012 M) und 3-maliges Waschen mit H_2O. Die Gel-Entwicklung erfolgte in 5-10 min durch 0,28 M Na_2CO_3 und 0,025 % Formalin. Dadurch wurden die DNA-Banden sichtbar. Die Reaktion wurde durch Zugabe von 10 % Essigsäure für 2 min und anschließendem Waschen mit H_2O gestoppt. Das Gel wurde mit 85 % Glycerin konserviert und bei Raumtemperatur getrocknet. Die auf dem Gel sichtbar gewordenen Banden wurden analysiert (Chamberlain et al. 1988; Sambrook & Russell 2000; Berg et al. 2003).

2.7.7 Aufreinigung der PCR-Produkte mit ExoSAP

Das ExoSAP-IT enthält die Enzyme Exonuklease I und Shrimp Alkaline Phosphatase, welche sich gelöst in einem speziellen Puffer befinden. Die Exonuklease I entfernt die während der PCR entstandene Einzelstrang-DNA sowie die nicht genutzten einzelsträngigen Primer. Die überschüssigen dNTPs werden von der Shrimp Alkaline Phosphatase aus der Lösung entfernt. Nach der Aufreinigung werden die Enzyme bei 80 °C deaktiviert. Vorteil dieser Methode ist, dass für die Aufreinigung der PCR-Produkte nur ein Pipettenschritt sowie nur eine Inkubationszeit von insgesamt 30 min benötigt wird.

Die Aufreinigung der Produkte, die vor der anschließenden Cycle-Sequenzier-PCR notwendig ist, erfolgte nach dem Protokoll von USB Europe. Die PCR-Produkte wurden mit jeweils 2 µl ExoSAP für 15 min bei 37 °C im Wasserbad inkubiert. Anschließend wurden die Enzyme für 15 min bei 80 °C im Biometra-Thermoblock deaktiviert.

2.7.8 Cycle-Sequenzier-PCR

Bei der Cycle-Sequenzier-PCR-Methode werden zusätzlich zu den normalen dNTPs fluoreszenzmarkierte 2'-3'-Didesoxyribonukleosidtriphosphate (ddNTPs) verwendet, bei denen es sich um sogenannte Abbruchnukleotide handelt (Big Dye Terminator Cycle Sequencing Kit; Applied Biosystems). Den ddNTPs fehlt gegenüber den dNTPs eine 3'-OH-Gruppe, wodurch die Bindung von Phosphatgruppen weiterer Moleküle und somit eine weitere Strangsynthese nicht möglich ist. Produkte der Cycle-Sequenzier-PCR sind also unterschiedlich lange DNA-Moleküle, an deren 3'-Ende sich jeweils ein fluoreszenzmarkiertes ddNTP befindet (Sambrook & Russell 2000; Berg et al. 2003).

Es wurden 25 gleiche Zyklen durchgeführt. Zuerst wurde die DNA 10 s bei 96 °C denaturiert. Anschließend kam es zum Annealing der Primer für 5 s bei 50 °C. Der letzte Schritt war die Extension der Primer für 4 min bei 60 °C. Es wurde jeweils nur einer der beiden Primer aus der ersten Singleplex-PCR eingesetzt.

Die Aufreinigung der Sequenzier-PCR-Produkte erfolgte nach dem Protokoll von Analytik Jena AG bio solutions über den innuPREP DYEpure Kit. Produkte aus der Sequenzier-PCR wurden mit 300 µl Removal Puffer gemischt und auf einen Spin Filter übertragen. Der Filter wurde in der Receiver Tube für 3 min bei 13.800 g zentrifugiert und dann in das Elution Tube überführt. Anschließend wurden 10 µl

Molecular Biology Grade Water auf den Spin Filter pipettiert und für 1 min bei 9.200 G zentrifugiert. Die aufgereinigte DNA aus dem Elution Tube wurde zur Sequenzierung verwendet.

2.7.9 Kapillargelelektrophoretische Auftrennung der Produkte der Cycle-Sequenzierungs-PCR

Die Cycle-Sequenzierungs-Produkte werden der Größe nach in einem flüssigen Polymer kapillarelektrophoretisch aufgetrennt. Anschließend werden die DNA-Fragmente mit Hilfe einer real-time Detektion analysiert. Dafür wird der Strahl eines 10 mV Argonlasers auf die Kapillare gerichtet, deren Ummantelung an dieser Stelle unterbrochen ist. Durch die Emission des Lasers, die zwischen 488 und 514,5 nm liegt, werden die fluoreszenzmarkierten ddNTPs angeregt, die daraufhin wiederum Licht mit dem für den jeweiligen Farbstoff charakteristischen Wellenlängenbereich emittieren. Das Licht wird von einem Spektrographen (CCD Kamera) detektiert und mit Hilfe einer Analysesoftware quantifiziert und ausgewertet. Die nach einer bestimmten Lauflänge detektierten Basen können so zu einer durchgehenden DNA-Sequenz zusammengesetzt werden. Die Vorteile dieser Methode gegenüber der herkömmlichen Gelelektrophorese liegen zum einen in der kürzeren Laufzeit der Elektrophorese und zum anderen in der geringen Menge benötigter DNA. Nachteilig ist, dass pro Laufzeit und Kapillare jeweils nur eine Probe analysiert werden kann (Dr. Poetsch, pers. Mitteilung). Die Farbe grün steht im Elektropherogramm für den Terminator A und für das Fluorophor dR6G, rot für T und dTAMRA, blau für C und dROX und schwarz für G und dR110.

Die aufgereinigten PCR-Produkte aus der Cycle-Sequenzierung-PCR wurden direkt in den ABI310 Genetic Analyzer gegeben. Dabei betrug die Injektionszeit 30-60 s. Die Injektionsspannung wurde auf 1-2 kV eingestellt, die Laufzeit auf 24 min, die Laufspannung auf 15 kV und die Temperatur auf 50 °C. Die anschließende Auswertung erfolgte mit der im ABI310 Genetic Analyzer implementierten Software Sequencing Analysis. Die Auszählung der Repeats wurde manuell durchgeführt.

2.8 Datenauswertung

Der Stichprobenumfang, der verwendete statistische Test und die ermittelten Signifikanzniveaus sind an den betreffenden Stellen angegeben. Die Darstellung der Ergebnisse erfolgte in Balken-, Linien- oder Box- und Whiskerplots. Im Fall von Box- und Whiskerplots ist der Median als Querstrich in der Box dargestellt. Darunter werden das 25 und darüber das 75 % Perzentil dargestellt. Die Linien ober- und unterhalb der Box erstrecken sich bis zu den Minimum- bzw. Maximum-Werten. Die Signifikanz der Ergebnisse wurde entweder über den Kruskal-Wallis- oder den Fisher-Test überprüft (Vogt 1994). Für alle Analysen wurde das Signifikanzniveau auf mindestens $p<0,05$ gesetzt. Die Berechnungen erfolgten mit Hilfe des Computerprogramms R (Korner-Nievergelt & Hüppop 2010).

3. Ergebnisse

Alle Daten der Jungtiere beziehen sich sowohl auf die Erst- als auch die Zweitbrut. Nur in seltenen Fällen gab es bei ca. 1 % der Nistkästen nach der Zweitbrut noch ein weiteres Nachgelege. Letztere werden nicht gesondert dargestellt.

3.1 Belegungsrate der Nistkästen und Bruterfolg

Die Anzahl der aufgehängten Nistkästen variierte mit 0,62, 0,42 und 0,26 Nistkästen/ha deutlich zwischen den einzelnen Lokalitäten (Tab. 3.1.1). Im Durchschnitt der drei Jahre war fast die Hälfte der angebotenen Brutkästen besetzt (Bredeneyer Wald 60,1 %; Holsterhausen 43,0 %; Segeroth-Park 79,8 %). Durch Kohlmeisen waren im Bredeneyer Wald 36,6 %, in Holsterhausen 43,0 % und im Segeroth-Park 62,2 % belegt. Die übrigen Nistkästen wurden in der Brutzeit vorwiegend durch Blaumeisen und Kleiber genutzt. Die mittleren Brutgrößen lagen in den drei Jahren bei 7,5-9 Eier im Bredeneyer Wald, 5,1-8,2 in Holsterhausen und 6,2-7,2 im Segeroth-Park (Abb. 3.1.1). Der Bruterfolg d.h. der Anteil der ausgeflogenen Nestlinge an der Anzahl der aus dem Ei geschlüpften Nestlinge, nahm von 2007 zu 2008 in allen drei Lokalitäten zu, und fiel im darauf folgenden Jahr wieder ab (Tab. 3.1.1).

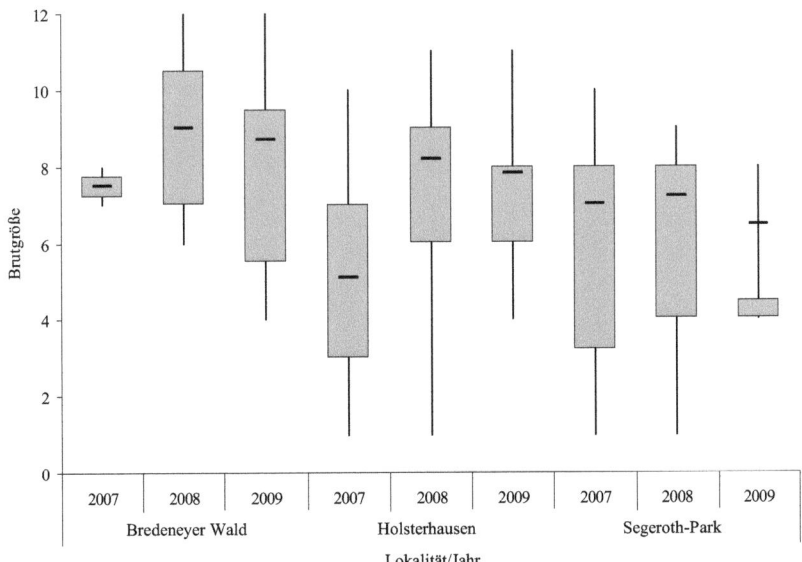

Abb. 3.1.1 Brutgröße in den einzelnen Lokalitäten und einzelnen Jahren.
(— Median; □ 25 bzw. 75 % Perzentil; | Minimal- bzw. Maximalwert)

Ergebnisse

Tab. 3.1.1: Dichte der Nistkästen, Belegungsrate und Bruterfolg in den drei Lokalitäten und drei Jahren.
* Im Durchschnitt wurden in allen Jahren nur ca. 80 % der Kästen (immer die gleichen) ständig kontrolliert. Dies wurde bei der Berechnung der Belegungsrate berücksichtigt.

	Jahr	Bredeneyer Wald*	Holsterhausen	Segeroth-Park
Anzahl der Nistkästen/ha	2007-09	0,62	0,42	0,26
Belegungsrate generell (Ø) [%]	2007	64,7	29,1	73,7
	2008	71,1	62,5	81,6
	2009	44,4	37,5	84,2
Belegungsrate durch Kohlmeisen (Ø) [%]	2007	23,5	29,1	63,2
	2008	57,7	62,5	68,4
	2009	28,8	37,5	55,2
Gelegegröße (Ø) [Eier]	2007	7,5	5,1	7,0
	2008	9,0	8,2	7,2
	2009	8,7	7,8	6,2
Bruterfolg [%]	2007	69,0	0,0	60,6
	2008	75,5	20,1	61,5
	2009	60,0	17,4	51,4

3.2 Gewichte und Ektoparasiten

Die Männchen, Weibchen und Nestlinge wogen 15,1-20,3, 14,6-19,0 bzw. 4,6-20,0 g. Bei einer Zuordnung zu 0,5 g-Gewichtsklassen lag bei den Männchen und Weibchen annähernd eine Normalverteilung vor, wobei die meisten Tiere jeweils in den Gewichtsklassen 16,6-17,0 bzw. 17,6-18,0 g vorlagen. Die Verteilung der Nestlinge spiegelt das Wachstum wider. Die Nestlinge, die zwei bzw. dreimal gewogen worden waren, zeigten eine Gewichtszunahme von ca. 0,9 g/Tag. Beim prozentualen Anteil der gefangenen Kohlmeisen lagen die meisten Nestlinge in den unteren Gewichtsklassen, die Männchen in den oberen und die Weibchen im mittleren Bereich (Abb. 3.2.1 und 6.1).

Bei einem Vergleich der Durchschnittsgewichte in den verschiedenen Lokalitäten stammten die signifikant leichtesten Männchen, Weibchen und Nestlinge jeweils aus dem Stadtgebiet Holsterhausen, die jeweils schwersten aus dem Bredeneyer Wald (Fisher-Test, p>0,01) (Tab. 3.2.1). Die Gewichte der Tiere aus dem Segeroth-Park lagen dazwischen. In allen Lokalitäten waren die Männchen im Durchschnitt signifikant schwerer als die Weibchen und diese wiederum signifikant schwerer als die Nestlinge (Fisher-Test, p>0,01).

Nur bei 136 (alles Adulte) der 910 Kohlmeisen fanden sich Fraßspuren durch Federlinge an Hand- und Armschwingen der Flügel und an einem einzigen Tier wurde eine adulte Zecke der Gattung *Ixodes* gefunden. Ansonsten lieferte die äußere Inspektion keine weiteren Erkenntnisse oder Auffälligkeiten.

Ergebnisse

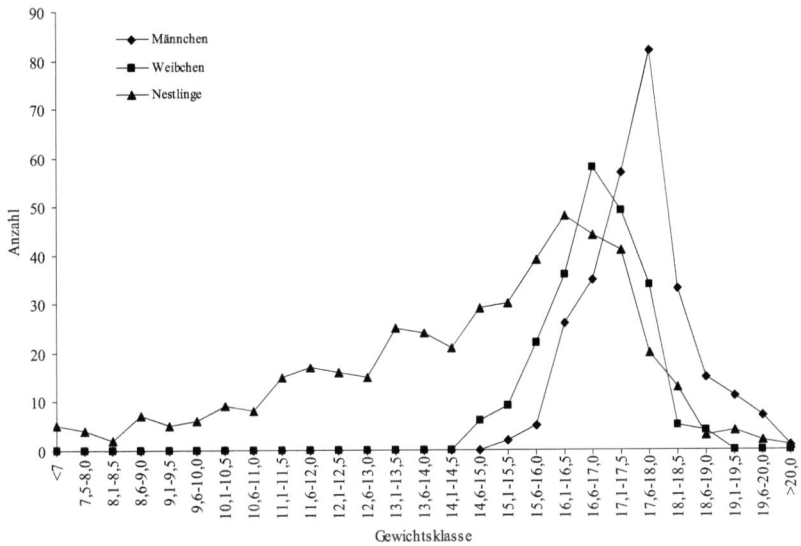

Abb. 3.2.1: Anzahl der Männchen, Weibchen und Nestlinge in den einzelnen Gewichtsklassen (in g) bezogen auf die Gesamtzahl der Tiere in den einzelnen Klassen.

Tab. 3.2.1: Gewichte aller Tiere aus den einzelnen Lokalitäten.

	Männchen	Weibchen	Nestlinge	Gesamt
Gesamt	17,40±0,73	16,65±0,71	14,67±2,47	16,24±1,30
Bredeneyer Wald	17,83±0,62	17,17±0,67	16,41±2,15	17,14±1,15
Holsterhausen	16,45±0,60	16,02±0,65	13,57±2,77	15,35±1,34
Segeroth-Park Ost	17,60±0,98	16,76±0,69	14,15±2,35	16,17±1,34
Segeroth-Park West	17,71±0,73	16,66±0,82	14,54±2,62	16,30±1,39

3.3 Blutparasiten

In 297 von 1780 Blutausstrichen der Kohlmeisen wurden Parasiten nachgewiesen, keine in den Leber-Abklatschpräparaten der vier verstorbenen Tiere.

3.3.1 Bestimmung der Blutparasiten

Auf Grund der morphologischen Kriterien, wie z.B. den bei *Plasmodium* sp. an den Zellrand verschobenen Nukleus in den Erythrozyten, handelte es sich bei den Blutparasiten um Erreger der Vogelmalaria, *Plasmodium* sp. und *Haemoproteus* sp. (Abb. 3.3.1 a und b).

Ergebnisse

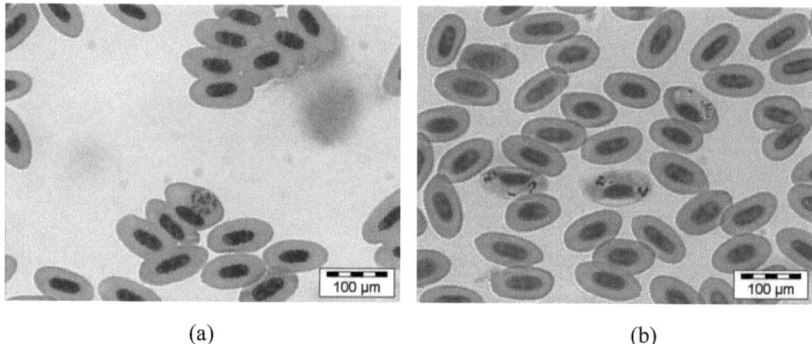

(a) (b)

Abb. 3.3.1 a und b: Befall von Erythrozyten mit *Plasmodium* (a) und *Haemoproteus* (b).

3.3.2 Gesamtprävalenz der Blutparasiten

In 193 von 890 Kohlmeisen (21,7 %) fanden sich Vogelmalaria-Erreger (Abb. 3.3.2). Bei den adulten Kohlmeisen besaßen die 235 Männchen eine deutlich höhere Befallsprävalenz mit 31,5 % als die 209 Weibchen mit 24,4 %. Die 446 Nestlinge wiesen mit 13,0 % eine deutlich niedrigere prozentuale Befallsrate auf (Abb. 3.3.2). Beim statistischen Vergleich der Befallsprävalenzen unterschieden sich beide Geschlechter und auch die Nestlinge jeweils signifikant (Kruskal-Wallis-Test, p<0,01).

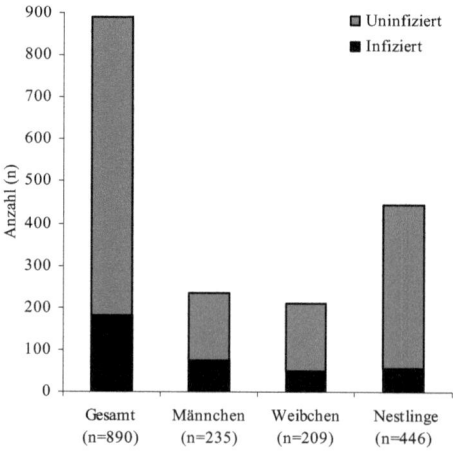

Abb. 3.3.2: Anzahl der uninfizierten und mit Vogelmalaria infizierten Kohlmeisen in allen Lokalitäten.

Ergebnisse

3.3.3 Prävalenz der Blutparasiten in den verschiedenen Lokalitäten

Die Prävalenzen variierten deutlich zwischen den Lokalitäten. Bei einer Zusammenfassung der Werte der 3 Jahre lagen sie im Bredeneyer Wald bei 10,1 % (13 von 129), im Stadtteil Holsterhausen bei 9,2 % (6 von 65), im Segeroth-Park Ost bei 25,9 % (102 von 394), im Segeroth-Park West bei 21,6 % (62 von 287) und in Wuppertal bei 6,6 % (1 von 15) (Abb. 3.3.3 und 3.3.4).

Im Bredeneyer Wald zeigte die Differenzierung nach Geschlechtern und Nestlingen bei den weiblichen Kohlmeisen gegenüber den Männchen eine um 38,4 % höhere Befallsrate (Abb. 3.3.3). Nur 1,9 % (2 von 103) der Nestlinge waren infiziert. Im Stadtteil Holsterhausen lag die Befallsprävalenz der Weibchen hingegen 34,4 % unter der der Männchen. Dort fanden sich bei 44,4 % (4 von 9) Männchen, 10 % (1 von 10) Weibchen und nur 2,2 % (1 von 46) Nestlingen Vogelmalaria-Erreger in den Blutausstrichen. Im Segeroth-Park Ost wiesen 30,0 % (39 von 130) der Männchen, 26,6 % (29 von 109) der Weibchen und 21,9 % (34 von 155) der Nestlinge Blutparasiten auf (Abb. 3.3.4). Auch im Segeroth-Park West waren erneut mehr Männchen (39,4 %, 28 von 71) als Weibchen (17,6 %, 13 von 74) parasitiert und erneut weniger Nestlinge (14,8 %, 21 von 142). Diese vier Lokalitäten wiesen untereinander einen signifikanten Unterschied beim Gesamt-Parasitenbefall auf (Kruskal-Wallis-Test, p<0,01). In den 15 Meisen aus dem Zoologischen Garten Wuppertal wurde nur in einem Blutausstrich eines Männchens ein einzelner Parasit nachgewiesen.

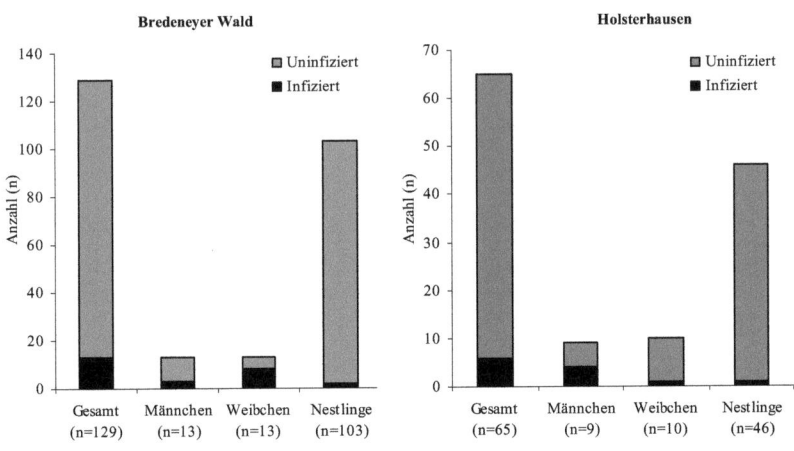

Abb. 3.3.3: Anzahl der uninfizierten und mit Vogelmalaria infizierten Kohlmeisen im Bredeneyer Wald und in Holsterhausen.

Ergebnisse

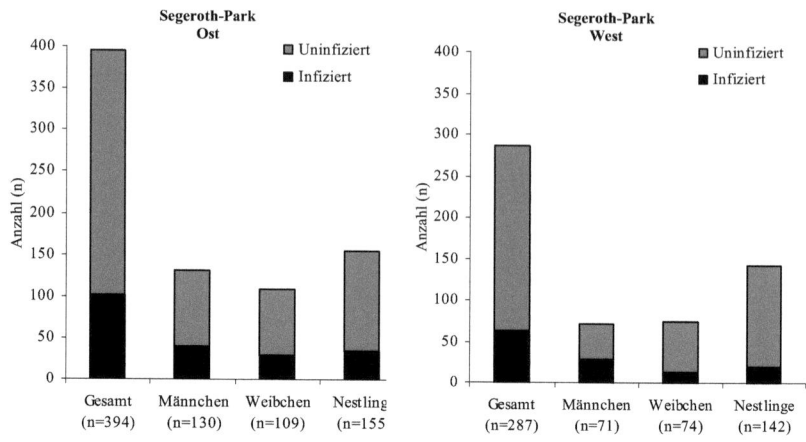

Abb. 3.3.4: Anzahl der uninfizierten und mit Vogelmalaria infizierten Kohlmeisen im Segeroth-Park Ost und West.

3.3.4 Prävalenz der Blutparasiten im Jahresverlauf

Die Prävalenzen wurden von März bis Dezember 2007, Februar bis November 2008 und während der Brutzeit im April und Mai 2009 erfasst (Abb. 3.3.5). Bei den Männchen waren zu Beginn der Fangzeit im März 2007 alle infiziert, 2008 nur 70 % und 2009 sogar kein Tier (Abb. 3.3.5, Tab. 3.3.1). 2007 fiel im weiteren Jahresverlauf die Parasitierungsrate der Männchen deutlich ab, unterbrochen von einem Anstieg im August/September. Im November fanden sich bei keinem der 16 Männchen Parasiten. Es erfolgte im Dezember ein erneuter Anstieg auf 35 %. 2008 lagen ebenfalls bis Juni ein Abfall und anschließend eine Zunahme in der Prävalenz vor. Bei den Weibchen wurde 2007 ein ähnlicher Prävalenzverlauf fest gestellt. Im April waren alle drei Tiere infiziert. Der Parasitenbefall fiel bis Juni auf 0 %, stieg im August wieder auf 26 %, fiel bis Oktober auf 2 % und stieg im November bis auf 58 % an. Im Jahr 2008 fanden sich zu Beginn der Brutzeit (Februar-April) keine Parasiten. Erst ab Mai stieg die Parasitierungsrate bis zu einem Peak im August auf 64 %. Im weiteren Verlauf fiel sie erneut auf 20 % im November (Abb. 3.3.5, Tab. 3.3.1). Die Nestlinge wiesen meistens einen sehr geringen Parasitenbefall auf. Im April 2007 waren dagegen von 52 Tieren 81 % parasitiert, im Mai 2 % und im Juni keines. Im Mai 2008 wurde nur eine geringe Prävalenz von 5 % detektiert, im Juni von 1 % und im Mai 2009 nur bei 4 % der Nestlinge (Abb. 3.3.5, Tab. 3.3.1).

Ergebnisse

Tab. 3.3.1: Anzahl der infizierten Männchen, Weibchen und Nestlinge pro Monat.

Jahr	Monat	Männchen	Weibchen	Nestlinge	Gesamt
	März	1	-----	-----	1
	April	42	3	2	47
	Mai	14	13	5	32
2007	Juni	1	0	0	1
	August	18	9	-----	27
	September	12	2	-----	14
	Oktober	8	1	-----	9
	November	0	2	-----	2
	Dezember	1	2	-----	3
2008	Februar	2	0	-----	2
	April	4	0	0	4
	Mai	17	18	5	40
	Juni	0	9	4	13
	August	3	7	-----	10
	September	4	2	-----	6
	November	0	0	-----	0
2009	April	0	-----	-----	0
	Mai	5	7	5	17

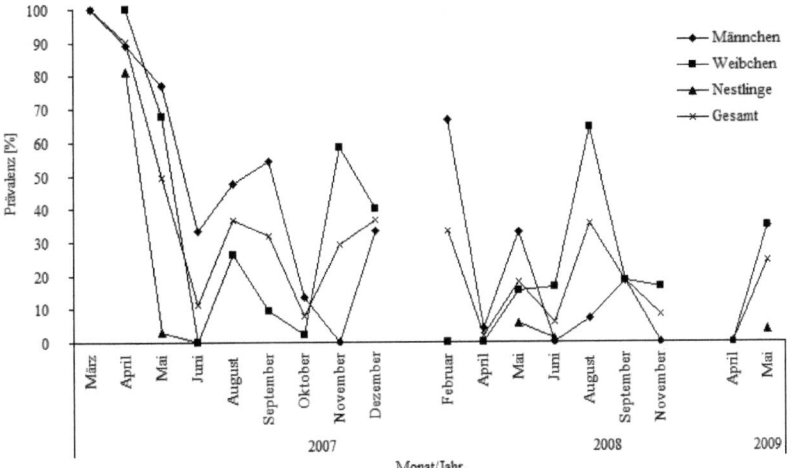

Abb. 3.3.5: Monatliche Befallsraten von 2007 bis 2009. Wegen der geringen Anzahl von Tieren und der sehr geringen Prävalenz (1 von 15) wurden die Tiere vom Zoologischen Garten Wuppertal nicht einbezogen.

3.3.5 Prävalenz der Blutparasiten in Abhängigkeit von Brutzeit, Geschlecht und Lokalität

Während der Brutzeit wiesen von den 152 adulten Kohlmeisen 37,5 % Blutparasiten auf (Abb. 3.3.6). Bei den 82 Weibchen und 70 Männchen waren 2 % mehr Männchen infiziert. Außerhalb der Brutzeit lag die Infektionsrate insgesamt bei 18,7 % (56 von 300), bei den Männchen bei 23,1 % (39 von 169) und bei den 17 von 144 Weibchen bei nur 13,0 %.

Bei einer differenzierten Betrachtung der einzelnen Lokalitäten zeigten sich Unterschiede (Abb. 3.3.6 bis 3.3.9). Im Bredeneyer Wald fanden sich während der Brutzeit bei 11 der insgesamt 26 adulten Kohlmeisen (42,3 %) Blutparasiten (Abb. 3.3.7). Von den beiden gleich stark vertretenen Geschlechtern waren bei den Männchen 23,1 % (3 von 13) und bei den Weibchen 61,5 % (8 von 13) infiziert. In der Stadtlokalität Holsterhausen lag während der Brutzeit die mittlere Befallsprävalenz aller Kohlmeisen mit 11,2 % deutlich unter dem Mittelwert der Gesamtpopulation (Abb. 3.3.7). Insgesamt traten nur in 5 von 19 Meisen Parasitenstadien auf. In dieser Lokalität wiesen gegenüber dem Bredeneyer Wald die Männchen mit 44,4 % (4 von 9) eine deutlich höhere Infektionsrate als die Weibchen (1 von 10) auf.

Im Segeroth-Park Ost wurden während der Brutzeit insgesamt 51 Kohlmeisen gefangen, von denen 21 (41,2 %) Blutparasiten aufwiesen, 9 Männchen und 12 Weibchen. Die Infektionsrate war mit 41,2 % (9 von 21) bzw. 41,4 % (12 von 29) fast gleich (Abb. 3.3.8). Außerhalb der Brutzeit lag sie bei insgesamt nur 19,6 % (19 von 189) bzw. bei den Männchen bei 22,0 % (24 von 109) und den Weibchen 16,3 % (13 von 80). Im Segeroth-Park West besaßen während der Brutzeit 35,7 % (20 von 56) der Kohlmeisen Vogelmalaria-Erreger im Blut (Abb. 3.3.9). Auch in dieser Lokalität wurden ähnlich viele Weibchen und Männchen gefangen. Von den Weibchen waren 30 % parasitiert (9 von 30), von den Männchen mit 42,3 % (11 von 26) einige mehr. Außerhalb der Brutzeit lag die Prävalenz bei insgesamt 20,2 % (18 von 89), 31,1 % bei den Männchen (14 von 45) und 9,1 % bei den Weibchen (4 von 44). In den 30 Blutausstrichen der 15 Kohlmeisen (12 Männchen und 3 Weibchen) aus dem Zoologischen Garten Wuppertal, welche alle außerhalb der Brutzeit gefangen worden waren, fand sich in nur einem Blutausstrich eines Männchens ein Parasitenstadium und damit eine Prävalenz von 6,6 %.

Beim statistischen Vergleich der verschiedenen Lokalitäten während und außerhalb der Brutzeit, bezüglich der Unterschiede der Befallsprävalenzen bei den verschiedenen Geschlechtern waren während der Brutzeit im Bredeneyer Wald und Segeroth-Park West signifikant mehr Weibchen als Männchen mit Vogelmalaria infiziert (Kruskal-Wallis-Test, $p<0,05$). In Holsterhausen waren deutlich mehr Männchen als Weibchen infiziert. Zwischen den Geschlechtern gab es kaum einen Unterschied im Segeroth-Park Ost. Außerhalb der Brutzeit gab es in beiden Segeroth-Park Gebieten eine signifikant höhere Prävalenz bei den Männchen (Kruskal-Wallis-Test, $p<0,05$).

Ergebnisse

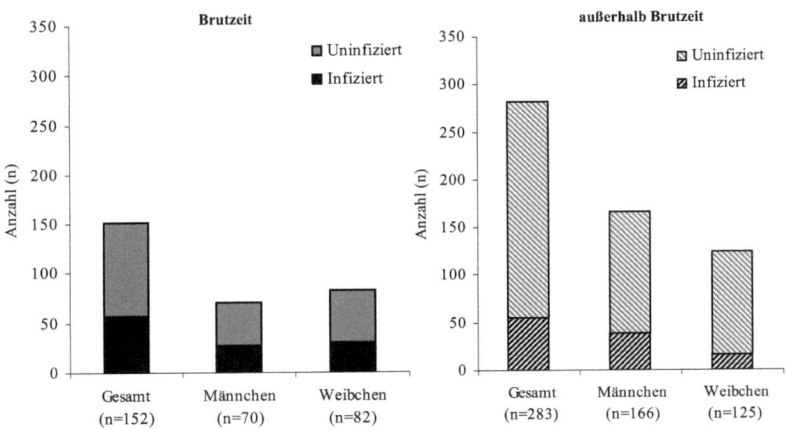

Abb. 3.3.6: Anzahl der uninfizierten und mit Vogelmalaria infizierten adulten Kohlmeisen in allen Lokalitäten während und außerhalb der Brutzeit.

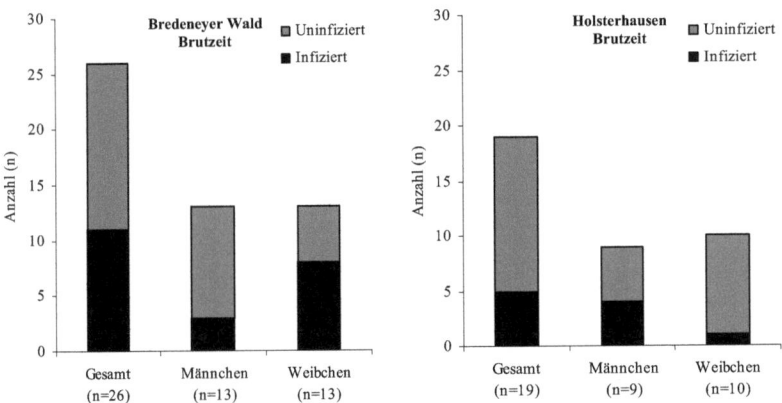

Abb. 3.3.7: Anzahl der uninfizierten und mit Vogelmalaria infizierten adulten Kohlmeisen im Bredeneyer Wald und in Holsterhausen während der Brutzeit.

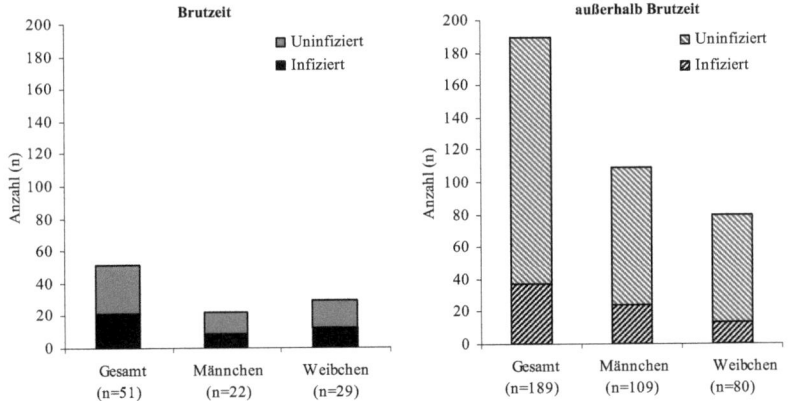

Abb. 3.3.8: Anzahl der uninfizierten und mit Vogelmalaria infizierten adulten Kohlmeisen im Segeroth-Park Ost während und außerhalb der Brutzeit.

Ergebnisse

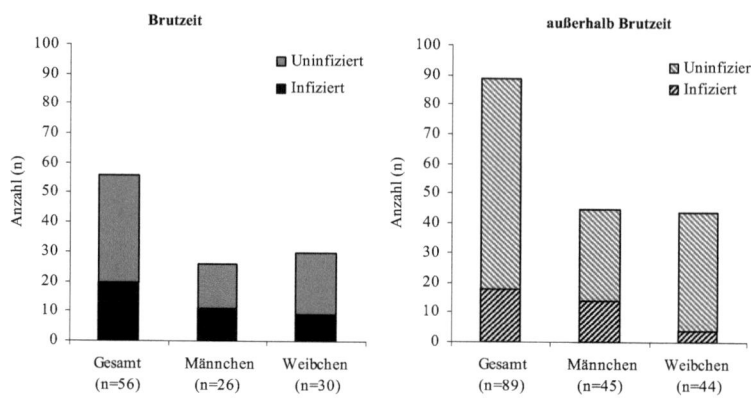

Abb. 3.3.9: Anzahl der uninfizierten und mit Vogelmalaria infizierten adulten Kohlmeisen im Segeroth-Park West während und außerhalb der Brutzeit.

3.3.6 Parasitämien bei Tieren mit unterschiedlichem Gewicht

Beim Vergleich der Parasitämien bei Tieren mit unterschiedlichem Gewicht, das von der Entwicklung abhängt und z.T. vom Geschlecht (Tab. 3.2.1), zeigten sich deutliche Unterschiede zwischen den adulten Männchen, Weibchen und Nestlingen (Abb. 3.3.10, Tab. 3.3.1). Bei den leichtesten Tieren, ausschließlich Jungtieren, die erst kurz vor dem Ausfliegen den Gewichtsbereich der Adulten erreichten, waren bei Nestlingen mit <7 g im Durchschnitt 6/2.000 Erythrozyten parasitiert, und bei Tieren mit 9-15 g fand sich maximal 1 Parasit/2.000 Erythrozyten. Im Bereich von 15-18 g, dem von 93 % der Weibchen und 85 bzw. 50 % der Männchen bzw. Nestlinge (Abb. 3.2.1), war ein deutlicher Parasitämie-Peak mit einem Maximum im Bereich von 15,6-16,0 g zu erkennen. Hierbei fanden sich als mittlere Parasitämie 7,2 Parasiten/2.000 Erythrozyten. Diese Parasitämie fiel bei steigendem Gewicht kontinuierlich bis 17,0 g auf 3 Parasiten/2.000 Erythrozyten ab. Bei einem Gewicht von 17,6-18,0 g waren durchschnittlich noch 1,2 Parasiten/2.000 Erythrozyten befallen. Bei weiterer Gewichtszunahme bis 20 g, wobei diese Gewichtsklassen meistens Männchen enthielten, fiel der mittlere Parasitenbefall bis auf 0 Parasiten/2.000 Erythrozyten (Abb. 3.3.10).

Ergebnisse

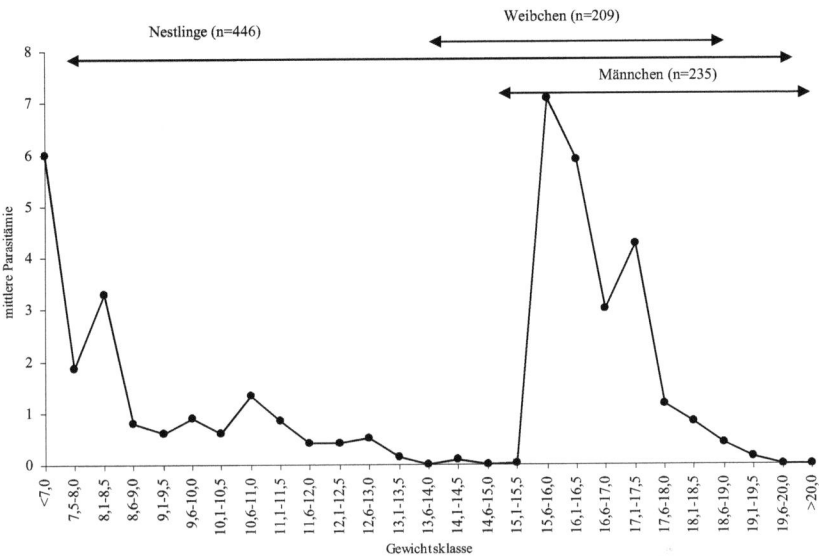

Abb. 3.3.10: Mittlere Parasitämie pro 2.000 Erythrozyten bei unterschiedlich schweren Nestlingen, Weibchen und Männchen.

Da in den Gewichtsklassen von 15,6-18,0 g einerseits viele Tiere hohe Parasitämien aufwiesen, aber andererseits in diesen Klassen sowohl Männchen als auch Weibchen auftraten, müssen diese Klassen differenziert verglichen werden (Tab 3.3.1). Die wenigen sehr leichten Männchen bis 16 g waren kaum parasitiert. Bei der sich anschließenden Gewichtsklasse von 16,1-16,5 g waren durchschnittlich 19±71,76 Parasiten/2.000 Erythrozyten vorhanden, statistisch signifikant mehr als bei Weibchen und Nestlingen (Kruskal-Wallis-Test, $p<0,05$). Diesem Maximum folgte bei den Männchen der nächsten beiden Gewichtsklassen eine Reduktion auf 8,8±42,50 und 3,18±16,15 Parasiten/2.000 Erythrozyten. Die sehr hohen Standardabweichungen deuten auf die sehr starken Parasitierungen nur weniger Tiere hin, maximal 329/2.000 Erythrozyten bei einem 16,2 g schweren Männchen. In den anschließenden Gewichtsklassen lagen wieder sehr geringe Parasitämien vor. Auch bei den Weibchen waren die Tiere der beiden niedrigsten Gewichtsklassen (14,6-15,5 g) kaum parasitiert. Wie bei den Männchen traten dann sehr hohe Parasitämien auf, bei den Weibchen aber bei 15,6-16,0 g, dem Maximum in der Gesamtdarstellung (Abb. 3.3.10). Diese mittlere Parasitämie von 23,42±84,15 Parasiten/2.000 Erythrozyten unterschied sich statistisch signifikant von den Werten der Männchen und Nestlinge (Kruskal-Wallis-Test, $p<0,05$). Die sehr hohen Standardabweichungen bewirken erneut wenige Tiere mit sehr hohen Parasitierungen, z.B. ein 16,0 g schweres Weibchen mit 383 Parasiten/2.000 Erythrozyten, ein

Ergebnisse

17,0 g schweres Weibchen mit 303 Parasiten/2.000 Erythrozyten oder ein 16,4 g schweres mit 146 Parasiten/2.000 Erythrozyten. Auch bei den Weibchen nahm die Parasitämie in den Tieren der sich anschließenden schwereren Gewichtsklassen ab (Tab. 3.3.1). In allen Gewichtsklassen von 15,1-18,0 g waren die Nestlinge kaum parasitiert. Nur vereinzelt fanden sich bei ihnen hohe Parasitämien, z.B. bei einem 15,6 g schweren Nestling mit 3 Parasiten/2.000 Erythrozyten die höchste Parasitämie aller Tiere dieser Gewichtsklasse.

Tab. 3.3.1: Mittlere Parasitämie pro 2.000 Erythrozyten in elf Gewichtsklassen unter getrennter Berücksichtigung der Männchen, Weibchen und Nestlinge. (Np/Ng: Anzahl parasitierter Tiere/Anzahl aller Tiere)

Gewichts-klasse	Parasiten/ Gesamt	Parasiten/ ♂	Np/Ng ♂	Parasiten/ ♀	Np/Ng ♀	Parasiten/ Nestlinge	Np/Ng Nestlinge
14,6 - 15,0	0,00 ± 0,00	0,00 ± 0,00	0/0	0,00 ± 0,00	0/6	0,00 ± 0,00	0/29
15,1 - 15,5	0,05 ± 0,26	0,00 ± 0,00	0/2	0,01 ± 0,50	2/9	0,01 ± 0,12	1/30
15,6 - 16,0	7,17 ± 47,43	0,30 ± 0,64	1/5	23,42 ± 84,15	5/22	0,14 ± 0,55	6/39
16,1 - 16,5	5,88 ± 34,43	19,00 ± 71,76	9/26	4,41 ± 16,17	11/36	0,02 ± 0,15	2/48
16,6 - 17,0	3,01 ± 22,56	8,83 ± 42,50	6/35	1,55 ± 5,96	12/58	0,04 ± 0,21	4/44
17,1 - 17,5	3,65 ± 28,55	3,18 ± 16,15	15/57	7,18 ± 46,03	9/49	0,07 ± 0,30	3/41
17,6 - 18,0	1,16 ± 5,59	0,08 ± 2,11	15/82	3,75 ± 12,62	3/34	0,00 ± 0,00	0/20
18,1 - 18,5	0,72 ± 2,41	1,09 ± 3,27	10/33	0,10 ± 0,30	2/5	0,00 ± 0,00	0/13
18,6 - 19,0	0,41 ± 0,83	0,30 ± 0,64	3/15	1,12 ± 1,26	3/4	0,00 ± 0,00	0/3
19,1 - 19,5	0,18 ± 0,60	0,25 ± 0,69	2/11	0,00 ± 0,00	0/0	0,00 ± 0,00	0/4
16,6 - 20,0	0,00 ± 0,00	0,00 ± 0,00	0/7	0,00 ± 0,00	0/0	0,00 ± 0,00	0/2

3.3.7 Parasitämie der Wiederfänge

Insgesamt wurden 141 Kohlmeisen-Männchen, -Weibchen und -Jungtiere mehrfach gefangen und beprobt. Die Zeitpunkte zwischen erster und nächster Beprobung lagen zwischen 2 Wochen und 18 Monaten. Bei einer Auftragung der 258 Proben und der Veränderung der Parasitämie hatte bei 38 männlichen Kohlmeisen der Parasitenbefall abgenommen, davon bei ungefähr 70 % der Tiere, die beim zweiten Mal außerhalb der Brutzeit gefangen worden waren, bei 46 war er gleich geblieben und bei 14 angestiegen (Abb. 3.3.11). Innerhalb der Brutzeit war letzteres bei 10 Tieren der Fall. Bei den Weibchen fand sich eine ähnliche Entwicklung des Parasitenbefalls. Bei 31 Weibchen war dieser später niedriger (während der Brut nur bei 11), bei 49 unverändert (während der Brut 19) und bei elf höher (während der Brut nur 3). Bei einer Mehrfachbeprobung besaßen 16 Nestlinge, bei der zweiten Beprobung einen schwächeren Parasitenbefall, acht einen gleich starken und drei Nestlinge einen höheren.

Bei Kohlmeisen, die zuerst als Nestlinge und als flügge gewordene Männchen erneut analysiert wurden, lag bei zwei Tieren ein niedrigerer Parasitenbefall innerhalb

Ergebnisse

der Brutzeit vor, bei drei Tieren außerhalb. Bei elf war die Parasitämie gleich geblieben (2 Tiere innerhalb der Brutzeit) und bei sechs außerhalb der Brutzeit angestiegen. Bei flügge gewordenen Weibchen waren sechs Tiere weniger parasitiert (2 Tiere in der Brut), zehn weitere Tiere hatten keine Veränderung (3 in der Brut), und bei einem von drei Tieren in der Brut lag ein Anstieg vor. Insgesamt wurden sieben Vögel wieder gefangen, als sie im darauf folgenden Jahr erstmals brüteten. Alle diese Tiere wiesen im Gegensatz zur ersten Blutentnahme bei der zweiten keine Blutparasiten auf (Abb. 3.3.11).

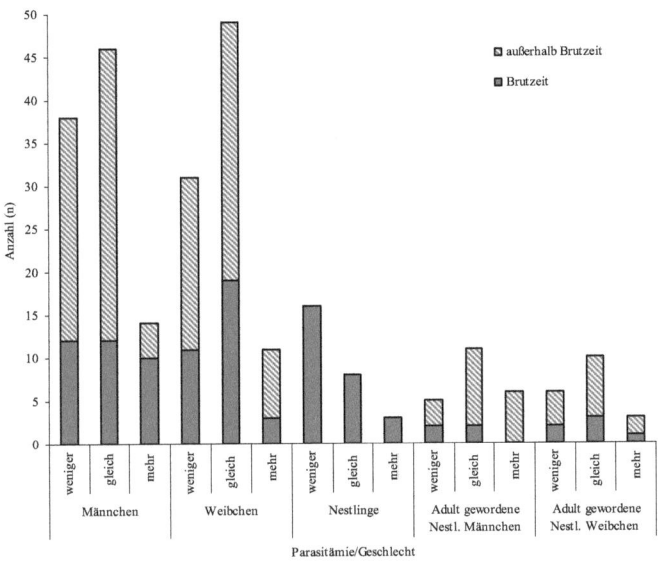

Abb. 3.3.11: Entwicklung der Parasitämie bei Kohlmeisen deren Widerfang während bzw. außerhalb der Brutzeit lag.

3.4 Differenzierung der Blutzellen

3.4.1 Blutbild der Kohlmeise

In den Blutausstrichen der Männchen, Weibchen und Nestlinge wurden bei jeweils 2.000 Blutzellen meistens Erythrozyten gefunden, ansonsten 0-14 eosinophile und 0-4 basophile Granulozyten sowie 0-18 Monozyten und 0-59 Thrombozyten (Tab. 3.4.1). Bei Männchen und Weibchen ergab sich mit 0-7 eosinophilen Granulozyten ein fast identischer Anteil und bei den Nestlingen mit 0-14 ein ähnlicher Anteil. Bei den

Ergebnisse

basophilen Granulozyten trat zwischen den Geschlechtern und den Nestlingen kein großer Unterschied auf. Bei den Männchen fanden sich 0-4, bei den Weibchen 0-3 und bei den Nestlingen 0-2/2.000 Zellen. An Monozyten wurden bei Männchen 0-18, Weibchen 0-12 und Nestlingen 0-13/2.000 Zellen identifiziert (Tab. 3.4.1). Thrombozyten waren bei Männchen und Weibchen mit 0-28 bzw. 0-39/2.000 Zellen einige weniger vorhanden als bei den Nestlingen mit 0-59/2.000 Zellen.

Tab. 3.4.1: Verteilung der einzelnen Blutzellen im Blut der Kohlmeisen pro 2.000 Blutzellen.
(in Klammern %-Anteil aller Blutzellen)

	eosinophile Granulozyten	basophile Granulozyten	Monozyten	Thrombozyten
Gesamt	0-14 (0-0,7)	0-4 (0-0,2)	0-18 (0-0,9)	0-59 (0-3,0)
Männchen	0-7 (0-0,4)	0-4 (0-0,2)	0-18 (0-0,9)	0-28 (0-1,4)
Weibchen	0-7 (0-0,4)	0-3 (0-0,2)	0-12 (0-0,6)	0-39 (0-2,0)
Nestlinge	0-14 (0-0,7)	0-2 (0-0,1)	0-13 (0-0,7)	0-59 (0-3,0)

Die Anzahl der heterophilen Granulozyten unterschied sich kaum zwischen männlichen und weiblichen Kohlmeisen, wohl aber gegenüber den Nestlingen (Abb. 3.4.1). Bei den adulten Tieren war keine Normalverteilung erkennbar, und die Anzahl der heterophilen Zellen schwankte sehr stark. Bei Männchen fanden sich 0-33 heterophile Zellen/100 Granulozyten mit Peaks bei 2 und 7 Zellen. Ähnliche Werte kamen bei den Weibchen vor (maximal 26 Zellen), wobei jeweils zwischen 15 und 26 Tiere zwischen 19 und 26 heterophile Zellen/100 Granulozyten aufwiesen. Bei Nestlingen lag bei 115 Tieren mit 0-8 heterophilen Granulozyten/100 Granulozyten eine Normalverteilung mit einem Maximalwert bei 4 Zellen vor (Abb. 3.4.1).

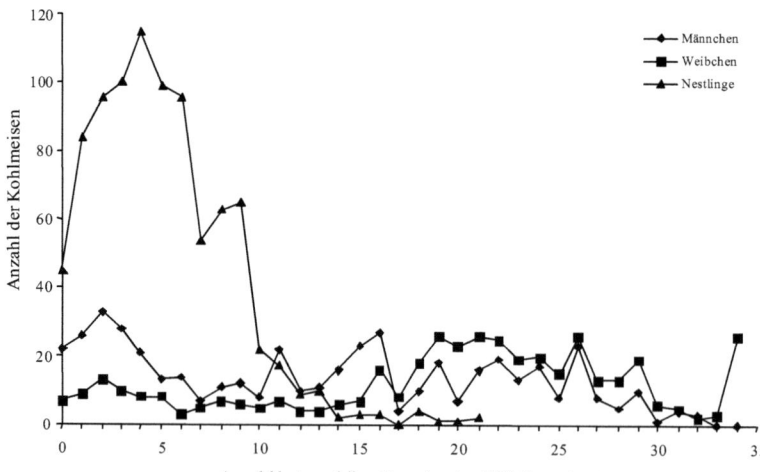

Abb. 3.4.1: Anzahl der heterophilen Zellen pro 100 Granulozyten bei Männchen, Weibchen und Nestlingen.

Ergebnisse

3.4.2 Prävalenz und Anzahl der veränderten heterophilen Granulozyten

Bei der Ermittlung der **Prävalenz** fanden sich in 494 von 890 Kohlmeisen (55,6 %) veränderte heterophile Granulozyten (Abb. 3.4.2). Bei Männchen waren es nur 44,7 % (n=235), signifikant weniger als bei Weibchen (51,2 %, n=209). Bei den Nestlingen trat ein noch höherer Wert auf (63,5 %, n=446). Die Werte der Adulten untereinander und der Nestlinge unterschieden sich signifikant (Kruskal-Wallis-Test, p<0,05).

Auch zwischen den jeweiligen Lokalitäten unterschied sich der Anteil von Tieren mit veränderten heterophilen Granulozyten signifikant (Kruskal-Wallis-Test, p<0,01) (Abb. 3.4.3 bis 3.4.7). Die durchschnittliche Prävalenz lag im Bredeneyer Wald bei 77,5 % (n=129), im Stadtteil Holsterhausen bei 73,8 % (n=65), im Segeroth-Park Ost bei 51,8 % (n=394), im Segeroth-Park West bei 48,8 % (n=287) und im Zoologischen Garten Wuppertal bei 20 % (n=15). Bei einer getrennten Erfassung der adulten Kohlmeisen sowie der Nestlinge in den jeweiligen Lokalitäten zeigte sich im Bredeneyer Wald bei den 13 Weibchen mit 76,9 % ein um 15,4 % signifikant niedrigerer Anteil als bei den 13 Männchen (Kruskal-Wallis-Test, p<0,05). Der mit 75,7 % niedrigste Anteil bei den 103 Nestlingen unterschied sich ebenfalls signifikant vom Anteil der Männchen (Kruskal-Wallis-Test, p<0,05) (Abb. 3.4.3). In Holsterhausen wurden insgesamt 65 Kohlmeisen untersucht, von denen 73,8 % veränderte Granulozyten aufwiesen. Dabei fanden sich bei 55,6 % der 9 Männchen, 80,0 % der 10 Weibchen und 76,1 % der 46 Nestlinge Veränderungen (Abb. 3.4.4). Beim statistischen Vergleich der veränderten heterophilen Granulozyten unterschieden sich die Alttiere signifikant von den Nestlingen und untereinander (Kruskal-Wallis-Test, p<0,01).

Im Segeroth-Park Ost wiesen 44,6 % der 130 Männchen, 52,3 % der 109 Weibchen und 57,4 % der 155 Nestlinge veränderte Zellen auf (Abb. 3.4.5). In dieser Lokalität unterschieden sich Männchen und Weibchen signifikant (Kruskal-Wallis-Test, p<0,05) (Abb. 3.4.4 und 3.4.5). Im Segeroth-Park West gab es veränderte Granulozyten bei 39,4 % der 71 Männchen im Gegensatz zu den 74 Weibchen mit 41,9 %. In diesem Gebiet trat bei den 142 Nestlingen mit 57,0 % der höchste Anteil von Tieren mit veränderten Zellen auf (Abb. 3.4.6). Im Zoologischen Garten Wuppertal hatten von 15 Kohlmeisen 20 % veränderte Granulozyten mit 3 weiblichen Kohlmeisen mit 33,3 % und Männchen mit 16,7 %. (Abb. 3.4.7). Beim Vergleich der Lokalitäten wies der Bredeneyer Wald den höchsten Anteil an veränderten heterophilen Granulozyten auf und der Zoologische Garten Wuppertal den niedrigsten (Kruskal-Wallis-Test, p<0,01).

Ergebnisse

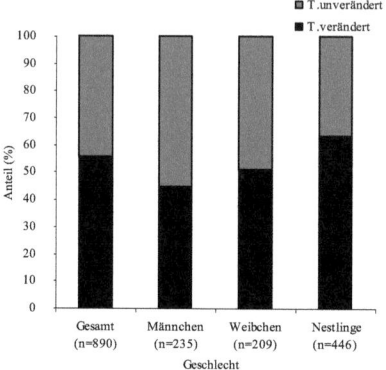

Abb. 3.4.2: Anteil veränderter heterophiler Granulozyten bei Männchen, Weibchen und Nestlingen in allen Lokalitäten.

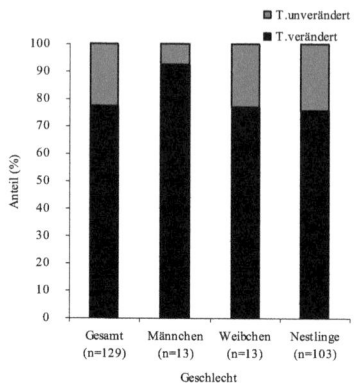

Abb. 3.4.3: Anteil veränderter heterophiler Granulozyten bei Männchen, Weibchen und Nestlingen im Bredeneyer Wald.

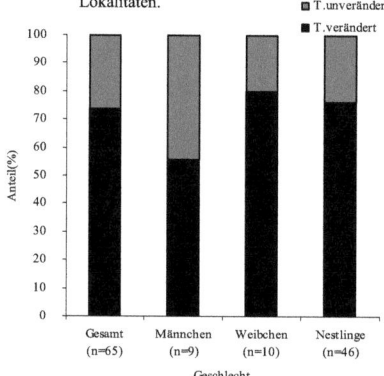

Abb. 3.4.4: Anteil veränderter heterophiler Granulozyten bei Männchen, Weibchen und Nestlingen in Holsterhausen.

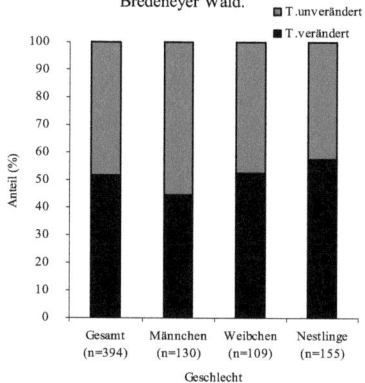

Abb. 3.4.5: Anteil veränderter heterophiler Granulozyten bei Männchen, Weibchen und Nestlingen im Segeroth-Park Ost.

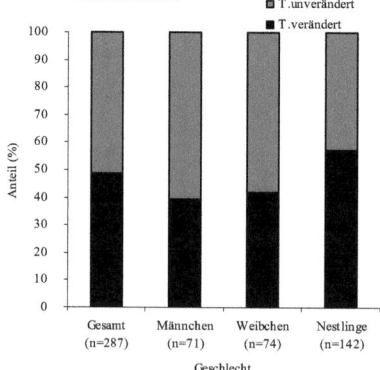

Abb. 3.4.6: Anteil veränderter heterophiler Granulozyten bei Männchen, Weibchen und Nestlingen im Segeroth-Park West.

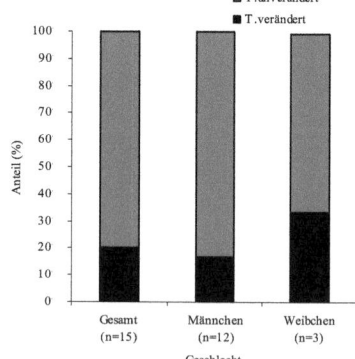

Abb. 3.4.7: Anteil veränderter heterophiler Granulozyten bei Männchen, Weibchen und Nestlingen im Zoologischen Garten Wuppertal.

Ergebnisse

Beim Vergleich der **Anzahl** der veränderten heterophilen Granulozyten zeigte sich bei Männchen, Weibchen und den Nestlingen eine vergleichbare Abhängigkeit. Je geringer die Anzahl der heterophilen Zellen war, umso mehr Tiere besaßen veränderte Zellen, und bei Tieren mit ≥8 heterophilen Granulozyten fanden sich nur einzelne Tiere, bei denen diese Zellen verändert waren (Abb. 3.4.8).

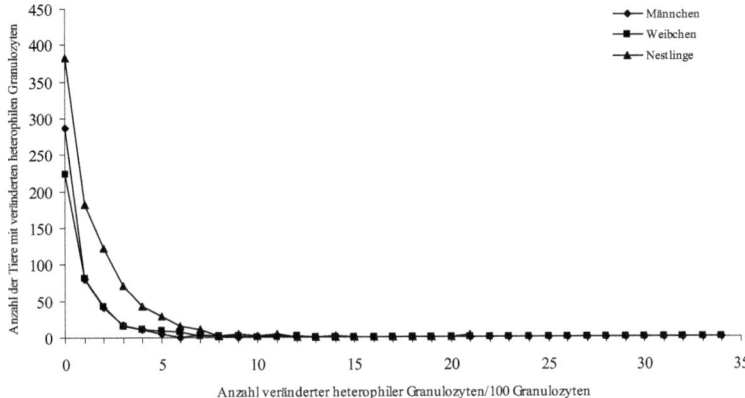

Abb. 3.4.8: Anzahl der männlichen und weiblichen Kohlmeisen sowie Nestlinge in Relation zur Anzahl der veränderten heterophilen Granulozyten.

3.4.3 Anteil veränderter Granulozyten in Relation zum Gewicht

Bei der zusammenfassenden Darstellung aller Werte schien ein Zusammenhang zwischen dem Anteil der veränderten Granulozyten und dem Gewicht vorzuliegen (Abb. 3.4.9). Der Anteil von veränderten Zellen fiel mit zunehmendem Gewicht von ca. 26 % bei 8 g auf 24 % bei 19 g schweren Meisen (Abb. 3.4.9).

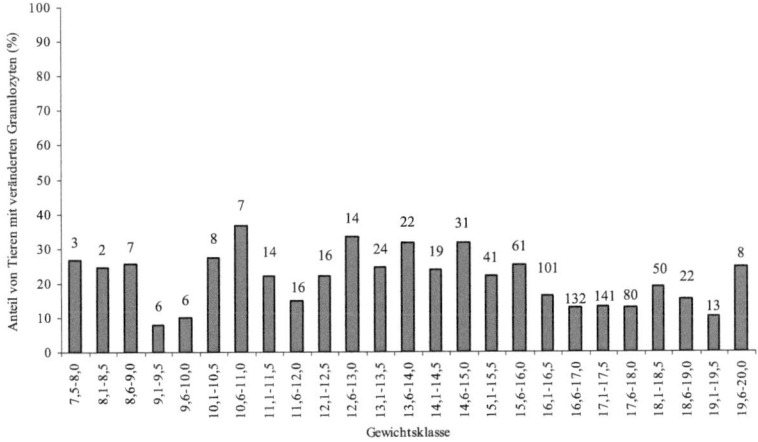

Abb. 3.4.9: Anteil von Tieren mit veränderten Granulozyten in den einzelnen Gewichtsklassen. Die Zahl über der Säule gibt die Anzahl der Meisen an.

Ergebnisse

Bei einem differenzierenden Vergleich der Männchen, Weibchen und Nestlinge fand sich bei männlichen Kohlmeisen nach einem Anteil von 3 % bei 15,1-15,5 g schweren Tieren ein kleiner Peak des Anteils der veränderten Zellen bei 16 % und einem Gewicht von 16,1-16,5 g (Abb. 3.4.10). Von 17,1-19,0 g lag der Anteil der veränderten heterophilen Granulozyten bei 5-8 %. Ab einem Gewicht von >20 g traten bei den Männchen keine veränderten heterophilen Granulozyten mehr auf (Abb. 3.4.10).

Bei den weiblichen Kohlmeisen variierte der Anteil der veränderten heterophilen Granulozyten in den Gewichtsklassen von 14,5-18,0 g nur geringfügig zwischen 5 und 8 % (Abb. 3.4.10). Weibchen mit einem Gewicht von 18,1-18,5 g wiesen 19 % veränderte Granulozyten auf. Bei den Nestlingen, die in allen Gewichtsklassen auftraten, schien eine gedeutete Korrelation des Gewichtes und des mittleren Anteils der veränderten Granulozyten vorzuliegen. Bei einem Gewicht von 9 g lag der mittlere Anteil der veränderten Granulozyten bei ca. 28 %, zwischen 18,1 g und 18,5 g bei ca. 40 %. Bei einem sehr schweren Nestling (20,0 g) waren kurz vor dem Ausflug alle Granulozyten verändert (Abb. 3.4.10).

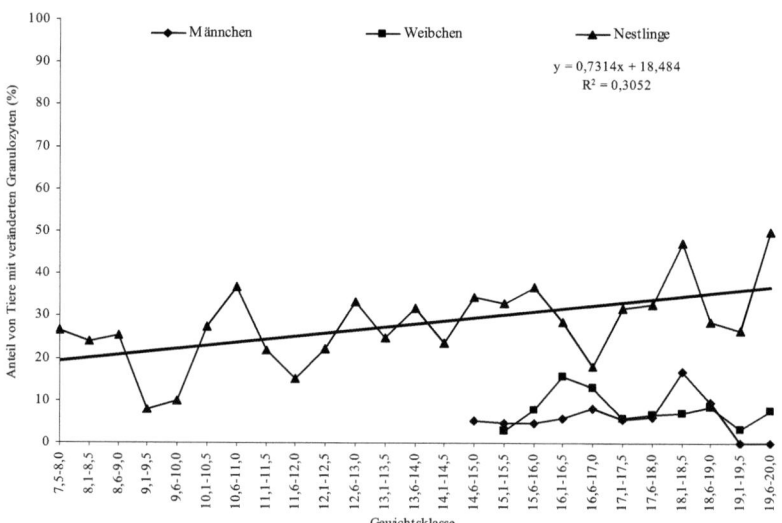

Abb. 3.4.10: Mittlerer prozentualer Anteil der veränderten heterophilen Granulozyten bei unterschiedlich schweren männlichen und weiblichen Kohlmeisen sowie Nestlingen.

Ergebnisse

3.4.4 Anteil veränderter heterophiler Granulozyten bei Wiederfängen

Bei einem Vergleich des Anteils der veränderten heterophilen Granulozyten/100 heterophilen Granulozyten bei der ersten und zweiten Blutprobe der 141 wieder gefangenen Kohlmeisen war bei 27 Männchen und 19 Weibchen die Anzahl dieser Granulozyten bei der zweiten Probe niedriger, bei 31 bzw. 25 gleich und bei 32 bzw. 48 höher (Abb. 3.4.11). Von den zweifach beprobten 32 Nestlingen wiesen vier Tiere weniger veränderte Zellen auf; bei 16 Nestlingen war der Anteil der Zellen gleich geblieben und bei zwölf Tieren hatte er sich erhöht. Bei 20 Männchen, die als Nestlinge erfasst worden waren, fand sich bei zehn Tieren eine Reduktion der Anzahl und bei sechs bzw. vier Tieren keine Veränderung bzw. eine Zunahme. Auch bei den meisten der 18 flügge gewordene Weibchen war der Anteil der veränderten Zellen reduziert, bei zwei gleich geblieben und bei vier weiteren erhöht (Abb. 3.4.11).

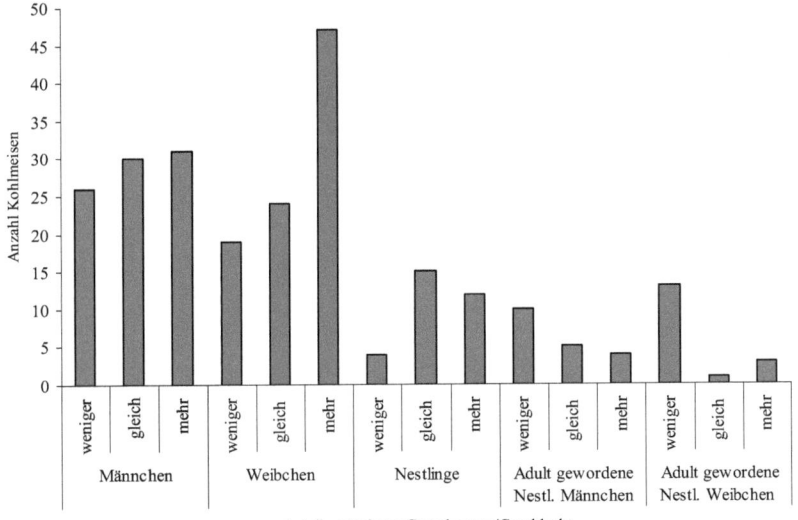

Abb. 3.4.11: Entwicklung des Anteils* der veränderten heterophilen Granulozyten bei Wiederfängen.
(* Anteil pro 100 heterophiler Granulozyten)

3.4.5 H/L-Quotienten bei Tieren aus unterschiedlichen Lokalitäten

Bei der Bestimmung der Stressintensität über die Intensität der Immunsuppression und dies wiederum über den Quotienten von heterophilen Granulozyten und Lymphozyten besaßen die Weibchen mit 2,73±1,34 einen höheren H/L-Quotienten als die Männchen mit 1,79±1,19. Der H/L-Quotient der Nestlinge lag mit 1,50±0,90 noch unter dem der Männchen (Tab. 3.4.2). Abgesehen von Zoologischen Garten Wuppertal waren in

Ergebnisse

jedem der vier anderen Lokalitäten die H/L-Quotienten der Männchen mit 1,74±0,90 - 3,03±2,29 immer niedriger als die der Weibchen mit 2,42±0,99 - 6,28±3,40 und die der Nestlinge mit 1,29±0,79 - 1,77±1,09 immer noch niedriger als die der Männchen. Der größte Unterschied zwischen den beiden Geschlechtern lag im Bredeneyer Wald mit 3,03±2,29 und 6,28±3,40 vor, der geringste in Segeroth-Park Ost mit 1,77±1,38 und 2,42±0,99. Der höchste mittlere H/L-Quotient wurde sowohl bei den Weibchen als auch bei den Männchen im Bredeneyer Wald berechnet, der niedrigste Quotient dagegen im Segeroth-Park Ost bzw. West (Tab. 3.4.2.).

Tab. 3.4.2: Mittlere H/L-Quotienten von männlichen und weiblichen Kohlmeisen sowie Nestlingen aus den verschiedenen Lokalitäten. (H/L-Quotient: Heterophile Granulozyten/Lymphozyten)

Geschlecht	Lokalität	H/L-Quotient
Männchen (n=54)	Gesamt	1,79±1,19
	Bredeneyer Wald	3,03±2,29
	Holsterhausen	2,17±1,38
	Segeroth-Park Ost	1,77±1,38
	Segeroth-Park West	1,74±0,90
	Zool. Garten Wupp.	2,45±2,91
Weibchen (n=45)	Gesamt	2,73±1,34
	Bredeneyer Wald	6,28±3,40
	Holsterhausen	4,11±1,90
	Segeroth-Park Ost	2,42±0,99
	Segeroth-Park West	2,85±1,59
	Zool. Garten Wupp.	1,78±1,63
Nestlinge (n=57)	Gesamt	1,50±0,90
	Bredeneyer Wald	1,29±0,79
	Holsterhausen	1,34±0,87
	Segeroth-Park Ost	1,59±0,47
	Segeroth-Park West	1,77±1,09

3.5 Stresshormontiter

Es wurden Proben von jeweils 5-13 Tieren analysiert, die sich in Geschlecht, Alter, Parasitämie, Lokalität, Dauer der Blutabnahme, Zeitpunkt der Blutabnahme bezogen auf die Brutzeit, Umweltbelastung und Fremdgehrate unterschieden (Tab. 3.5.1 bis 3.5.8, Abb. 3.5.2 bis 3.5.5). Bei der Blutentnahme war der Einsatz der Wanzen erfolglos. Die Tiere im dritten Larvenstadium nahmen zu wenig Blut auf oder hatten nicht gesaugt.

Ergebnisse

3.5.1 Stresshormontiter bei unterschiedlich schweren Tieren und bei unterschiedlicher Zeitdauer bis zur Blutabnahme

Bei einer Auftragung der Kortikosteron-Konzentrationen in Abhängigkeit vom Gewicht war kein Zusammenhang erkennbar. Die Werte schwankten unabhängig vom Gewicht sowohl bei beiden Geschlechtern als auch bei den Nestlingen zwischen 2 und 55 ng Kortikosteron/ml Serum (Abb. 3.5.1).

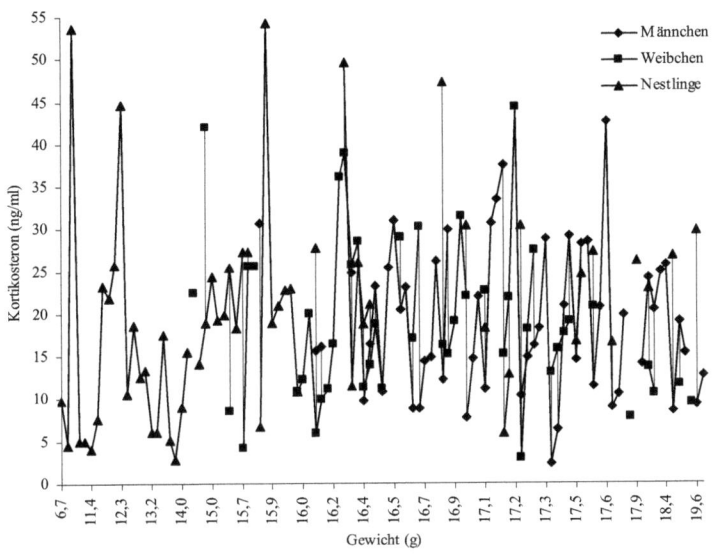

Abb. 3.5.1: Mittlere Kortikosteron-Konzentration bei unterschiedlich schweren männlichen, weiblichen Kohlmeisen und Nestlingen.

Bei der Blutabnahme wurde besonders Wert auf eine rasche Blutentnahme gelegt, um einen zusätzlichen Stress für die Vögel zu vermeiden. Die meisten Blutproben wurden in <5 min genommen. Dies liegt im unteren Bereich der Fangdauer von 3-10 min, in der keine Erhöhung der Stresshormontiter erfolgen sollte (s. Kap. 1.5). Vom Fang bis zum Freilassen der adulten Vögel vergingen 0:05-27:00 min, durchschnittlich 4:22 min. Bei den Nestlingen, bei denen die Stress-induzierte Störung erst mit dem Öffnen des Nistkastens begann, waren es durchschnittlich 2:21 min. Insgesamt gelang es, bei 74,4 % der Fänge in <7,5 min das Blut zu entnehmen. Die Dauer der Blutentnahme wirkte sich bis zu 7:30 min kaum auf die Stresshormontiter aus, führt aber doch bei 10 min zu einer leichten Steigerung (23,4 %) der mittleren Kortikosteron-Konzentration (Tab. 3.5.1, Abb. 3.5.1 und 3.5.2; Regressionsgrade: $y=1{,}2434x+16{,}134$; $R^2=0{,}7055$). Am niedrigsten war der Wert bei den schnellen Abnahmen (17,54 ng Kortikosteron/ml Serum), am höchsten bei einer Dauer von 7:31-

Ergebnisse

10:00 min (24,50 ng Kortikosteron/ml Serum) (Tab. 3.5.1, Abb. 3.5.1 und 3.5.2). Die Mittelwerte unterschieden sich zwischen den einzelnen Kategorien nicht signifikant, mit Ausnahme der ersten Zeitkategorie, bei der sich der Mittelwert signifikant von allen anderen unterschied (Kruskal-Wallis-Test, p<0,05). Die Mittelwerte bei einer Fangdauer mit Blutabnahme oberhalb von 7:30 min unterschied sich signifikant von den niedrigeren Fangdauerklassen (Kruskal-Wallis-Test, p<0,05).

Tab. 3.5.1: Mittlere Kortikosteronkonzentration bei unterschiedlicher Dauer der Blutabnahme.

Dauer der Blutabnahme (min:sek)	Anzahl der Kohlmeisen	Kortikosteron (ng/ml Serum)
0:05-1:30	16	17,54±06,81
1:31-2:59	44	18,26±09,54
3:00-4:59	49	20,85±12,34
5:00-7:30	29	18,86±09,56
7:31-10:00	4	24,50±03,95
>10:00	7	22,90±06,19

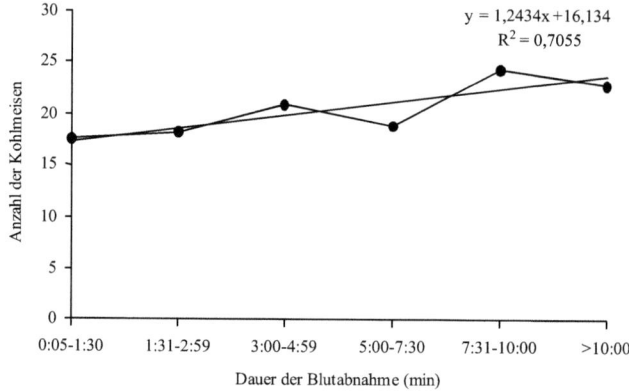

Abb. 3.5.2: Kortikosteron-Konzentration bei unterschiedlicher Dauer der Blutabnahme bei Kohlmeisen unabhängig von Geschlecht, Alter und Lokalität.

3.5.2 Stresshormontiter bei unterschiedlicher Zeitdauer bis zur Blutabnahme unter Einbeziehung der Brutzeit

Bei den Männchen lag die Zeitdauer vom Fang bis zur Blutentnahme zwischen 1:20 und 27:00 min (Nr. 512 bzw. 528), und beeinflusste die Glukokortikoid-Ausschüttung (Tab. 3.5.2 und 3.5.6). Bei schneller bzw. langsamer Blutabnahme, d.h. ≤ bzw. >5 min, lagen die Kortikosteron-Konzentrationen bei 6,33-37,52 bzw. 8,47-42,56 ng/ml Serum (Nr. 297 und 288 bzw. 553 und 386). Eine solche Tendenz ist auch bei einer Differen-

Ergebnisse

zierung entsprechend der Brutzeitmittelwerte erkennbar. Bei schneller Blutabnahme während und außerhalb der Brutzeit fanden sich 8,84-26,15 bzw. 7,67-29,85 ng Kortikosteron/ml Serum (Nr. 768 bzw. 635), durchschnittlich 16,41±5,80 bzw. 16,74±6,50 ng/ml (Tab. 3.5.2, Abb. 3.5.3). Verstrichen mehr als 5 min bis zur Blutentnahme so enthielten die Seren während der Brutzeit 9,73-30,97 und außerhalb der Brutzeit 6,33-42,56 ng/ml vor, im Durchschnitt 19,51±12,99 bzw. 19,83±6,52 ng Kortikosteron/ml (Tab. 3.5.2, Abb. 3.5.3). Beim statistischen Vergleich der Werte von Männchen mit unterschiedlich langer Blutentnahme bzw. während und außerhalb der Brutzeit lag kein signifikanter Unterschied vor (Kruskal-Wallis-Test, p>0,05).

Bei den Weibchen variierte die Fangdauer zwischen 00:05 und 23:44 min (Nr. 764 bzw. 666) und die Glukokortikoid-Konzentrationen lagen zwischen 2,94 und 44,32 ng Kortikosteron/ml Serum (Nr. 242 bzw. 311) (Tab. 3.5.3). Bei 16 Weibchen mit Blutabnahmen von >5:00 min fanden sich 7,79-38,84 ng/ml (Nr. 557 bzw. 676). Bei einer schnellen bzw. langsamen Blutabnahme außerhalb der Brutzeit traten Mittelwerte von 21,19±12,93 bzw. 28,68±9,75 ng/ml auf (Tab. 3.5.5). Diese Werte unterschieden sich nicht signifikant (Kruskal-Wallis-Test, p>0,05). Die Werte der 9 bzw. 7 Weibchen bei schneller Blutabnahme während bzw. außerhalb der Brutzeit variierten zwischen 4,17-20,82 bzw. 2,94-44,32 ng Kortikosteron/ml Serum, im Mittel 13,8 bzw. 21,2 ng/ml (Tab. 3.5.3 bis 3.5.5, Abb. 3.5.4). Diese Werte unterschieden sich nicht statistisch signifikant (Kruskal-Wallis-Test, p>0,05). Bei langsamer Probengewinnung während bzw. außerhalb der Brutzeit unterschieden sich die Mittelwerte – 18,8 bzw. 28,7 ng/ml – ebenfalls nicht signifikant (Kruskal-Wallis-Test, p>0,05).

Beim Vergleich aller Tiere während und außerhalb der Brutzeit fanden sich ähnliche Ergebnisse. Wurden die Tiere sofort aus dem Netz befreit und beprobt, so ergab sich während der Brutzeit ein Mittelwert der Stresshormontiter von 15,51±6,49 ng Kortikosteron/ml Serum, bei einer Zeitdauer von >5 min von 20,05±8,12 ng/ml (Tab. 3.5.5). Außerhalb der Brutzeit traten Werte von 18,97±16,48 bzw. 23,60±12,49 auf. Diese Werte unterschieden sich nicht statistisch signifikant (Kruskal-Wallis-Test, p>0,05).

Bei 24 sehr rasch gewonnenen Proben der Nestlinge (innerhalb von 00:47-1:56 min) wurden Stresshormon-Konzentrationen von 2,75-30,37 ng Kortikosteron/ml Serum (Nr. 783 bzw. 860) und bei Blutabnahmen unter 5:00 min bis 54,19 ng/ml (Nr. 160) ermittelt (Tab. 3.5.4). Der Mittelwert bei rascher Blutabnahme unter 5 min betrug 15,86±7,57 ng Kortikosteron/ml Serum (Tab. 3.5.5, Abb. 3.5.6). Bei 48 Blutproben von 68 Nestlingen lag nur bei 2 Proben der Zeitraum bis zur Blutabnahme über 5:00 min (Nr. 33 bzw. 579). Ihr Blut enthielt 7,56 und 15,42 ng Kortikosteron/ml Serum und war damit im Bereich der Konzentrationen bei rascher Blutabnahme.

3.5.3 Stresshormontiter bei Männchen, Weibchen und Nestlingen und bei unterschiedlichen Parasitämien

Die Glukokortikoid-Konzentrationen der 52 Männchen lagen in einem Bereich von 5,93-42,56 ng Kortikosteron/ml Serum (Tab. 3.5.2 und 3.5.6). Die Konzentrationen der 42 Weibchen differierten von 2,94-44,32 ng Kortikosteron/ml Serum und unterschieden sich nur etwas im Minimalwert von dem der Männchen (Tab. 3.5.3 und 3.5.7). Die 48 Nestlingsproben wiesen Kortikosteron-Werte von 2,75-54,19 ng Kortikosteron/ml Serum auf (Tab. 3.5.4). Die Mittelwerte der Glukokortikoid-Konzentrationen von Männchen und Weibchen unterschieden sich statistisch nicht signifikant (19,54±10,22 bzw. 18,79±9,62 ng Kortikosteron/ml Serum) (Tab. 3.5.5, Abb. 3.5.3 und 3.5.4). Auch beim Glukokortikoid-Ausstoß der 48 Nestlinge lag bei einem Titer von 19,92±12,15 ng Kortikosteron/ml Serum kein statistisch signifikanter Unterschied gegenüber den Adulttieren vor (Kruskal-Wallis-Test, p>0,05). Die 13 Männchen mit niedriger bzw. die 11 mit hoher Parasitenbelastung, d. h. ≤2 bzw. >2 Parasiten/2.000 Erythrozyten, enthielten 8,84-37,52 bzw. 6,33-33,51 ng Kortikosteron/ml Serum (Tab. 3.5.6). Bei den 10 Weibchen mit niedriger bzw. hoher Parasitämie lagen die Konzentrationen bei 7,79-18,72 bzw. 9,51-27,49 ng Kortikosteron/ml Serum (Tab. 3.5.7). In den Seren der 12 Nestlinge mit wenigen Parasiten im Blutausstrich fanden sich 3,96-27,24 ng Kortikosteron/ml Serum (Tab. 3.5.8). Die 7 Nestlinge, die stärker parasitiert waren, besaßen Glukokortikoid-Werte von 4,56-18,59 ng Kortikosteron/ml Serum (Tab. 3.5.6 und 3.5.7).

Beim Vergleich der Kortikosteron-Mittelwerte bei Tieren mit unterschiedlichem Parasitenbefall wiesen 13 Männchen mit einem geringen Parasitenbefall und 11 mit vielen Parasiten ähnliche Werte auf (19,34±7,39 bzw. 20,03±9,97 ng Kortikosteron/ml Serum) (Tab. 3.5.5, Abb. 3.5.3). Die 10 Weibchen mit wenigen Parasiten schienen mit 19,86±10,25 ng Kortikosteron/ml Serum einen höheren Mittelwert aufzuweisen als die zehn Tiere mit einem hohen Parasitenbefall (15,49± 6,28 ng Kortikosteron/ml Serum). Diese Werte unterschieden sich aber statistisch nicht signifikant (Kruskal-Wallis-Test, p>0,05). Bei den Nestlingen entsprachen die

Relationen denen der Weibchen; 21,49±12,16 ng Kortikosteron/ml Serum bei 12 Nestlingen mit geringer und 8,70±4,61 ng Kortikosteron/ml Serum bei 7 Tieren mit starker Parasitämie (Tab. 3.5.5, Abb. 3.5.3 und 3.5.4). Hierbei lag ebenfalls keine statistische Signifikanz vor (Kruskal-Wallis-Test, $p>0,05$).

3.5.4 Stresshormontiter bei Tieren aus unterschiedlichen Lokalitäten

Beim Vergleich der Proben von Männchen aus unterschiedlichen Lokalitäten wiesen die Tiere im Bredeneyer Wald 8,47-26,15 ng Kortikosteron/ml Serum auf, im Stadtgebiet Holsterhausen 8,84-23,22, im Segeroth-Park West 5,93-37,52 ng/ml und im Segeroth-Park Ost 7,67-42,56 (Tab. 3.5.5, Abb. 3.5.3). Bei Weibchen fand sich der geringste Glukokortikoid-Ausstoß von 2,94 ng/ml im Segeroth-Park Ost, in dem als Maximalwert 42,00 ng/ml Serum vorlagen. In Holsterhausen sowie im Bredeneyer Wald und Segeroth-Park West variierten die Konzentrationen von 4,17-23,22, 7,79-27,49 und 9,51-44,32 ng/ml (Abb. 3.5.4). Bei den Nestlingen lagen der Minimal- bzw. Maximalwert im Bredeneyer Wald bei 2,75 bzw. 47,24 ng Kortikosteron/ml Serum, in Holsterhausen bei 3,96 bzw. 53,64 ng/ml; im Segeroth-Park Ost und West traten Minimalwerte bei 4,93 bzw. 4,56 und Maximalwerte von 54,19 bzw. 49,62 ng Kortikosteron/ml Serum auf (Abb. 3.5.5).

Bei einem Vergleich der Mittelwerte der Tiere aus dem Bredeneyer Wald unterschieden sich die Werte der 4 Weibchen (17,52±7,37 ng/ml) nicht statistisch signifikant von den Werten der dortigen 8 Männchen (18,37±5,79 ng/ml) (Tab. 3.5.5, Abb. 3.5.3 und 3.5.4). Die Stresshormontiter der 24 Nestlinge lagen mit 25,20±9,91 ng/ml ebenfalls nicht signifikant über den Werten der adulten Tiere. Ebenfalls statistisch nicht signifikant unterscheiden sich in Holsterhausen die Werte der 21 Männchen und 18 Weibchen (13,36±4,88 bzw. 9,83±3,21 ng/ml) (Kruskal-Wallis-Test, $p>0,05$). Hingegen wies der Stresshormontiter der 15 Nestlinge mit 22,52±14,88 ng/ml einen statistisch signifikanten Unterschied zu den Adulten auf (Kruskal-Wallis-Test, $p<0,05$). Im Segeroth-Park Ost lagen ebenfalls die Werte der 26 Männchen (21,52±8,22 ng/ml) und die der 28 Weibchen (20,52±10,34 ng/ml) sehr dicht beieinander und auch der Stresshormontiter der 19 Nestlinge unterschied sich statistisch nicht signifikant (16,39± 11,18 ng Kortikosteron/ml Serum) (Kruskal-Wallis-Test, $p>0,05$). Dies traf ebenfalls zu für den Segeroth-Park West bei den 29 Männchen (19,49±8,88 ng/ml), 22 Weibchen (19,75±8,65 ng/ml) und 18 Jungtieren (18,04±10,83 ng/ml).

Ergebnisse

Beim Vergleich der Werte der Männchen aus allen Lokalitäten zeigten die Tiere im Segeroth-Park Ost den höchsten Mittelwert, bei den Weibchen die Tiere im Segeroth-Park West und bei den Nestlingen die Tiere im Bredeneyer Wald (Tab. 3.5.5). Beim statistischen Vergleich der Mittelwerte der Kortikosteron-Konzentrationen der Männchen und der Weibchen der jeweiligen Lokalitäten lagen keine statistisch signifikanten Unterschiede vor (Kruskal-Wallis-Test, $p > 0{,}05$).

Tab. 3.5.2: Kortikosteron-Konzentrationen (ng Kortikosteron/ml Serum) der Männchen bei unterschiedlicher Zeitdauer von Fang bis zur Blutentnahme.

Proben-nummer	Zeit-dauer	Korti-kosteron	Proben-nummer	Zeit-dauer	Korti-kosteron	Proben-nummer	Zeit-dauer	Korti-kosteron
512	01:20	16,05	235	03:37	16,03	867	06:00	30,65
698	01:48	7,67	635	03:40	26,15	521	06:05	25,37
337	01:48	15,29	650	03:47	10,42	787	06:19	21,96
339	01:50	29,85	98	03:59	11,52	620	06:34	18,29
265	01:54	30,68	878	04:00	20,52	605	06:36	16,34
384	02:04	14,16	445	04:11	11,22	293	06:37	9,28
338	02:20	20,97	347	04:28	33,51	777	07:00	12,28
256	02:25	9,04	150	04:30	23,22	538	07:08	15,69
768	02:26	8,84	62	04:30	28,57	206	07:13	24,10
475	02:26	23,31	825	04:35	14,88	618	07:15	9,73
463	02:44	14,62	118	04:57	16,45	672	07:24	12,77
829	03:00	10,78	297	04:58	6,33	143	09:21	19,05
798	03:01	14,67	879	05:00	25,68	818	10:01	28,77
312	03:17	24,88	763	05:00	10,53	458	16:11	30,97
268	03:28	28,18	386	05:36	42,56	585	21:30	19,90
288	03:30	37,52	234	05:40	20,78	528	27:00	24,75
426	03:33	23,13	141	05:50	14,94			
793	03:33	14,45	553	05:59	8,47			

Tab. 3.5.3: Kortikosteron-Konzentrationen (ng Kortikosteron/ml Serum) der Weibchen bei unterschiedlicher Zeitdauer von Fang bis zur Blutentnahme.

Proben-nummer	Zeit-dauer	Korti-kosteron	Proben-nummer	Zeit-dauer	Korti-kosteron	Proben-nummer	Zeit-dauer	Korti-kosteron
764	00:05	10,52	255	02:45	25,71	151	05:20	12,26
762	01:00	19,06	543	03:00	20,82	557	05:30	7,79
236	01:35	10,86	695	03:10	36,15	676	05:51	38,84
239	01:47	15,19	246	03:22	19,96	318	05:51	21,92
258	01:52	28,58	514	03:33	11,69	275	05:55	18,10
769	02:00	8,49	683	03:54	30,24	839	06:00	15,77
257	02:05	11,11	651	03:56	12,95	527	06:33	11,22
462	02:07	13,71	97	03:59	17,07	195	06:46	13,98
830	02:10	4,17	817	04:02	9,51	461	07:49	22,50
513	02:10	18,72	283	04:14	22,03	140	07:58	28,96
674	02:11	16,25	63	04:29	5,93	142	09:59	27,49
242	02:16	2,94	64	04:39	9,84	761	15:00	19,09
311	02:25	44,32	117	04:50	15,15	607	19:49	25,53
420	02:38	17,71	396	05:00	22,56	666	23:44	11,30

Ergebnisse

Tab. 3.5.4: Kortikosteron-Konzentrationen (ng Kortikosteron/ml Serum) der Nestlinge bei unterschiedlicher Zeitdauer von Fang bis zur Blutentnahme.

Proben-nummer	Zeit-dauer	Korti-kosteron	Proben-nummer	Zeit-dauer	Korti-kosteron	Proben-nummer	Zeit-dauer	Korti-kosteron
485	00:47	25,99	573	01:46	27,22	628	03:00	6,71
181	00:48	21,87	832	01:47	5,85	160	03:08	54,19
447	00:49	16,54	849	01:48	25,69	808	03:23	49,62
860	01:01	30,37	901	01:50	27,67	664	03:30	3,96
833	01:02	18,91	493	01:56	23,23	454	03:37	53,64
56	01:03	9,00	120	02:04	12,58	156	03:42	44,69
783	01:04	2,75	15	02:10	9,69	560	04:04	26,87
823	01:09	24,25	490	02:12	14,04	765	04:08	30,41
809	01:16	20,93	517	02:13	19,9	548	04:12	29,74
847	01:17	13,27	641	02:13	18,84	539	04:15	19,26
541	01:19	22,79	158	02:17	5,05	225	04:19	10,79
791	01:20	18,34	590	02:22	27,24	654	04:29	26,21
801	01:22	11,46	634	02:29	5,98	565	04:30	22,94
132	01:24	17,52	26	02:30	18,59	545	04:46	25,39
836	01:25	24,64	48	02:32	4,98	34	04:53	10,60
835	01:33	22,86	451	02:33	4,92	79	04:59	12,86
602	01:40	16,67	148	02:47	18,32	579	05:13	15,42
91	01:45	21,14	149	02:55	47,24	33	06:51	7,56

Tab. 3.5.5: Mittelwerte der Stresshormontiter (ng Kortikosteron/ml Serum) und Standardabweichungen von Männchen, Weibchen und Nestlinge unter unterschiedlichen Bedingungen. Unterschiede der Dauer der Blutabnahme, Brutzeit, Parasitämie und der Anzahl veränderter heterophiler Granulozyten.

Kategorie	Männchen	Weibchen	Nestlinge	Gesamt
Gesamt	19,54±10,22 (n=52)	18,79±9,62 (n=42)	19,92±12,15 (n=48)	19,47±10,22 (n=142)
Bredeneyer Wald	18,37±5,79 (n=23)	17,52±7,37 (n=14)	25,20±9,91 (n=16)	21,65±9,06 (n=53)
Holsterhausen	13,36±4,88 (n=21)	09,83±3,21 (n=18)	22,52±14,88 (n=15)	17,14±12,25 (n=54)
Segeroth-Park Ost	21,52±8,22 (n=26)	20,52±10,34 (n=28)	16,39±11,18 (n=19)	19,76±10,09 (n=73)
Segeroth-Park West	19,49±8,88 (n=29)	19,75±8,65 (n=22)	18,04±10,83 (n=18)	19,07±9,64 (n=69)
schnelle Blutabnahme während der Brutzeit	16,41±5,80 (n=12)	13,81±5,25 (n=9)	15,86±7,57 (n=13)	15,51±6,49 (n=34)
langsame Blutabnahme während der Brutzeit	19,83±6,52 (n=12)	18,81±6,53 (n=10)	21,32±10,28 (n=12)	20,05±8,12 (n=34)
schnelle Blutabnahme außerhalb der Brutzeit	16,74±6,50 (n=7)	21,19±12,93 (n=7)	----------	18,97±10,48 (n=14)
langsame Blutabnahme außerhalb der Brutzeit	19,51±12,99 (n=6)	28,68±9,75 (n=6)	----------	23,60±12,49 (n=12)
wenig Parasiten	19,34±7,39 (n=13)	19,86±10,25 (n=10)	21,49±12,16 (n=12)	20,23±0,92 (n=35)
viele Parasiten	20,03±9,97 (n=11)	15,49±6,28 (n=10)	08,70±4,61 (n=7)	14,74±4,66 (n=28)
wenig veränderte Granulozyten	20,71±8,84 (n=12)	10,95±10,42 (n=11)	18,24±9,59 (n=12)	16,63±4,14 (n=35)
viele veränderte Granulozyten	16,78±5,74 (n=12)	17,75±5,20 (n=7)	24,63±16,54 (n=12)	19,72±3,49 (n=31)

Ergebnisse

Tab. 3.5.6: Individuelle Stresshormontiter (ng Kortikosteron/ml Serum) von jeweils drei männlichen Kohlmeisen mit Extremwerten in der Dauer der Blutentnahme während und außerhalb Brutzeit, Parasitämie, Anzahl der veränderten Granulozyten sowie dem Fremdgehen des Partners (EPY). Die Grenzen der Klassifizierung lagen für wenige bzw. viele Parasiten bei 0-2 bzw. >2 Parasiten/2.000 Erythrozyten, für die schnelle bzw. langsame Blutentnahme bei ≤5:00 bzw. >5:00 Minuten und für die wenigen bzw. vielen veränderten Granulozyten bei ≤50 bzw. >50 % veränderten heterophilen Granulozyten/100 heterophilen Granulozyten; ------ keine Beprobung bzw. keine drei Extremwerte; BW: Bredemeyer Wald; HH: Holsterhausen; West: Segeroth-Park West; Ost: Segeroth-Park Ost.

Lokalität	schnelle Blutabnahme während der Brutzeit	langsame Blutabnahme während der Brutzeit	schnelle Blutabnahme außerhalb der Brutzeit	langsame Blutabnahme außerhalb der Brutzeit	wenige Parasiten	viele Parasiten	wenige veränderte Granulozyten	viele veränderte Granulozyten	EPY ♂	EPY ♀	keine EPY ♂	keine EPY ♀
BW	25,68	19,05	------	------	25,68	14,94	8,47	25,68	25,68	------	14,94	------
BW	26,15	19,90	------	------	19,05	12,28	12,28	26,15	19,90	------	19,05	------
BW	20,52	12,28	------	------	20,52	8,47	19,05	19,90	------	------	20,52	------
HH	8,84	23,22	------	------	8,84	23,22	8,84	11,22	11,22	------	------	------
HH	10,78	15,69	------	------	11,22	10,78	15,69	10,78	------	------	10,78	------
HH	10,42	11,22	------	------	10,42	15,69	23,22	10,42	------	------	23,22	------
West	14,67	30,97	20,97	9,28	29,85	20,49	14,67	20,97	28,57	5,93	10,53	------
West	14,45	28,77	15,29	9,04	37,52	------	10,53	28,77	11,22	24,75	14,62	------
West	14,62	24,10	29,85	6,33	24,88	6,33	14,62	29,85	------	------	------	------
Ost	16,05	18,29	7,67	29,08	28,18	33,51	16,45	30,65	------	------	------	------
Ost	23,31	24,75	16,45	20,78	30,68	16,45	14,88	30,68	------	------	------	------
Ost	11,52	9,73	14,16	42,56	29,08	16,05	16,34	21,96	------	------	------	------
Ost	------	------	12,77	------	23,13	------	------	------	------	------	------	------

Tab. 3.5.7: Individuelle Stresshormontiter (ng Kortikosteron/ml Serum) von jeweils drei weiblichen Kohlmeisen mit Extremwerten in der Dauer der Blutentnahme während und außerhalb Brutzeit, Parasitämie, Anzahl der veränderten Granulozyten sowie dem Fremdgehen des Partners (EPY). (Grenzen der Klassifikation siehe Tabelle 3.5.6)

Lokalität	schnelle Blutabnahme während der Brutzeit	langsame Blutabnahme während der Brutzeit	schnelle Blutabnahme außerhalb der Brutzeit	langsame Blutabnahme außerhalb der Brutzeit	wenige Parasiten	viele Parasiten	wenige veränderte Granulozyten	viele veränderte Granulozyten	EPY ♂	EPY ♀	keine EPY ♂	keine EPY ♀
BW	20,82	13,98	------	------	7,79	27,49	7,79	27,49	------	20,82	------	27,49
BW	------	27,49	------	------	------	13,98	13,98	------	27,49	19,05	------	------
BW	8,49	11,30	------	------	12,95	20,82	12,95	12,26	------	11,30	8,49	------
HH	4,17	------	------	------	11,30	12,26	12,95	------	------	18,84	4,17	------
HH	------	12,26	------	------	8,49	------	8,49	------	23,22	12,26	------	------
HH	10,52	19,09	44,32	------	11,11	9,51	11,30	19,06	------	------	------	------
West	19,06	22,50	28,58	21,92	16,37	9,84	15,77	10,52	------	------	------	------
West	13,71	15,77	30,24	------	15,77	17,71	18,34	19,09	------	------	------	------
West	18,72	25,53	2,94	42,00	18,72	10,86	25,71	15,15	11,69	25,37	------	------
Ost	11,69	11,22	10,86	18,10	18,10	22,03	22,03	------	------	------	------	8,49
Ost	17,07	28,96	16,25	38,84	15,15	19,96	36,15	17,07	------	------	11,69	------
Ost	------	------	15,19	22,56	------	------	31,40	------	------	------	------	------

Ergebnisse

Tab. 3.5.8: Individuelle Stresshormontiter (ng Kortikosteron/ml Serum) von jeweils drei Nestlingen der vier Lokalitäten mit Extremwerten in Dauer der Blutentnahme, der Parasitämie und der Anzahl veränderter heterophiler Granulozyten. (Grenzen der Klassifikation siehe Tabelle 3.5.6)

	schnelle Blutabnahme	langsame Blutabnahme	wenige Parasiten	viele Parasiten	wenig veränderte Granulozyten	viele veränderte Granulozyten
BW	16,67	29,74	25,39	16,67	27,67	27,22
BW	18,32	25,39	18,32	------	30,37	47,24
BW	2,75	22,94	27,24	------	27,24	26,87
HH	24,64	26,21	3,96	------	22,86	53,64
HH	18,91	19,26	4,92	------	26,21	4,92
HH	22,79	44,69	5,85	------	24,64	22,79
West	25,99	12,86	23,23	9,69	21,87	18,78
West	21,87	10,79	21,87	4,56	11,46	16,54
West	20,93	30,41	14,04	4,98	24,25	49,62
Ost	13,27	7,56	17,52	10,60	25,69	21,14
Ost	9,00	15,42	19,90	18,59	13,27	12,58
Ost	5,98	10,60	13,27	4,93	19,90	54,19
Ost	5,05	------	------	------	------	------

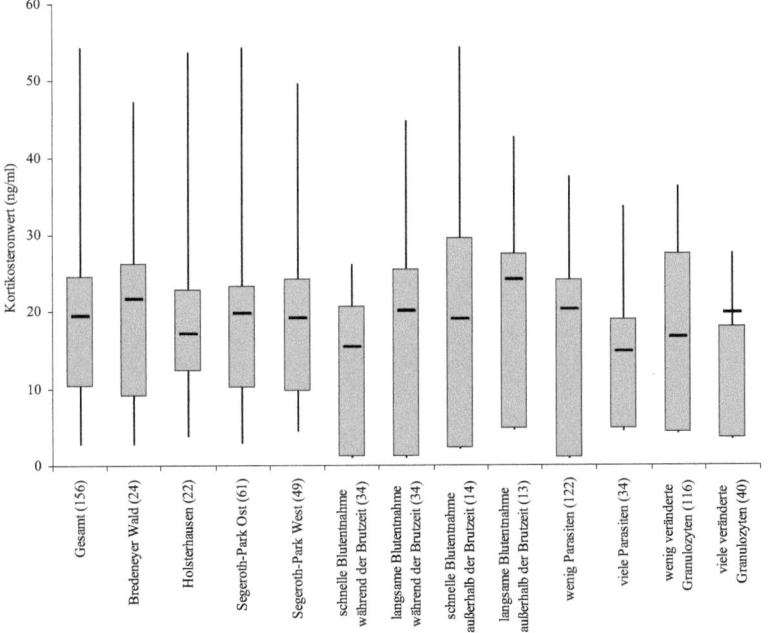

Abb. 3.5.2: Kortikosteron-Konzentrationen (ng/ml) aller Tiere.
(— Median; □ 25 bzw. 75% Perzentil; | min-max; in Klammern Anzahl Tiere)

Ergebnisse

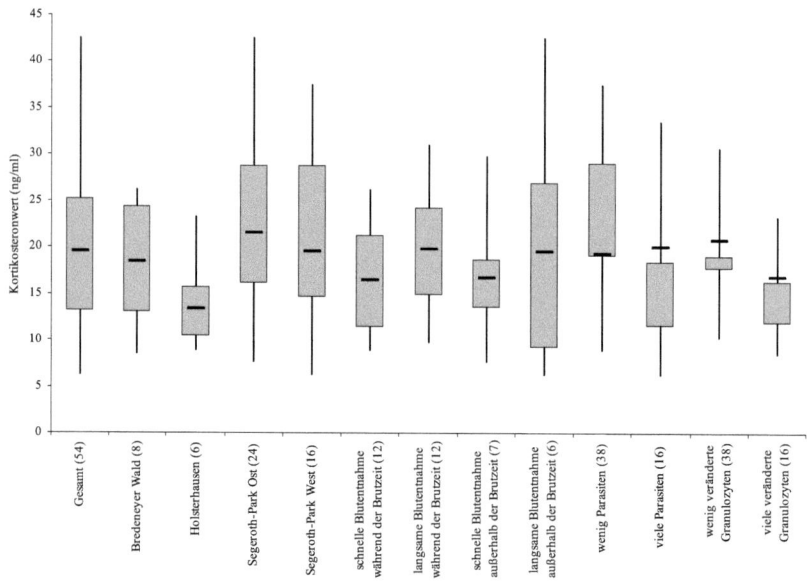

Abb. 3.5.3: Kortikosteron-Konzentrationen (ng/ml) aller Männchen.
(— Median; □ 25 bzw. 75% Perzentil; | min-max; in Klammern Anzahl Tiere)

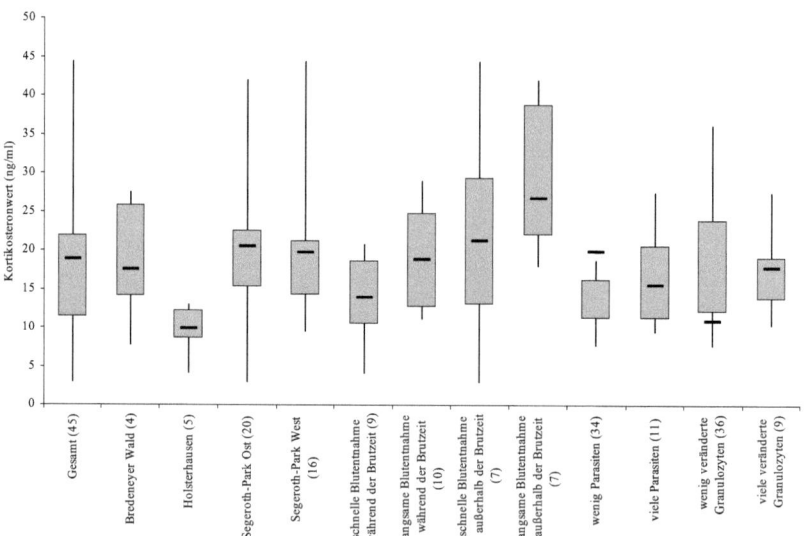

Abb. 3.5.4: Kortikosteron-Konzentrationen (ng/ml) aller Weibchen.
(— Median; □ 25 bzw. 75% Perzentil; | min-max; in Klammern Anzahl Tiere)

Ergebnisse

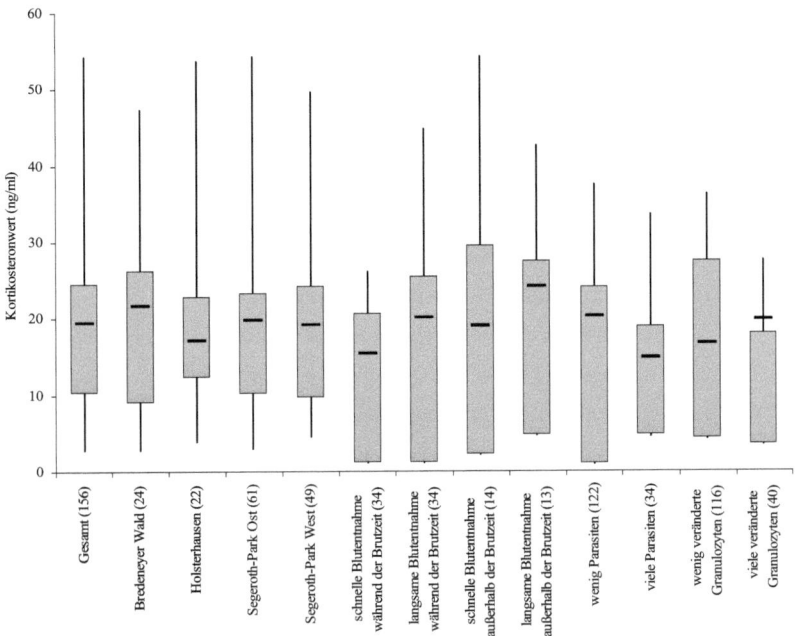

Abb. 3.5.5: Kortikosteron-Konzentrationen (ng/ml) aller Nestlings-Kohlmeisen.
(— Median; □ 25 bzw. 75% Perzentil; | min-max; in Klammern Anzahl Tiere)

3.6 Fremdvaterschaften

Insgesamt wurden in den Brutjahren 2007-2009 aus den vier Lokalitäten (Bredeneyer Wald, Holsterhausen, Segeroth-Park Ost und West) 71 Gelege auf Kopulationen außerhalb des Paarbundes (EPY) analysiert. Von den insgesamt 395 Nestlingen waren 113 Nestlinge in 42 Gelegen nicht vom sozialen Vater. Nur bei 37 Nestlingen (30,6 % aller Fremdvaterschaften) wurde die Fremdvaterschaft mit hoher Wahrscheinlichkeit einem Reviernachbarn zugeordnet, d.h. bei 69,4 % war der Fremdvater nicht ermittelbar. In 12 Gelegen wurden 2-4 verschiedene Fremdväter nachgewiesen.

3.6.1 Fremdvaterschaften in den einzelnen Lokalitäten

Im **Bredeneyer Wald** wurden in den drei Brutjahren 13 Gelege auf Fremdkopulationen der Weibchen überprüft, 2007 ein, 2008 sieben und 2009 fünf Bruten (Abb. 3.6.1). Für 2007 wurde bei dem einen Gelege keine Fremdvaterschaft nachgewiesen. 2008 lag bei drei von sieben Bruten eine Fremdvaterschaft vor, einmal bei beiden der zwei Nestlinge, einmal bei zwei von acht sowie einmal bei sieben von acht Nestlingen.

Ergebnisse

Zwei Gelege von 2009 wiesen Nestlinge aus Fremdkopulationen auf, jeweils bei einem von acht bzw. elf Nestlingen (Abb. 3.6.1).

Insgesamt wurden in **Holsterhausen** in den drei Brutjahren acht Gelege analysiert, 2007 und 2009 jeweils zwei und 2008 vier (Abb. 3.6.2). 2007 fanden sich nur in einer Brut mit vier Nestlingen alle vier mit einer Fremdvaterschaft. 2008 lag bei den vier Bruten jeweils bei drei bzw. sechs Nestlingen immer eine zweifache bzw. dreifache Fremdvaterschaft vor. Im darauf folgenden Jahr stammten bei den zwei Bruten mit jeweils sieben Nestlingen keine aus Fremdkopulationen (Abb. 3.6.2).

Im **Segeroth-Park Ost** wurden in den drei Brutperioden 24 Gelege auf Fremdkopulationen betrachtet (Abb. 3.6.3). 2007 wurden bei den elf Gelegen Fremdkopulationen für einen bis fünf Nestlinge nachgewiesen. Jeweils ein Nestling aus einer Fremdvaterschaft fand sich bei Bruten von vier und sechs Jungtieren. Bei einer weiteren Brut mit sechs Nestlingen stammten fünf aus Fremdvaterschaften. Auch bei einer Brut mit sieben und zehn Nestlingen resultierten fünf Jungtiere aus einer Fremdvaterschaft. Bei einer weiteren Brut mit zehn Nestlingen besaßen zwei Nestlinge einen anderen Vater. 2008 wurden elf Bruten mit einer Brutgröße von drei bis sieben Nestlingen erfasst. Bei einer Brut mit drei Nestlingen wurde keine Kopulation außerhalb des Paarbundes festgestellt, bei einer mit vier Nestlingen eine und dreimal zwei Fremdkopulationen. Jeweils drei Nestlinge aus einer Fremdkopulation traten einmal bei Bruten mit fünf und zweimal bei denen mit sechs Nestlingen auf. Bei den drei Bruten mit sieben Nestlingen lagen einmal vier und einmal sechs Nestlinge aus Fremdkopulationen vor. Bei den fünf Bruten von 2009 mit Brutgrößen von nur einen, drei, vier oder fünf Nestlingen gab es bei dem einen und bei den drei Nestlingen keine Fremdkopulation, bei den vier Jungtieren eine und bei den fünf Jungtieren vier Tiere, die auf eine Kopulation außerhalb des Paarbundes zurück zu führen waren. Die Wahrscheinlichkeit, dass es zu einer Kopulation außerhalb des Paarbundes gekommen war, schien bei einer Brutgröße von vier bis sieben Nestlingen größer zu sein (Abb. 3.6.3).

Im **Segeroth-Park West** wurden in den drei Brutjahren insgesamt 27 Bruten beprobt (Abb. 3.6.4). 2007 fand sich bei insgesamt zwölf Gelegen mit zwei, vier, fünf bzw. sieben Jungtieren jeweils einmal kein Nestling aus einer Fremdkopulation. Von sieben Gelege mit fünf Nestlingen stammten bei fünf Gelegen bis zu vier Jungtiere aus einer Fremdvaterschaft. 2008 kamen bei sieben Bruten mit jeweils drei bis acht Jungtieren einmal bei drei Nestlingen zwei aus einer Fremdkopulation und bei vier Nestlingen nur ein Jungtier. Keine Fremdvaterschaften traten bei zwei Gelegen mit

Ergebnisse

jeweils vier bzw. sechs Nestlingen auf. Bei einem Gelege mit acht Jungtieren stammten zwei Tiere aus einer Kopulation außerhalb des Paarbundes. 2009 fanden sich bei den acht Bruten mit drei bis acht Jungtieren bei einer Brut mit drei bzw. acht Nestlingen und zweien mit vier Nestlingen keine Jungtiere bzw. drei von drei aus Fremdvaterschaften. Die andere Brut mit vier Nestlingen enthielt ein Jungtier aus einer Fremdkopulation. Bei einer Brut mit sechs bzw. sieben Nestlingen wurden bei zwei bzw. drei Nestlingen Fremdkopulationen des Weibchens nachgewiesen (Abb. 3.6.4).

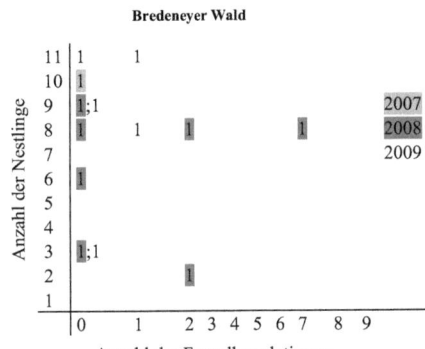

Abb. 3.6.1: Anzahl der Gelege ohne bzw. mit Fremdvaterschaften im Bredeneyer Wald bezogen auf die Anzahl der Fremdvaterschaften und die jeweilige Anzahl der Nestlinge (2007-2009).

Abb. 3.6.2: Anzahl der Gelege ohne bzw. mit Fremdvaterschaften in Holsterhausen bezogen auf die Anzahl der Fremdvaterschaften und die jeweilige Anzahl der Nestlinge (2007-2009).

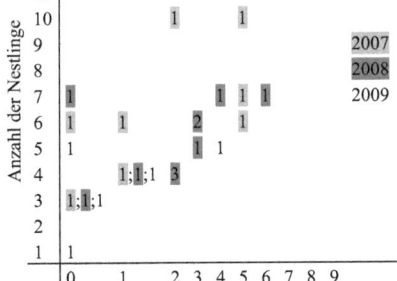

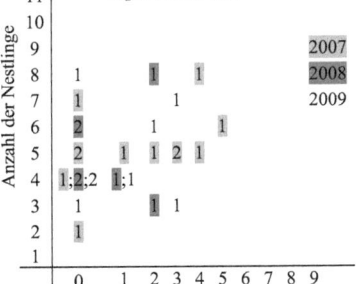

Abb. 3.6.3: Anzahl der Gelege ohne bzw. mit Fremdvaterschaften im Segeroth-Park Ost bezogen auf die Anzahl der Fremdvaterschaften und die jeweilige Anzahl der Nestlinge (2007-2009).

Abb. 3.6.4: Anzahl der Gelege ohne bzw. mit Fremdvaterschaften im Segeroth-Park West bezogen auf die Anzahl der Fremdvaterschaften und die jeweilige Anzahl der Nestlinge (2007-2009).

3.6.2 Fremdvaterschaften in den einzelnen Jahren

Im Jahr 2007 wurden in den vier Lokalitäten insgesamt 24 Kohlmeisen-Gelege erfasst (Abb. 3.6.5). Bei Brutgrößen von zwei bis zehn Nestlingen und insgesamt 141 Nestlingen resultierten 56 Nestlinge (39,7 %) aus einer Fremdvaterschaft (Abb. 3.6.5). Nur bei jeweils einem Gelege mit zwei, vier, fünf, sieben und zehn sowie vier Gelegen mit sechs Jungtieren stammten alle Tiere vom sozialen Vater ab. Bei den beiden anderen Nestern mit jeweils vier Nestlingen waren einmal ein Nestling und einmal alle vier Nestlinge auf eine Fremdkopulation des Weibchens zurück zu führen. Bei zwei von fünf weiteren Gelegen mit fünf Nestlingen beruhten in zwei Bruten jeweils drei Jungtiere und ansonsten jeweils ein Nestling auf einer Fremdvaterschaft. Eine Brutgröße von sechs Nestlingen fand sich sieben mal. Hierbei wurden neben den vier Gelegen ohne Fremdverpaarung einmal eine und zweimal fünf Nestlinge als Fremdverpaarung identifiziert. Bei drei Gelege mit jeweils zehn Jungtieren stammten einmal zwei und einmal fünf Jungtiere nicht vom sozialen Vater (Abb. 3.6.5).

Im Jahr 2008 wurden in den vier Lokalitäten insgesamt 28 Kohlmeisen-Gelege auf Fremdverpaarung analysiert (Abb. 3.6.5). Von 137 Nestlingen aus Gelegen mit einem bis neun Nestlingen stammten 52 (37,9 %) aus einer Fremdkopulation, bei der einzigen Brut mit zwei Jungtieren beide. Von sechs Gelege mit jeweils drei Nestlingen gab es bei zwei Gelegen keine Fremdverpaarung, bei zwei Gelegen zwei und bei den restlichen Gelegen drei Nestlinge mit Fremdvaterschaften. Bei sieben Bruten mit jeweils vier Nestlingen wurde bei zwei Gelegen jeweils ein Nestling als Fremdverpaarung identifiziert, bei drei weiteren waren es jeweils zwei. Das Gelege mit fünf Nestlingen enthielt drei Nestlinge aus Fremdkopulationen. Bei fünf bzw. drei Gelegen mit sechs bzw. sieben Nestlingen gab es einmal zwei und zweimal drei bzw. einmal vier und sechs Fremdverpaarungen. Bei vier Gelegen mit acht Nestlingen lag einmal keine Fremdverpaarung vor; ansonsten stammten zweimal zwei bzw. sieben Nachkommen aus einer Fremdkopulation (Abb. 3.6.5).

Im Jahr 2009 wurden in den vier Lokalitäten 20 Kohlmeisenbruten mit insgesamt 113 Nestlingen auf Fremdkopulationen durch das Weibchen beprobt (Abb. 3.6.5). 17 Nestlinge (15 %) entstammten einer Fremdkopulation. Bei Brutgrößen von einem bis elf Nestlingen fand sich eine Brut mit einem Jungtier von dem sozialen Vater. Bei vier Bruten mit jeweils drei Nestlingen waren bei drei Nestern keine Fremdkopulationen nachweisbar, bei der vierten resultierten alle drei Nestlinge aus einer Fremdvaterschaft. Bei vier Bruten mit vier Nestlingen entstammten zweimal keine und zweimal jeweils ein Nestling einer Fremdkopulation. In den zwei Gelegen mit fünf Nestlingen gab es einmal kein und einmal vier Jungtiere aus einer Fremdvaterschaft. Bei der einen Brut mit sechs Nestlingen wurde bei zwei Jungtieren eine Fremdkopulationen nachgewiesen. Bei Gelegen mit acht bzw. elf Nestlingen stammte nur ein Nestling aus einer Fremdvaterschaft (Abb. 3.6.5).

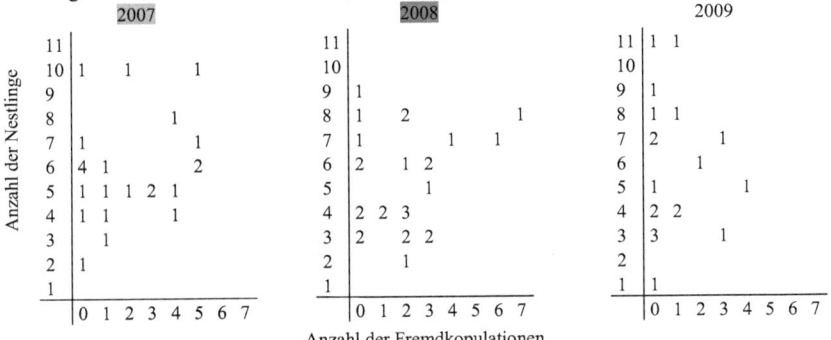

Abb. 3.6.5: Häufigkeit der Gelege mit Fremdvaterschaften im Bredeneyer Wald, Holsterhausen, Segeroth-Park Ost und West bezogen auf die Anzahl der Fremdvaterschaften und die jeweilige Anzahl der Nestlinge (2007-2009).

Bei Zusammenfassung der drei Jahre war eine erhöhte Fremdvaterschaft von jeweils 1-3 Jungtieren bei einer Brutgröße von 3-6 Jungtieren auffällig (Abb. 3.6.6). Bei 4 von 13 Gelegen mit vier Nestlingen stammte jeweils ein Nestling nicht vom sozialen Vater, bei drei weiteren Gelegen waren es jeweils zwei und einmal vier. Die neun Gelege mit fünf Nestlingen enthielten 1-5 Nestlinge, die nicht vom sozialen Partner stammten. Bei 13 Gelegen mit sechs Nestlingen lagen neben einem mit einer Fremdvaterschaft zweimal zwei, zweimal drei und zweimal fünf fremd gezeugte Nestlinge vor. In jeweils einem von sieben Nestern mit jeweils sieben Nestlingen stammten viermal alle vom sozialen Vater, ansonsten drei bis sieben aus Fremdvaterschaften (Abb. 3.6.6). Bei acht Nestlingen wurden einmal ein, zweimal zwei und jeweils einmal vier und sieben fremde Nestlinge festgestellt. Bei neun Nestlingen gab es keine Fremdvaterschaft, bei zehn Nestlingen einmal zwei und einmal fünf sowie bei elf Nestlingen einmal eine.

Insgesamt wurden sieben Tiere wieder gefangen, als sie im darauf folgenden Jahr erneut brüteten. Bei zwei Paaren war das Weibchen im ersten Jahr nicht, dafür im darauffolgenden Jahr einmal fremdgegangen. Beim dritten Pärchen wurde in beiden Jahren eine Fremdkopulation festgestellt.

Ergebnisse

```
                11 | 1 1
                10 | 1   1       1
 Anzahl der Nestlinge
                 9 | 2
                 8 | 2 1 2   1     1
                 7 | 4       1 1 1 1
                 6 | 6 1 2 2   2
                 5 | 2 1 1 3 2
                 4 | 5 4 3   1
                 3 | 5 1 2 3
                 2 | 1   1
                 1 | 1
                   +------------------
                     0 1 2 3 4 5 6 7 8 9
                     Anzahl der Fremdkopulationen
```

Abb. 3.6.6: Häufigkeit der Gelege mit Fremdvaterschaften im Bredeneyer Wald, Holsterhausen, Segeroth-Park Ost und West bezogen auf die Anzahl der Fremdvaterschaften und die jeweilige Anzahl der Nestlinge (2007-2009).

3.7 Vergleiche verschiedener Parameter

3.7.1 Vergleich der Stresshormontiter und der Anzahl veränderter Granulozyten

Für den Vergleich der Stresshormontier und der Anzahl der veränderten Granulozyten wurde insgesamt eine Teilpopulation von 145 Proben verwendet. Nicht berücksichtigt wurden 11 Proben, bei denen die Fangdauer über 7:30 min lag. Bei den 54 **Männchen** lag die Kortikosteron-Konzentration bei 6,33-42,56 ng/ml Serum. Die 33 Männchen mit keinen/wenigen veränderten heterophilen Granulozyten (0-1,5/100 Granulozyten) wiesen 20,80±9,86 ng/ml auf, die 21 Tiere mit vielen veränderten Granulozyten (1,6-10,5 %) 17,10±6,44 ng/ml (Tab. 3.7.1 und 3.5.5). Beim statistischen Vergleich der beiden Klassen fand sich kein signifikanter Unterschied (Kruskal-Wallis-Test, p>0,05).

Dieses Verhältnis zeigte sich auch bei den 45 **Weibchen** mit Kortikosteron-Konzentrationen von 2,94-44,32 ng/ml. Die 33 Tiere mit keinen/wenigen veränderten Zellen (0-1,5/100 Granulozyten) besaßen Stresshormontiter von 20,90±12,99 ng/ml Serum, die 12 Tiere mit vielen veränderten Granulozyten (1,6-10,5/100 Granulozyten) durchschnittliche 15,94±5,22 ng/ml (Tab. 3.7.2 und 3.5.5). Beim statistischen Vergleich lag kein signifikanter Unterschied vor (Kruskal-Wallis-Test, p>0,05). Die Weibchen mit den niedrigsten Stresshormon-Konzentrationen und den wenigsten veränderten heterophilen Granulozyten stammten dabei aus dem Bredeneyer Wald. Die höchste Glukokortikoid-Konzentration von 44,32 ng/ml Serum besaß ein Weibchen mit wenigen veränderten heterophilen Granulozyten vom Segeroth-Park West (Tab. 3.7.2).

Bei den 46 **Nestlingen** fanden sich Glukokortikoid-Konzentrationen von 4,92-53,64 ng Kortikosteron/ml Serum (Tab. 3.7.3). Die Seren der 36 Nestlinge mit keinen/wenigen veränderten Granulozyten (0-1,5/100 Granulozyten) enthielten 14,98±8,93 ng Kortikosteron/ml, die der 10 Tiere mit vielen veränderten Granulozyten (1,6-26/100 Granulozyten) 22,80±12,83 ng/ml. Auch hier ergab der statistische Vergleich der Nestlinge untereinander sowie der Vergleich der Mittelwerte der Stresshormontiter der Adulten und Nestlinge bei Tieren mit vielen bzw. keinen/wenigen veränderten Granulozyten keinen signifikanten Unterschied (Kruskal-Wallis-Test, p>0,05).

Zu einer getrennten Betrachtung der einzelnen Lokalitäten wurden im Untersuchungsgebiet **Bredeneyer Wald** 24 Kohlmeisen (8 Männchen, 4 Weibchen und 12 Nestlinge) auf einen Zusammenhang zwischen der Glukokortikoid-Ausschüttung und der Anzahl der veränderten Granulozyten verglichen (Tab. 3.7.1 bis 3.7.3). Bei den Männchen schien eine Verknüpfung vorzuliegen. Mit zunehmender Anzahl der veränderten Zellen nahm bei allen Proben die Kortikosteron-Konzentration von 26,15 ng/ml beim Tier mit der geringsten Veränderung auf 8,47 ng/ml beim Tier mit den meisten veränderten heterophilen Granulozyten ab (Regressionsgrade: $y=-1,8429x+10,367$; $R^2=0,8526$). Der Mittelwert lag bei 18,01±6,64 ng/ml. Hingegen stieg bei den vier Weibchen die Kortikosteron-Konzentration mit der Anzahl der veränderten Zellen von 7,79 auf 27,49 ng/ml an. Weibliche Tiere besaßen einen Mittelwert von 14,20±5,32 ng/ml. Wies der Blutausstrich keine veränderten Zellen auf, so lagen die Kortikosteron-Konzentrationen bei beiden Geschlechtern zwischen 7,79 und 30,37 ng/ml, im Mittel bei 21,41±8,87 ng/ml. Bei den Jungtieren lag ein Kortikosteron-Ausstoß zwischen 2,75 und 47,24 ng/ml vor, im Mittel von 25,20±9,90 ng/ml. Es schien hierbei kein Zusammenhang zwischen der Kortikosteron-Ausschüttung und der Anzahl toxisch veränderter Granulozyten vorzuliegen. Beim statistischen Vergleich zwischen den jeweiligen Mittelwerten der Geschlechter und dem der Nestlinge unterschieden sich die Werte nicht signifikant (Fisher-Test, p<0,05).

In **Holsterhausen** wurden insgesamt 21 Tiere analysiert (6 Männchen, 5 Weibchen, 11 Nestlinge) (Tab. 3.7.1 bis 3.7.3). Anders als im Bredeneyer Wald schien bei den Männchen in Holsterhausen mit der Anzahl der veränderten heterophilen Granulozyten auch die Konzentration des Kortikosterons von 4,17 auf 12,26 ng Kortikosteron/ml Serum anzusteigen (Regressionsgrade: $y=1,7306x+7,3047$; $R^2=0,3666$). Die Mittel- werte der Männchen mit vielen und keinen/wenigen veränderten heterophilen Granulozyten lagen alle um ca. 3 ng Kortikosteron/ml Serum auseinander. Auch bei den fünf Weibchen und den elf Nestlingen stieg die

Stresshormon-Ausschüttung mit der Anzahl der veränderten Granulozyten an, bei den Weibchen von 4,17 auf 12,95 ng/ml und bei den Nestlingen von 3,96 auf 44,69 ng/ml. Ihre Mittelwerte lagen bei 8,54±3,58 und 22,52±14,87 ng/ml. Die beiden Nestlinge ohne veränderte heterophile Granulozyten besaßen 3,96 bzw. 18,91 ng Kortikosteron/ml Serum. Beim statistischen Vergleich zwischen den Geschlechtern und den Nestlingen unterschieden sich die jeweiligen Werte nicht signifikant (Fisher-Test, p<0,05).

Die 61 Kohlmeisen aus dem **Segeroth-Park Ost** setzten sich aus 33 Männchen, 20 Weibchen und 17 Nestlingen zusammen (Tab. 3.7.1 bis 3.7.3). Der Mittelwert der 18 Männchen mit keinen/wenigen veränderten Granulozyten (0-1,5/100 Granulozyten) lag bei 24,59±9,81 ng/ml und bei den 15 Tieren mit vielen veränderten Zellen bei 18,91±6,26 ng/ml. Die Werte variierten hierbei von 7,67 bis 42,56 ng Kortikosteron/ml Serum. Die Konzentrationen der Weibchen lagen bei 17 Tieren mit keinen/wenigen veränderten Zellen bei 26,39±13,75, bei drei Tieren mit vielen veränderten Zellen (2-10,5/100 Granulozyten) bei 15,57±4,34 ng/ml. Bei den Nestlingen zeigte sich mit wenigen Ausnahmen ein Anstieg der Kortikosteron-Konzentration von 4,93 auf 54,19 ng/ml bei steigender Anzahl der veränderten Zellen und bei keinen/wenigen bzw. vielen veränderten heterophilen Granulozyten mit Mittelwerten von 10,80±5,66 bzw. 20,30±12,37 ng/ml. Beim statistischen Vergleich unterschieden sich alle Tiere mit vielen bzw. wenigen veränderten heterophilen Granulozyten untereinander allerdings nicht signifikant (Fisher-Test, p>0,05).

Im **Segeroth-Park West** wurden insgesamt 49 Kohlmeisen beprobt (16 Männchen, 16 Weibchen und 17 Nestlinge) (Tab. 3.7.1 bis 3.7.3). Bei einem Vergleich der Werte der Männchen mit Konzentrationen von 6,33-37,52 ng/ml lag die mittlere Konzentration bei Tieren mit keinen/wenigen bzw. vielen veränderten heterophilen Granulozyten bei 21,22±9,02 bzw. 13,84±5,44 ng /ml. Bei den Weibchen ergab sich, analog zum Segeroth-Park Ost, ein uneinheitliches Ergebnis. Die Werte schwankten zwischen 9,51 und 44,32 ng Kortikosteron/ml Serum mit einem Mittelwert von 25,82±11,34 bei wenigen veränderten Zellen und 16,14±5,94 bei vielen veränderten Granulozyten. Bei den Nestlingen kam es zu einer Glukokortikoid-Ausschüttung von 14,54±8,43 ng/ml bei wenigen und 21,98±11,82 ng/ml bei vielen veränderten Granulozyten. Beim statistischen Vergleich unterschieden sich die Mittelwerte jeweils untereinander nicht signifikant (Fisher-Test, p>0,05).

Ergebnisse

Tab. 3.7.1: Anzahl veränderter heterophiler Granulozyten/100 Granulozyten und Kortikosteron-Konzentration (ng/ml) bei männlichen Kohlmeisen. (BW: Bredeneyer Wald; HH: Holsterhausen; West: Segeroth-Park West; Ost: Seg.-Park Ost)

Proben-nummer	Anzahl veränderter Granulozyten	Kortikosteron (ng/ml)	Ort	Proben-nummer	Anzahl veränderter Granulozyten	Kortikosteron (ng/ml)	Ort
553	10,5	8,47	BW	384	0,5	14,16	Ost
777	6	12,28	BW	234	0	20,78	Ost
141	3	14,94	BW	265	0	30,68	Ost
143	2,5	19,05	BW	347	0	33,51	Ost
878	2	20,52	BW	386	0	42,56	Ost
879	1,5	25,68	BW	672	0	12,77	Ost
635	0,5	26,15	BW	698	0	7,67	Ost
585	0	19,90	BW	62	0	28,57	Ost
538	3,5	15,69	HH	620	0	18,29	Ost
150	2	23,22	HH	77	0	29,08	Ost
768	1,5	8,84	HH	787	0	21,96	Ost
445	0,5	11,22	HH	463	4,5	14,62	West
829	0	10,78	HH	763	3,5	10,53	West
650	0	10,42	HH	798	2	14,67	West
98	5,5	11,52	Ost	256	1,5	9,04	West
268	4	28,18	Ost	293	0,5	9,28	West
118	3	16,45	Ost	312	0,5	24,88	West
618	2,5	9,73	Ost	338	0	20,97	West
475	2,5	23,31	Ost	339	0	29,85	West
521	2	25,37	Ost	288	0	37,52	West
605	1,5	16,34	Ost	337	0	15,29	West
426	1	23,13	Ost	297	0	6,33	West
528	1	24,75	Ost	818	0	28,77	West
825	1	14,88	Ost	206	0	24,10	West
867	1	30,65	Ost	793	0	14,45	West
512	1	16,05	Ost	458	0	30,97	West
235	0,5	16,03	Ost	6	0	20,49	West

Tab. 3.7.2: Anzahl veränderter heterophiler Granulozyten/100 Granulozyten und Kortikosteron-Konzentration (ng/ml) bei weiblichen Kohlmeisen. (BW: Bredeneyer Wald; HH: Holsterhausen; West: Segeroth-Park West; Ost: Seg.-Park Ost)

Proben-nummer	Anzahl veränderter Granulozyten	Kortikosteron (ng/ml)	Ort	Proben-nummer	Anzahl veränderter Granulozyten	Kortikosteron (ng/ml)	Ort
142	5,5	27,49	BW	243	0	31,40	Ost
543	1,5	20,82	BW	299	0	42,00	Ost
195	0	13,98	BW	396	0	22,56	Ost
557	0	7,79	BW	676	0	38,84	Ost
151	5	12,26	HH	695	0	36,15	Ost
651	1	12,95	HH	63	0	5,93	Ost
830	0,5	4,17	HH	762	5	19,06	West
769	0	8,49	HH	462	3	13,71	West
666	0	11,30	HH	461	2,5	22,50	West
97	10,5	17,07	Ost	764	2,5	10,52	West
117	7	15,15	Ost	258	1,5	28,58	West
283	2	22,03	Ost	817	1	9,51	West
246	1,5	19,96	Ost	761	1	19,09	West
527	1,5	11,22	Ost	318	0,5	21,92	West
140	1,5	28,96	Ost	839	0,5	15,77	West
513	1,5	18,72	Ost	255	0	25,71	West
607	1,5	25,53	Ost	257	0	11,11	West
275	1	18,10	Ost	311	0	44,32	West
239	0,5	15,19	Ost	420	0	17,71	West
674	0,5	16,25	Ost	683	0	30,24	West
514	0,5	11,69	Ost	104	0	16,37	West
236	0	10,86	Ost	64	0	9,84	West
242	0	2,94	Ost				

Ergebnisse

Tab. 3.7.3: Anzahl veränderter heterophiler Granulozyten/100 Granulozyten und Kortikosteron-Konzentration (ng/ml) bei Nestlings-Kohlmeisen. (BW: Bredeneyer Wald; HH: Holsterhausen; West: Segeroth-Park West; Ost: Seg.-Park Ost)

Proben-nummer	Anzahl veränderter Granulozyten	Kortikosteron (ng/ml)	Ort	Proben-nummer	Anzahl veränderter Granulozyten	Kortikosteron (ng/ml)	Ort
545	6	25,39	BW	91	1,5	21,14	Ost
149	4	47,24	BW	634	1,5	5,98	Ost
148	3,5	18,32	BW	849	0,5	25,69	Ost
783	3,5	2,75	BW	791	0,5	18,34	Ost
602	2	16,67	BW	158	0	5,05	Ost
548	1	29,74	BW	26	0	18,59	Ost
573	1	27,22	BW	517	0	19,90	Ost
560	1	26,87	BW	33	0	7,56	Ost
565	0,5	22,94	BW	34	0	10,60	Ost
590	0	27,24	BW	56	0	9,00	Ost
901	0	27,67	BW	11	0	4,93	Ost
860	0	30,37	BW	79	0	12,86	West
541	26	22,79	HH	447	4,5	16,54	West
539	9	19,26	HH	628	2,5	6,71	West
451	6	4,92	HH	490	1,5	14,04	West
454	3	53,64	HH	808	1,5	49,62	West
156	2	44,69	HH	106	1	18,78	West
832	1,5	5,85	HH	493	1	23,23	West
836	1	24,64	HH	485	0,5	25,99	West
654	1	26,21	HH	809	0,5	20,93	West
835	0,5	22,86	HH	13	0	4,56	West
833	0	18,91	HH	15	0	9,69	West
664	0	3,96	HH	823	0	24,25	West
160	3,5	54,19	Ost	801	0	11,46	West
641	3,5	18,84	Ost	48	0	4,98	West
132	2	17,52	Ost	225	0	10,79	West
847	1,5	13,27	Ost	181	0	21,87	West
120	1,5	12,58	Ost	765	0	30,41	West
579	1,5	15,42	Ost				

3.7.2 Vergleich der Parasitämien und der Anzahl veränderter heterophilen Granulozyten

Beim Vergleich des Auftretens der veränderten heterophilen Granulozyten und der Parasitämien für eine Teilpopulation von insgesamt 422 Proben lagen bei den 97 Männchen mit 0-25 veränderten Zellen/100 Granulozyten durchschnittlich 4,8±22,2 Parasiten/2.000 Erythrozyten vor (Abb. 3.7.1). Bei 26-50 veränderte Zellen/100 Granulozyten waren im Blut der 11 Männchen kaum Parasiten nachweisbar (0,3±0,8). Lagen jedoch 51-75 veränderte heterophile/100 Granulozyten vor, waren im Durchschnitt 14,0±9,2 von 2.000 Erythrozyten parasitiert. Bei 76-100 veränderten Zellen/100 Granulozyten lag die Parasitämie wieder deutlich niedriger bei 2,5±1,3 Parasiten/2.000 Erythrozyten (Abb. 3.7.1). Die 95 weiblichen Kohlmeisen mit 0-25 veränderte/100 Granulozyten besaßen eine mittlere Parasitämie von 6,5±26,9 Parasiten/2.000 Erythrozyten. Stieg der Anteil der veränderten Zellen auf 26-50/100 Granulozyten, so lag die Parasitendichte bei 0,3±0,8 Parasiten/2.000 Erythrozyten

(Abb. 3.7.1). Die vier Weibchen mit mehr veränderten heterophilen Granulozyten waren unparasitiert. Beim statistischen Vergleich unterschieden sich die Mittelwerte jeweils untereinander nicht signifikant (Fisher-Test, p>0,05).

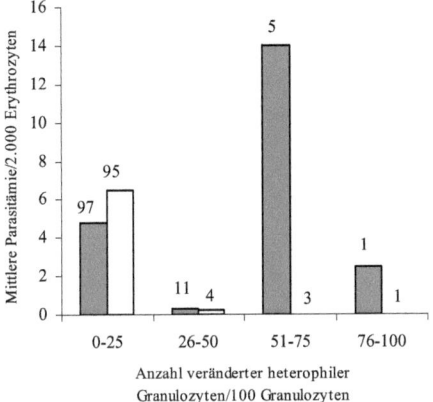

Abb. 3.7.1: Mittlere Parasitämie bei 4 Klassen veränderter heterophiler Granulozyten bei männlichen ■ und □ weiblichen Kohlmeisen. Die Anzahl der Tiere ist über den Balken angegeben.

Bei 118 Nestlingen, die sehr geringe Parasitämien aufwiesen, fand sich eine mittlere Parasitämie von 0,4±1,1 Parasiten/2.000 Erythrozyten bei 0-25 % veränderten heterophilen Granulozyten (Abb. 3.7.2; andere Skalierung als bei Abb. 3.7.1). Bei mehr veränderten Granulozyten traten bei 94 Nestlingen unter 0,1 Parasiten/2.000 Erythrozyten auf (0,01±0,07; 0,06±0,20; 0,03±0,11).

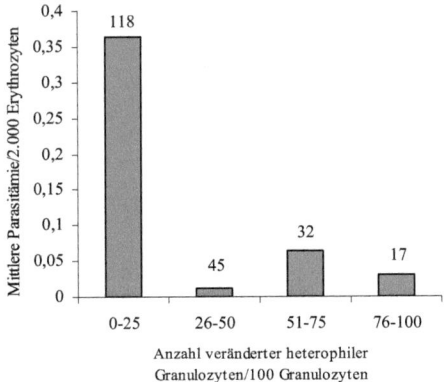

Abb. 3.7.2: Mittlere Parasitämie bei 4 Klassen veränderter heterophiler Granulozyten bei Nestlings-Kohlmeisen. Die Anzahl der Tiere ist über den Balken angegeben.

Ergebnisse

3.7.3 Vergleich der Parasitämien und Kortikosteron-Konzentrationen

In den Vergleichen der Parasitämien und der Stresshormontiter wurden insgesamt 154 Proben von Männchen, Weibchen und Nestlingen aus den Jahren 2007-2009 einbezogen (Tab 3.7.4-3.7.6), 22 Blutproben aus dem Bredeneyer Wald, 22 aus Holsterhausen, 63 aus dem Segeroth-Park Ost und 48 aus dem Segeroth-Park West. Insgesamt variierten die Parasitämien zwischen 0 und 375 Parasiten/2.000 Erythrozyten (u.a. Nr. 517 bzw. Nr. 236) und die Glukokortikoid-Konzentrationen zwischen 2,75 und 54,19 ng Kortikosteron/ml Serum (Nr. 783 bzw. 160).

Bei einer Differenzierung nach den Lokalitäten lagen im **Bredeneyer Wald** die Parasitämien zwischen 0,5 und 325 Parasiten/2.000 Erythrozyten (Nr. 602 bzw. 142) und die Kortikosteron-Konzentrationen zwischen 2,75 und 47,24 ng/ml Serum (Nr. 783 bzw. 49) (Tab. 3.7.4 bis 3.7.6). Die drei parasitierten Männchen wiesen 17,5, 30,5 und 122 Parasiten/2.000 Erythrozyten (56±46) sowie 8,47, 12,28 und 14,94 ng Kortikosteron/ml Serum (11,89±2,65) auf. Je stärker die Parasitierung war, desto höher schien die Glukokortikoid-Ausschüttung zu sein. Die unparasitierten Männchen lagen im Mittel bei 22,26±3,02 ng Kortikosteron/ml Serum (Tab. 3.7.4). Von den drei Weibchen im Bredeneyer Wald waren zwei mit 136 und 325 Parasiten/2.000 Erythrozyten infiziert (Nr. 195 bzw. 142). Die Stresshormontiter dieser Weibchen betrugen 13,98 und 27,49 ng Kortikosteron/ml Serum, d.h. bei dem stärker parasitierten Tier lag die höhere Konzentration vor (Tab. 3.7.5). Die 7,79 ng Kortikosteron/ml Serum des uninfizierten Weibchens waren mit den Werten der zwei infizierten Weibchen (Tab. 3.7.5) wegen der geringen Anzahl von Proben statistisch nicht vergleichbar. Bei den Nestlingen variierten die Stresshormontiter von 2,75-47,24 ng Kortikosteron/ml Serum (Nr. 783 bzw. 149) (Tab. 3.7.6). Der Mittelwert von 25,20±9,91 ng Kortikosteron/ml Serum wurde bei dem einzigen Jungtier, das 0,5 Parasiten/2.000 Erythrozyten enthielt, nicht erreicht (16,70 ng Kortikosteron/ml Serum). Zu einem möglichen Zusammenhang der Werte war bei dieser einen Probe keine Verknüpfung möglich.

Von **Holsterhausen** waren 22 Proben analysiert worden. Drei der sechs männlichen Kohlmeisen waren mit 0,5, 2 und 4,5 Parasiten/2.000 Erythrozyten parasitiert (Nr. 538, 150, 829). Die entsprechenden Stresshormontiter lagen mit 15,69; 23,22 und 10,78 ng/ml (16,56±5,11) deutlich über den Werten der uninfizierten Männchen (8,84, 10,42, 11,22 ng/ml), im Durchschnitt 10,16±0,98 ng/ml (Tab. 3.7.4). Von den fünf Weibchen besaß nur ein Tier 68 Parasiten/2.000 Erythrozyten (Nr. 151).

Ergebnisse

Die Stresshormontiter der uninfizierten Weibchen lagen bei 4,17-12,95 ng Kortikosteron/ml Serum (Nr. 830 bzw. 651), mit 9,22±3,32 ng/ml als Mittelwert. Das Serum des parasitierten Weibchens enthielt 12,26 ng Kortikosteron/ml Serum und befand sich somit im oberen Messwertbereich der Weibchen (Tab. 3.7.5). Da bei den Stichproben nur vier Proben von parasitierten Tieren stammten, war für Holsterhausen kein Vergleich der Geschlechter und auch kein Vergleich zu den Nestlingen möglich, von denen alle elf parasitenfrei waren.

Deutlich mehr Differenzierungen erlaubten die 61 Proben aus dem **Segeroth-Park Ost** durch den Zeitpunkt der Probengewinnung. Bei den Männchen waren 15 Proben innerhalb und 9 außerhalb der Brutzeit abgenommen worden. Während der Brutzeit fanden sich bei sieben Männchen 0,5-323 Parasiten/2.000 Erythrozyten (Nr. 825, 512), im Mittel 58,8±118,2 (Tab. 3.7.4). Außerhalb der Brutzeit waren vier Männchen parasitiert, und zwar mit 0,5-18 Parasiten/2.000 Erythrozyten (Nr. 235 bzw. 347); der Mittelwert der Parasitämie lag statistisch signifikant niedriger bei 4±7 Parasiten/2.000 Erythrozyten (Kruskal-Wallis-Test, p<0,05). Als Stresshormontiter wurden bei diesen Tieren innerhalb der Brutzeit 11,52-29,08 ng Kortikosteron/ml Serum bestimmt (Nr. 98 bzw. 77), im Mittel 19,43±6,83 ng/ml, und außerhalb 16,03-42,56 ng/ml (Nr. 235 bzw. 386), im Mittel 30,19±8,59 ng/ml. Damit lagen diese Mittelwerte innerhalb der Brutzeit signifikant höher als außerhalb (Kruskal-Wallis-Test, p<0,05). Es scheint eine Verknüpfung der Anzahl der Parasiten und der Glukokortikoid-Ausschüttung vorzuliegen. Dies ist aber bei $R^2=0,0916$ (Regressionsgrade: y=0,3643x+16,964) keine lineare Korrelation. Die Seren der acht bzw. fünf unparasitierten Männchen enthielten während und außerhalb der Brutzeit mittlere Kortikosteron-Konzentrationen von 21,3±6,0 bzw. 15,7±5,6 ng/ml, und damit in beiden Perioden signifikant weniger als die Seren der parasitierten Männchen (Kruskal-Wallis-Test, p<0,05).

Von 20 weiblichen Kohlmeisen waren acht Proben innerhalb und zwölf außerhalb der Brutzeit genommen worden. In den Blutausstrichen wurden 0,5-374 Parasiten/2.000 Erythrozyten (Nr. 239 bzw. 236) ausgezählt, wobei als höchste Parasitämie während der Brutzeit nur 1,5 und außerhalb der Brutzeit 375 Parasiten/2.000 Erythrozyten vorlagen (Nr. 236 bzw. 63) und als entsprechende Mittelwerte der 3 bzw. 4 parasitierten Weibchen 0,3±0,5 bzw. 34±103 Parasiten/2.000 Erythrozyten (Tab. 3.7.5). Bei Stresshormontitern innerhalb der Brutzeit von 5,93-28,96 ng Kortikosteron/ml Serum (Nr. 63 bzw. 140) und einem Mittelwert von 16,78±7,12 ng/ml und außerhalb der Brutzeit von 2,94-38,84 bzw.

23,02±11,35 ng/ml war bei den Weibchen aus dem Segeroth-Park Ost war kein Bezug zur Parasitämie erkennbar. Von diesen Mittelwerten unterschieden sich auch die Stresshormontiter der unparasitierten Weibchen während und außerhalb der Brutzeit mit 19,2±7,2 bzw. 26,0±12,5 ng/ml Serum nicht signifikant (Kruskal-Wallis-Test, $p>0,05$). Bei den 17 Nestlingen wiesen fünf Tiere Parasitämien von 1-8 Parasiten/2.000 Erythrozyten auf, im Durchschnitt 3,0±2,6 (Tab. 3.7.6). Der Mittelwert der Stresshormontiter aller parasitierten Nestlinge lag bei 10,14±4,62 ng/ml, so dass wie bei den Weibchen keine Verknüpfung zur Parasitämie erkennbar war (Tab. 3.7.6). Außerdem besaßen die unparasitierten Nestlinge mit 18,99±12,04 ng Kortikosteron/ml Serum ähnliche Titer.

Von 49 Proben aus dem **Segeroth-Park West** stammten 16 von Männchen, von denen acht parasitiert waren. Von den drei während der Brutzeit gefangenen parasitierten Männchen war eines mit 26,5 Parasiten/2.000 Erythrozyten stärker parasitiert (die höchste Parasitämie dieser Proben); die anderen beiden waren genauso schwach wie die außerhalb der Brutzeit beprobten fünf Männchen (Tab. 3.7.4). Die entsprechenden Mittelwerte von 1,4±1,1 bzw. 1,0±2,5 Parasiten/2.000 Erythrozyten unterschieden sich nicht signifikant (Kruskal-Wallis-Test, $p>0,05$). Während der Brutzeit lagen die Stresshormon-Konzentrationen zwischen 20,49 und 30,97 und außerhalb der Brutzeit zwischen 6,33 und 37,52 ng Kortikosteron/ml Serum. Die entsprechenden Mittelwerte von 19,73±7,48 und 20,86±10,10 ng/ml unterschieden sich nicht signifikant, ebenso wenig wie die Werte der unparasitierten Männchen untereinander (während: 16,6±6,3; außerhalb: 20,0±8,4) und gegenüber den jeweiligen Werten der parasitierten Männchen (Kruskal-Wallis-Test, $p>0,05$).

Von 16 Weibchen wurden neun innerhalb und sieben außerhalb der Brutzeit beprobt (Tab. 3.7.5). Während der Brutzeit besaßen die drei Weibchen 0,5, 2,5 und 3 Parasiten/2.000 Erythrozyten und außerhalb der Brutzeit die zwei Weibchen 1 bzw. 1,5 Parasiten. Der Stresshormon-Mittelwert während der Brutzeit lag mit 11,02±1,90 ng/ml analog zum Segeroth-Park Ost deutlich unter den 17,7 bzw. 30,2 ng/ml außerhalb der Brutzeit. Als entsprechende Werte der sechs bzw. fünf unparasitierten Weibchen fanden sich während der Brutzeit 17,2±3,7 und außerhalb 26,3±10,8 ng/ml. Diese Werte unterschieden sich statistisch nicht signifikant, ebenso wenig wie gegenüber den Werten der parasitierten Weibchen (Kruskal-Wallis-Test, $p>0,05$).

Drei der 17 Nestlinge wiesen 2, 3 oder 6,5 Parasiten/2.000 Erythrozyten auf (Tab. 3.7.6). Die entsprechenden Kortikosteron-Konzentrationen lagen bei 4,98; 4,56 bzw. 9,69 ng Kortikosteron/ml Serum, im Mittel 6,41±2,32. Die Seren der 14 Nestlinge

Ergebnisse

ohne erkennbare Parasitämien enthielten mit durchschnittlich 20,53±10,29 ng Kortikosteron/ml signifikant mehr Stresshormone als bei parasitierten Tieren (Kruskal-Wallis-Test, p>0,05).

Tab. 3.7.4: Anzahl der Parasiten/2000 Erythrozyten und Kortikosteron-Konzentrationen einzelner Männchen aus den vier Lokalitäten. ([#]Lokalität: HH: Holsterhausen, BW: Bredeneyer Wald, Ost: Segeroth-Park Ost, West: Seg.-Park West; *Probenentnahme außerhalb Brutzeit)

Proben-nummer	Parasitämie	Kortikosteron (ng/ml)	Lok.[#]	Proben-nummer	Parasitämie	Kortikosteron (ng/ml)	Lok.[#]
141	122	14,94	BW	787	0	21,96	Ost
777	30,5	12,28	BW	867	0	30,65	Ost
553	17,5	8,47	BW	386	1,5	42,56	Ost*
143	0	19,05	BW	235	0,5	16,03	Ost*
585	0	19,90	BW	265	0,5	30,68	Ost*
635	0	26,15	BW	268	0,5	28,18	Ost*
878	0	20,52	BW	234	0	20,78	Ost*
879	0	25,68	BW	384	0	14,16	Ost*
829	4,5	10,78	HH	426	0	23,13	Ost*
150	2	23,22	HH	672	0	12,77	Ost*
538	0,5	15,69	HH	698	0	7,67	Ost*
445	0	11,22	HH	6	26,5	20,49	West
650	0	10,42	HH	458	1,5	30,97	West
768	0	8,84	HH	206	0,5	24,1	West
512	323	16,05	Ost	463	0	14,62	West
347	18	33,51	Ost	763	0	10,53	West
118	15	16,45	Ost	793	0	14,45	West
62	9,5	28,57	Ost	798	0	14,67	West
98	3,5	11,52	Ost	818	0	28,77	West
77	1,5	29,08	Ost	297	3,5	6,33	West*
825	0,5	14,88	Ost	337	1,5	15,29	West*
475	0	23,31	Ost	288	1	37,52	West*
521	0	25,37	Ost	256	0,5	9,04	West*
528	0	24,75	Ost	312	0,5	24,88	West*
605	0	16,34	Ost	293	0	9,28	West*
618	0	9,73	Ost	338	0	20,97	West*
620	0	18,29	Ost	339	0	29,85	West*

Ergebnisse

Tab. 3.7.5: Anzahl der Parasiten/2000 Erythrozyten und Kortikosteron-Konzentrationen einzelner Weibchen aus den vier Lokalitäten. (Abkürzungen siehe Tab. 3.7.4)

Proben-nummer	Parasitämie	Kortikosteron (ng/ml)	Lok.	Proben-nummer	Parasitämie	Kortikosteron (ng/ml)	Lok.
142	325	27,49	BW	275	0	18,10	Ost*
195	136	13,98	BW	396	0	22,56	Ost*
557	0	7,79	BW	243	0	31,40	Ost*
151	68	12,26	HH	695	0	36,15	Ost*
651	0	12,95	HH	676	0	38,84	Ost*
666	0	11,30	HH	299	0	42,00	Ost*
769	0	8,49	HH	64	3	9,84	West
830	0	4,17	HH	817	2,5	9,51	West
63	1,5	5,93	Ost	462	0,5	13,71	West
97	0,5	17,07	Ost	461	0	22,50	West
117	0,5	15,15	Ost	761	0	19,09	West
140	0	28,96	Ost	762	0	19,06	West
513	0	18,72	Ost	764	0	10,52	West
514	0	11,69	Ost	839	0	15,77	West
527	0	11,22	Ost	104	0	16,37	West
607	0	25,53	Ost	420	1,5	17,71	West*
236	375	10,86	Ost*	683	1	30,24	West*
283	18	22,03	Ost*	255	0	25,71	West*
246	10	19,96	Ost*	257	0	11,11	West*
239	0,5	15,19	Ost*	258	0	28,58	West*
242	0	2,94	Ost*	311	0	44,32	West*
674	0	16,25	Ost*	318	0	21,92	West*

Tab. 3.7.6: Anzahl der Parasiten/2000 Erythrozyten und Kortikosteron-Konzentrationen einzelner Nestlinge aus den vier Lokalitäten. (Abkürzungen siehe Tab. 3.7.4)

Proben-nummer	Parasitämie	Kortikosteron (ng/ml)	Lok.	Proben-nummer	Parasitämie	Kortikosteron (ng/ml)	Lok.
602	0,5	16,70	BW	160	0	54,19	Ost
148	0	18,32	BW	517	0	19,90	Ost
149	0	47,24	BW	579	0	15,42	Ost
545	0	25,39	BW	634	0	5,98	Ost
548	0	29,74	BW	641	0	18,84	Ost
560	0	26,87	BW	791	0	18,34	Ost
565	0	22,94	BW	847	0	13,27	Ost
573	0	27,22	BW	849	0	25,69	Ost
590	0	27,24	BW	132	0	17,52	Ost
783	0	2,75	BW	91	0	21,14	Ost
860	0	30,37	BW	120	0	12,58	Ost
901	0	27,67	BW	15	6,5	9,69	West
156	0	44,69	HH	13	3	4,56	West
451	0	4,92	HH	48	2	4,98	West
454	0	53,64	HH	79	0	12,86	West
539	0	19,26	HH	106	0	18,78	West
541	0	22,79	HH	181	0	21,87	West
654	0	26,21	HH	225	0	10,79	West
664	0	3,96	HH	447	0	16,54	West
832	0	5,85	HH	485	0	25,99	West
833	0	18,91	HH	490	0	14,04	West
835	0	22,86	HH	493	0	23,23	West
836	0	24,64	HH	628	0	6,71	West
11	8	4,93	Ost	765	0	30,41	West
26	2,5	18,59	Ost	801	0	11,46	West
33	1,5	7,56	Ost	808	0	49,62	Wes
34	1,5	10,60	Ost	809	0	20,93	West
56	1	9,00	Ost	823	0	24,25	West
158	0	5,05	Ost				

Ergebnisse

3.7.4 Vergleich der Parasitämien und Fremdkopulationen sowie Kortikosteron-Konzentrationen

Für den **Vergleich der Parasitämie und der Fremdgehrate** der Weibchen wurden insgesamt 263 Männchen, Weibchen und Nestlinge aus den Jahren 2007-2009 einbezogen, 68 Tiere aus dem Bredeneyer Wald, 43 aus Holsterhausen, 92 aus dem Segeroth-Park Ost und 60 aus dem Segeroth-Park West (Tab. 3.7.7 und 3.7.8).

Dieser Vergleich erfasste im **Bredeneyer Wald** zwei Paare ohne Parasitämien beider Partner; zudem waren auch alle 9 bzw. 11 Nestlinge parasitenfrei (Tab. 3.7.7). Dabei stammt bei einem Paar eines der 11 Nestlinge von einem anderen Männchen. Bei dem einen Paar mit einem infizierten Männchen und einem nicht parasiterten Weibchen (BW 18) war der Parasitenbefall des Männchens mit 30,5 Parasiten/2.000 Erythrozyten relativ stark, und eines der 8 Nestlinge stammte nicht von diesem Männchen. Bei zwei Paaren mit parasitierten Weibchen und unparasitierten Männchen waren die Weibchen mit 49 bzw. 325 Parasiten/2.000 Erythrozyten relativ stark befallen, und das Weibchen mit der stärkeren Parasitämie war nicht fremd gegangen (BW 10, 2007). Bei diesem Nistkasten (BW 10, 2008) waren im folgenden Jahr 7 der 8 Nestlinge nicht vom sozialen Vater. Bei einem Männchen, das keine Blutparasiten aufwies und dessen Partner nicht beprobt werden konnte, lag beim Gelege keine Fremdvaterschaft vor. Das eine Paar, bei dem beide Partner relativ stark parasitiert waren (BW 27), besaß sogar 10 Nestlinge, alle vom sozialen Vater und alle unparasitiert. Bei den drei Gelegen mit EPY waren in einem Fall das Männchen und in einem das Weibchen parasitiert, beim dritten Nest wurden bei beiden keine Parasiten gefunden. Deshalb stammten die Nestlinge aus einer EPY nicht signifikant öfter von parasitierten ab als von nicht parasitierten Eltern (Fisher-Test, $p<0,05$).

In der Stadtlokalität **Holsterhausen** wurden bei 6 Gelegen mit 43 Kohlmeisen (6 Männchen, 5 Weibchen, 32 Nestlinge) Parasitämien und Kopulationen außerhalb des Paarbundes analysiert (Tab. 3.7.7). Bei zwei von drei Paaren, bei denen beide Partner parasitenlos waren, traten EPY Raten von 0,30 und 50 % auf, bei letzterem sogar mit einem weiteren Männchen. Ein Paar, bei dem nur das Männchen eine Parasitämie aufwies, hatte eins von sieben Jungtieren im Nest, das nicht vom sozialen Vater abstammte. Bei einem schwach parasitierten Männchen waren alle drei Nestlinge nicht seine Nachkommen. Bei einem Paar, bei dem Männchen und Weibchen parasitiert waren, stammten alle sechs Nestlinge vom sozialen Vater (HH 24). Nur in einem dieser Nester fand sich ein einzelnes Jungtier welches eine Parasitämie aufwies. Deshalb fanden sich auch in diesem Gebiet nicht signifikant häufiger Nestlinge aus einer EPY in Gelegen von parasitierten Eltern (Fisher-Test, p<0,05).

Bei den 92 Tieren aus dem **Segeroth-Park Ost** gab es bei 6 von 12 Männchen keine erkennbare Parasitämie (Tab. 3.7.8). Die vier Paare, bei denen ebenfalls die Weibchen unparasitiert waren, besaßen einmal keine und ansonsten bis zu 60 % Nestlinge aus Kopulationen mit anderen Männchen. Bei den zwei Paaren mit ausschließlicher Parasitierung des Weibchens waren 40 bzw. 60 % der Nachkommen ein Resultat von Fremdkopulationen. Bei den sechs Paaren mit einem infizierten Männchen waren fünf Männchen nicht bei allen Nestlingen die biologischen Väter. Waren von diesen Paaren auch noch in vier Fällen die Weibchen mit Parasiten infiziert, waren 33 bis 80 % der Nestlinge nicht vom sozialen Vater. Bei den Nestlingen waren in vier Nestern 10 bis 100 % parasitiert. Die Nestlinge stammten nicht signifikant öfter von Fremdvätern ab, wenn die Eltern parasitiert waren (Fisher-Test, p>0,05).

Die 60 Tiere vom **Segeroth-Park West** setzten sich aus insgesamt acht Männchen, acht Weibchen und 44 Nestlingen zusammen (Tab. 3.7.7). Bei drei Paaren ohne Parasiten stammte in einem Fall eines der 4 Nestlinge nicht vom sozialen Vater. Bei drei Männchen lag eine mittlere Parasitämie von 0,5 bis 3 Parasiten/2.000 Erythrozyten vor und nur bei einem der beiden Paare mit uninfiziertem Weibchen war dies fremd gegangen. Bei vier von acht Paaren fanden sich bis zu 83,3 % Nestlinge aus Fremdkopulationen. Bei den zwei parasitierten Weibchen, bei denen die Partner ohne Parasiten waren, enthielt das Gelege 18 bzw. 50 % der Nestlinge aus Fremdkopulationen. Wiesen beide Geschlechter eine Parasitämie auf, gab es bei diesem einen Paar keine EPY. Dreimal wurden Parasiten bei 33,3 bis 75 % der Nestlingen nachgewiesen. Wie auch in den anderen Lokalitäten stammten die Nestlinge nicht signifikant öfter von Fremdvätern ab, wenn die Eltern parasitiert waren (Fisher-Test, p<0,05).

Die Lokalität Bredeneyer Wald zeigte bei einer Betrachtung von Paaren, welche in 4 Kategorien unterteilt waren (beide unparasitiert, jeweils Männchen oder Weibchen parasitiert oder beide parasitiert) einen Unterschied zwischen dem Paar mit einem parasitierten Weibchen im Vergleich zu den anderen Paaren (Tab. 3.7.9). In Holsterhausen dagegen können aufgrund der geringen Stichprobenmenge keine Aussagen getroffen werden, allerdings deutet sich auch hier dasselbe Bild an. Im Segeroth-Park Ost wurden wiederum signifikant mehr EPY´s festgestellt, wenn mindestens ein Tier parasitiert war, aber nicht unter den acht parasitierten Tieren in den einzelnen drei Kategorien (Kruskal-Wallis-Test, p<0,05). Der Segeroth-Park West lieferte dasselbe Bild, mit signifikanten Unterschieden bei der EPY zwischen parasitierten Tieren und unparasitierten, allerdings erneut keine zwischen einzelnen parasitierten Männchen bzw. Weibchen oder bei einer Parasitierung von beiden Alttieren (Kruskal-Wallis-Test, p>0,05).

Bei einer Zusammenfassung der Anzahl der Nester mit Nestlingen von Fremdkopulationen bei Paaren mit verschiedenen Kombinationen von parasitierten bzw. unparasitierten Partnern sind Unterschiede zwischen den Lokalitäten erkennbar, wobei die verschiedenen Kombinationen vor parasitierten bzw. unparasitierten Partnern z.T. nur wenige Paare aufwiesen (Tab. 3.7.9). Bei sieben von 13 Paaren (54 %) lagen Fremdkopulationen vor, wenn beide Partner nicht infiziert waren. Waren jeweils nur das Weibchen bzw. das Männchen parasitiert, fanden sich bei fünf von sieben (71 %) bzw. vier von sechs Paaren (67 %) Nestlinge, die nicht vom sozialen Vater stammten. Bei vier von sechs Paaren (67 %) mit Infektionen beider Partner waren die Weibchen fremd gegangen. Diese Zusammenfassung scheint einen Trend zu einer höheren Fremdgehrate bei Parasitenbefall anzudeuten, wobei die Differenz aber statistischen nicht signifikant ist (Fisher-Test, p>0,05).

Für den **Vergleich der Stresshormontiter mit der Fremdgehrate und der Parasitämie** wurden insgesamt 108 Proben der Adulten und Nestlinge aus den Jahren 2007-2009 und den vier Lokalitäten einbezogen (Tab. 3.5.2 bis 3.5.5 und 3.7.7 bis 3.7.9). Dies waren 33 Männchen, 31 Weibchen und 44 Nestlinge. Tiere mit Fangdauern über 7:30 min wurden nicht berücksichtigt.

Bei der Betrachtung der einzelnen Lokalitäten wurden insgesamt 13 Individuen aus dem **Bredeneyer Wald** auf Fremdvaterschaften, die Parasitämie und auf den individuellen Stresshormontiter verglichen (Tab. 3.7.7). Die Mittelwerte des Stresshormonausstoßes der drei Paare (und einmal ohne Partner), bei denen das Weibchen nicht fremd kopuliert hatte, waren bei den Männchen 20,05±4,63 ng/ml und bei den Weibchen bei 16,42±8,23 ng/ml, die mittleren Parasitämien bei 40,5±57,3 bzw. 153,7±133,3 Parasiten/2.000 Erythrozyten. Die Nestlinge waren in dieser Lokalität nicht parasitiert. Bei drei Paaren mit einer Fremdkopulation der Weibchen enthielt das Serum der betrogenen Männchen, von denen zwei analysiert worden waren, 18,98±6,70 Kortikosteron/ml. Das Serum des einzigen Weibchen mit EPY, welches beprobt werden konnte, enthielt 20,82 ng Kortikosteron/ml Serum. Die Parasitämien lagen bei 15,3±15,3 für die drei Männchen und bei 49 Parasiten/2.000 Erythrozyten beim untreuen Weibchen. Beim statistischen Vergleich der Tiere unterschieden sich die Geschlechter nicht signifikant im Stresshormonausstoß dafür bzgl. der Parasitämie. Die

Ergebnisse

Stresshormontiter und die Parasitämien zwischen treuen und untreuen Paaren waren ebenfalls nicht signifikant verschieden (Kruskal-Wallis-Test, p>0,05).

In **Holsterhausen** wurden 11 Kohlmeisen analysiert (Tab. 3.7.7). Dabei lagen die Mittelwerte der zwei Paare ohne Fremdkopulation bei den Männchen bei 16,03±7,19 ng Kortikosteron/ml Serum und bei den Weibchen bei 10,38±1,89 ng/ml. Eines der zwei Männchen wies eine geringe Parasitämie von 2 Parasiten/2.000 Erythrozyten auf, das Partnerweibchen eine starke Infektion mit 68 Parasiten. Das andere Pärchen war parasitenfrei. Bei vier Paaren in dieser Lokalität war es zu Fremdkopulationen des Weibchens gekommen. Dabei fanden sich bei den drei beprobten Männchen, deren Weibchen außerhalb des Paarbundes kopuliert hatten, mit 12,56±2,22 ng Kortikosteron/ml Serum relativ niedrige Konzentrationen. Zwei der drei Männchen besaßen eine geringe Parasitämie von 1,67±2,01 Parasiten/2.000 Erythrozyten. Das andere Männchen war nicht parasitiert. Die zwei Weibchen, die außerhalb des Paarbundes kopuliert hatten, besaßen Konzentrationen von 12,95 bzw. 4,17 ng Kortikosteron/ml Serum und lagen damit deutlich unter dem Mittelwert. Bei keinem dieser beiden Weibchen wurden Parasiten gefunden. Eines von sechs Nestlingen aus einer Fremdkopulation war schwach parasitiert, alle anderen Nestlinge in dieser Lokalität waren parasitenfrei. Erneut unterschieden sich bei einem statistischen Vergleich der Proben die Stresshormontiter der treuen und untreuen Tiere nicht signifikant, auch nicht bezüglich der Parasitämien (Kruskal-Wallis-Test, p>0,05).

Von 24 beprobten Kohlmeisen aus dem **Segeroth-Park Ost** kamen bei zwei Paaren keine Fremdvaterschaften vor. Der Mittelwert war bei den zwei Männchen bei 20,13±5,25 ng Kortikosteron/ml und bei einem beprobten Weibchen bei 11,69 ng/ml. Nur bei einem Männchen wurde eine niedrige Parasitämie mit 0,5 Parasiten/2.000 Erythrozyten im Mittel nachgewiesen. Die beiden treuen Weibchen waren parasitenfrei, ebenso ihre Nestlinge. Bei 20 Tieren mit einer Kopulation außerhalb des Paarbundes lag der Mittelwert der vier Männchen bei 20,00±7,09 ng Kortikosteron/ml Serum, der zehn Weibchen bei 5,93 bis 18,72 ng/ml (13,71±4,54). Der Parasitenbefall der Männchen war mit 35,3±96,0 signifikant höher als bei den Weibchen mit 0,6±0,5 (Kruskal-Wallis-Test, p<0,05), wobei ein Männchen 323 Parasiten/2000 Erythrozyten aufwies. Der Anteil der infizierten Nestlinge aus Fremdvaterschaften lag zwischen 10 und 100 %. Ein signifikanter Unterschied beim statistischen Vergleich war auf Grund der geringen Stichprobengröße nicht sinnvoll (Tab. 3.7.8).

Insgesamt wurden nur 16 Tiere, jeweils 8 Männchen und Weibchen, im **Segeroth-Park West** untersucht (Tab. 3.7.8). Vier Männchen, die mit keiner Fremd-

Ergebnisse

vaterschaft in Verbindung standen, besaßen 14,54±0,09 ng Kortikosteron/ml Serum. Bei ihren vier Weibchen enthielten die Seren 13,71-19,06 ng/ml im Mittel 16,38±2,18 ng Kortikosteron/ml. Die Parasitämien waren ebenfalls sehr niedrig, mit 0,5 bzw. 3 Parasiten/2.000 Erythrozyten bei den Männchen und 0,5 Parasiten bei nur einem Weibchen. Die Nestlinge, welche nicht aus einer Fremdvaterschaft stammten, waren nur einmal schwach parasitiert. Zwei Männchen, deren Weibchen außerhalb des Paarbundes kopuliert hatten, besaßen 24,10 bzw. 14,67 ng Kortikosteron/ml Serum. Zwei Weibchen aus anderen Nistkästen, die außerhalb des Paarbundes kopuliert hatten, wiesen 9,84 bzw. 15,77 ng/ml und somit keinen höheren Stresshormontiter auf als die treuen Weibchen. Nur eines der zwei Männchen wies eine geringe Parasitämie mit 0,5 Parasiten auf. Das andere Männchen war parasitenfrei, ebenso wie ein Weibchen. Das andere Weibchen mit einer EPY hatte drei Parasiten/2.000 Erythrozyten. Elf von 44 Nestlingen stammten aus einer Fremdvaterschaft. Höhere Anteile an infizierten Nestlingen traten bei zwei Paaren mit EPY auf, die anderen Nestlinge waren parasitenfrei. Beim statistischen Vergleich der Mittelwerte der Kortikosteron-Konzentrationen beider Geschlechter und Altersklassen in Zusammenhang mit möglichen Fremdvaterschaften in allen Lokalitäten unterschieden sich die Werte von Tieren mit bzw. ohne EPY in allen Lokalitäten nicht signifikant bei den Stresshormontitern und Parasitämien (Kruskal-Wallis-Test, $p > 0,05$).

Ein Unterschied schien zwischen Fremdverpaarungen mit einem bzw. zwei Männchen vorzuliegen. Die EPY Rate unterschied sich bei drei Paaren, bei denen mehr als ein Fremdvater vorkam, mit 64,4 % signifikant von den 42,8 % der Fremdvaterschaften mit einem Partner. Bei den Männchen vom Gelegen mit EPY (ohne Berücksichtigung mit wie vielen Fremdvätern) traten im Mittel 22,9±75,4 Parasiten/2.000 Erythrozyten auf, bei den Weibchen 6,1±15,2 Parasiten/2.000 Erythrozyten. Bei 7 der 21 Paare mit Fremdvaterschaften wiesen 10-100 % der Nestlinge eine Parasitämie auf (Tab. 3.7.7 und 3.7.8). Beim statistischen Vergleich der Tiere unterschieden sich die Geschlechter im Stresshormonausstoß und in der Parasitämie signifikant (Kap. 3.7.3). Die Stresshormontiter und die Parasitämien zwischen treuen und untreuen Paaren waren allerdings nicht signifikant unterschiedlich (Kruskal-Wallis-Test, $p > 0,05$). Eine Korrelation zum vermehrten Fremdgehen der Weibchen in der hier betrachteten Teil-Population bei stärker parasitierten (=mehr gestressten) Männchen schien nicht vorzuliegen (Tab. 3.7.7 und 3.7.8).

Bei einer Zusammenfassung der vier Lokalitäten enthielten die Proben der neun Männchen, bei denen die Weibchen nicht fremdgegangen waren, 8,84-26,15 ng Kortikosteron/ml Serum und bei den neun Weibchen 7,79-27,49 ng/ml (Tab. 3.7.7 bis 3.7.9), im Mittel 17,95±5,54 bzw. 14,54±5,66 ng Kortikosteron/ml Serum; die jeweiligen Parasitämien lagen bei den Männchen bei 13,8±83,1 und bei den Weibchen bei 58,8±104,1 Parasiten/2000 Erythrozyten. Nur ein Nestling ohne Fremdvaterschaft zeigte eine geringe Parasitämie. Fremdvaterschaften traten bei 21 Paaren auf. Die 17 Männchen, bei denen das Partner-Weibchen außerhalb des Paarbundes kopuliert hatte, besaßen 18,49±6,78 ng Kortikosteron/ml Serum, die Weibchen 13,38±5,37 ng/ml.

Die Lokalität Bredeney zeigte bei einer Betrachtung von Paaren, welche in 4 Kategorien unterteilt waren (beide unparasitiert, jeweils Männchen oder Weibchen parasitiert oder beide parasitiert) einen Unterschied zwischen dem Paar mit einem parasitierten Weibchen im Vergleich zu den anderen Paaren (Tab. 3.7.9). In Holsterhausen dagegen können aufgrund der geringen Stichprobenmenge keine Aussagen getroffen werden, allerdings deutet sich auch hier dasselbe Bild an. Im Segeroth-Park Ost wurden wiederum signifikant mehr EPY's festgestellt, wenn mindestens ein Tier parasitiert war, aber nicht unter den acht parasitierten Tieren in den einzelnen drei Kategorien (Kruskal-Wallis-Test, $p<0,05$). Der Segeroth-Park West lieferte dasselbe Bild, mit signifikanten Unterschieden bei der EPY zwischen parasitierten und unparasitierten Tieren, allerdings erneut keine zwischen einzelnen parasitierten Männchen bzw. Weibchen oder bei einer Parasitierung von beiden Alttieren (Kruskal-Wallis-Test, $p>0,05$).

Ergebnisse

Tab. 3.7.7: Stresshormontiter sowie die Parasitämie und Fremdgehrate im Bredeneyer Wald (BW) und in Holsterhausen (HH). ([1] mehr als ein potentieller Fremdvater)

Datum	Nest Nr.	Proben-nummer	Geschlecht	Kortikosteron (ng/ml)	Parasiten	Anzahl Nestlinge	EPY (%)	Anteil inf. Nestlinge (%)
21.05.2008	BW 4	558	♂	-----	0	9	0,0	0,0
21.05.2008	BW 4	557	♀	7,79	0			
22.05.2009	BW 19	879	♂	25,68	0	11	9,0	0,0
22.05.2009	BW 19	880	♀	-----	0			
08.05.2009	BW 18	777	♂	12,28	30,5	8	12,5	0,0
08.05.2009	BW 18	776	♀	-----	0			
14.05.2007	BW 10	143	♂	19,05	0	6	0,0	0,0
14.05.2007	BW 10	142	♀	27,49	325			
20.05.2008	BW 10	544	♂	-----	0	8	90,0	0,0
20.05.2008	BW 10	543	♀	20,82	49			
29.05.2008	BW 34	635	♂	26,15	0	3	0,0	0,0
14.05.2007	BW 27	141	♂	14,94	121,5	10	0,0	0,0
16.05.2007	BW 27	195	♀	13,98	136			
08.05.2009	HH 13	768	♂	8,84	0	6	0,0	0,0
08.05.2009	HH 13	769	♀	8,49	0			
10.06.2008	HH Bl	649	♂	-----	0	4	50,0[1]	0,0
11.06.2008	HH Bl	651	♀	12,95	0			
05.05.2008	HH K	445	♂	11,22	0	6	30,0	16,6
06.05.2008	HH K	450	♀	-----	0			
14.05.2009	HH S	829	♂	10,78	4,5	7	14,2	0,0
14.05.2009	HH S	830	♀	4,17	0			
19.05.2008	HH SD	538	♂	15,69	0,5	3	100,0	0,0
14.05.2007	HH 24	150	♂	23,22	2	6	0,0	0,0
14.05.2007	HH 24	151	♀	12,26	68			

Ergebnisse

Tab. 3.7.8: Stresshormontiter sowie die Parasitämie und Fremdgehrate im Segeroth-Park West (West) und Ost (Ost).
([1] mehr als ein potentieller Fremdvater)

Datum	Nest Nr.	Proben- nummer	Geschlecht	Kortikosteron (ng/ml)	Parasiten	Anzahl Nestlinge	EPY (%)	Anteil inf. Nestlinge (%)
26.05.2008	Ost 5	618	♂	9,73	0	4	25,0	0,0
26.05.2008	Ost 5	619	♀	-----	0			
26.05.2008	Ost 12	605	♂	16,34	0	5	60,0	0,0
26.05.2008	Ost 12	612	♀	-----	0			
27.05.2008	Ost 15	620	♂	18,29	0	4	50,0	0,0
27.05.2008	Ost 15	621	♀	-----	0			
15.05.2008	Ost 16	521	♂	25,37	0	3	0,0	0,0
14.05.2008	Ost 16	514	♀	11,69	0			
12.05.2009	Ost 13	825	♂	14,88	0,5	3	0,0	0,0
17.05.2009	Ost 13	842	♀	-----	0			
14.05.2008	Ost 18	512	♂	16,05	323	10	33,3	10,0
14.05.2008	Ost 18	513	♀	18,72	0			
09.05.2008	Ost 9	475	♂	23,31	0	8	60,0	0,0
09.05.2008	Ost 9	476	♀	-----	1,5			
20.05.2009	Ost 15	867	♂	30,65	0	5	40,0	100,0
17.05.2009	Ost 15	843	♀	-----	1			
04.05.2007	Ost 1	62	♂	28,57	9,5	7	60,0[1]	0,0
04.05.2007	Ost 1	63	♀	5,93	1,5			
07.05.2007	Ost 5	77	♂	29,08	1,5	10	40,0	90,0
07.05.2007	Ost 5	78	♀	-----	4			
08.05.2007	Ost 10	98	♂	11,52	3,5	3	33,3	0,0
08.05.2007	Ost 10	97	♀	17,07	0,5			
10.05.2007	Ost 14	118	♂	16,45	15	6	80,0	16,6
10.05.2007	Ost 14	117	♀	15,15	0,5			
11.05.2009	West 4	793	♂	14,45	0	3	0,0	33,3
07.05.2009	West 4	762	♀	19,06	0			
07.05.2008	West 19	463	♂	14,62	0	4	0,0	0,0
07.05.2008	West 19	464	♀	-----	0			
14.05.2009	West 19	838	♂	-----	0	4	25,0	0,0
14.05.2009	West 19	839	♀	15,77	0			
25.06.2007	West 12	206	♂	24,10	0,5	6	83,3[1]	0,0
25.06.2007	West 12	207	♀	-----	0			
09.05.2007	West 19	103	♂	-----	3	2	0,0	0,0
09.05.2007	West 19	104	♀	16,37	0			
05.05.2007	West 4	74	♂	-----	0	8	50,0	75,0
04.05.2007	West 4	64	♀	9,84	3			
11.05.2009	West 14	798	♂	14,67	0	11	18,2	54,5
11.05.2009	West 14	797	♀	-----	0,7			
08.05.2008	West 14	466	♂	-----	0,5	6	0,0	0,0
07.05.2008	West 14	462	♀	13,71	0,5			

Tab. 3.7.9: Anzahl der Nester mit Nestlingen von Fremdkopulationen bei Paaren mit verschiedenen Kombinationen von parasitierten bzw. unparasitierten Partnern.
(+=parasitiert; 0=unparasitiert; BW=Bredeneyer Wald; HH=Holsterhausen; Ost=Segeroth-Park Ost bzw. West=Segeroth-Park West)

Lokalität	Parasiten	Anzahl	EPY (%)	Lokalität	Parasiten	Anzahl	EPY (%)
BW	0/0	3	33,3	Ost	0/0	4	75
	+/0	3	33,3		+/0	2	100
	0/+	1	100		0/+	2	100
	+/+	0	----		+/+	4	100
HH	0/0	3	75	West	0/0	3	33,3
	+/0	----	----		+/0	2	50
	0/+	1	100		0/+	2	50
	+/+	1	0		+/+	1	0
Gesamt	0/0	13	54				
	+/0	7	71				
	0/+	6	67				
	+/+	6	67				

4. Diskussion

4.1 Material- und Methodik-Probleme

Ziel der vorliegenden Arbeit war es, bei Kohlmeisen mögliche Interaktionen einer Vogelmalaria mit Bruterfolg, Kopulationen außerhalb des Paarbundes und Stress zu erfassen. Bei letzterem sollten die Kortikosteron-Konzentrationen und Veränderungen als Indikator dienen. Des Weiteren sollte über verschiedene Lokalitäten die Qualität der Gebiete als Brutlokalität einbezogen werden. Zur besseren Einschätzung der Bedeutung der Probleme bei den Ergebnissen sollen zunächst die der jeweiligen Methode und der Auswertung dargestellt werden.

Kaum ein Problem resultierte aus der **Wahl des Versuchstieres**. Hierzu sind Besonderheiten der Populationen in den verschiedenen Lokalitäten aufzuführen. Im Zoologischen Garten Wuppertal wurden fast nur Männchen gefangen. Dies dürfte mit dem Zugverhalten der Jungvögel zusammen hängen (Andreu & Barba 2006). Da junge Weibchen signifikant weiter ziehen als Männchen, kann es zu lokalen Ansammlungen von gleichgeschlechtlichen Trupps kommen. Die Kohlmeise als Modelltier war auf Grund der verschiedenen Lokalitäten sehr gut geeignet für die geplanten Untersuchungen. Zum einen wurden die Meisen in einzelnen Lokalitäten schon seit mehreren Jahren durch die Universität Duisburg-Essen regelmäßig erforscht und zum anderen sind Kohlmeisen weit verbreitet und kommen dadurch in den verschiedensten Habitaten vor (Glutz & Bauer 1993). Ein weiterer Faktor, der für die Wahl dieses Modelltieres sprach, ist die Standorttreue der Kohlmeisen (Glutz & Bauer 1993), so dass die Tiere das ganze Jahr wiederholt fangbar sind. Die relative Störungsunempfindlichkeit der Tiere war ein wichtiges Kriterium. Dadurch war es möglich, denselben Vogel über einen längeren Zeitraum mehrfach und auch während der Brutzeit zu fangen und zu beproben. Da Kohlmeisen Höhlenbrüter sind und dafür gerne künstliche Nisthöhlen annehmen (Löhrl 1986), waren alle Nestlinge relativ leicht zu beproben. Die Erfassung von Fremdkopulationen wurde erleichtert, da in der Regel beide Elterntiere die Nestlinge füttern. Der Fang der Adulten in den Nistkästen erlaubte bei den Vaterschaftsanalysen die Zuordnung der Elternvögel. Problematisch ist bei solchen Untersuchungen an Wildtieren aber die Erfassung möglichst aller Tiere in der jeweiligen Lokalität, die eine Zuordnung der Vaterschaften erleichtert.

Diskussion

Ein methodisches Problem stellte eher die Gewinnung der **Blutproben** dar, welche für die Blutausstriche sowie Vaterschafts- und die Stresshormonanalysen benötigt wurden. Bei der vorliegenden Arbeit wurden Kohlmeisen im gesamten Jahresverlauf gefangen und beprobt. Dies war jedoch nicht in bestimmten, vorher festgelegten Zeitabständen möglich. Es musste eine Fangpause kurz vor und zum Ende der Brutphase eingelegt werden. Zu diesen Zeiten reagieren die Tiere auf Störungen sehr empfindlich, und die Adulten geben evtl. ein Gelege auf, oder die Nestlinge verlassen das Nest zu früh. Des Weiteren wurden an manchen Tagen keine Proben auf Grund des Wetters gewonnen. Bei regenreichem Wetter wurden keine Netze aufgebaut, um die Vögel nicht zu gefährden. Bei windigem Wetter wiederum war die Fangquote sehr schlecht, da die Vögel das Netz erkannten und mieden. Der Nachtfang bei Kohlmeisen ist nicht praktikabel (vgl. Schmidt *et al.* 1985). Auch wurden die besetzten Nistkästen in der Nacht nicht kontrolliert, um ein Aufschrecken der Vögel zu vermeiden.

Weniger problematisch war die Gewinnung eines ausreichenden Probenvolumens. Vögel vertragen meistens ohne Probleme eine Blutentnahme von geringem Umfang bis 10 % des Körpergewichtes (Stangel 1986; Arctander 1988; Hoysak & Weatherhead 1991; Lubjuhn *et al.* 1998b). Eigene Beobachtungen zum Verhalten der Tiere unmittelbar nach der Blutentnahme bzw. Untersuchung und nach deren Freilassung, sowie die Fortsetzung der Jungenaufzucht bestätigten dies bei der Kohlmeise. Oft führen geringe Probenvolumina zu Messproblemen (Gerken *et al.* 2000). Im Rahmen der vorliegenden Arbeit reichten jedoch zwei Kapillarröhrchen mit einer Blutmenge von ca. 50-200 µl für alle benötigten Analysen aus.

Ein Problem stellte vor allem bei Nestlingen die erhöhte Anzahl von Thrombozyten dar (Schumacher 1965). Ihre Tendenz zur raschen Agglutination führte manchmal zu nicht auswertbaren Ausstrichen bei der Untersuchung der Parasitenprävalenz. Wegen der weiterführenden Blutanalysen wurde der Blutstropfen nicht mit heparinisierten Kapillarröhrchen aufgenommen, die eine Gerinnung verhinderten, da bei mit Heparin versetztem Plasma die Stresshormonlevel nicht bestimmbar sind (pers. Mitteilung Prof. Schwarzenberger, Wien).

Auch die Untersuchung der **Parasiten**prävalenz bzw. Parasitämie beinhaltet methodische Probleme. Schon im ersten Jahr der Untersuchung wurden die Parasitennachweise auf Blutparasiten beschränkt, da in keiner der 30 Kotproben Parasiten auftraten. Ein Problem bei Parasitenprävalenz-Untersuchungen stellt der Zeitraum dar. Da es in der Brutzeit stressbedingt zu Rezidiven kommen kann (Garnham 1966), sollten

Diskussion

zum Nachweis von Blutparasiten die Blutausstriche im Frühjahr angefertigt werden. Dies erlaubt Vergleiche mit Literaturdaten. In verschiedensten Arbeiten wurden Blutproben, die zur Verbreitung und Prävalenz der Vogelmalaria dienten, im Frühjahr gewonnen und lichtmikroskopisch untersucht (Kučera 1981a,b,c; Haberkorn 1984; Krone et al. 2001). Im Rahmen der vorliegenden Arbeit berücksichtigten die längeren Zeiträume der Probenentnahmen von Februar bis Dezember diesen Aspekt.

Ein sehr wichtiges Kriterium ist die Nachweisgrenze bei der Bestimmung der Prävalenz und Parasitämie. Alle Blutproben wurden in der vorliegenden Arbeit lichtmikroskopisch untersucht, wobei die Parasitierung bei der Auszählung von 2.000 Erythrozyten bewertet wurde. Dies wurde auch bei anderen Untersuchungen so gehandhabt (u.a. Merino 2004). Bei einer größeren Anzahl von Erythrozyten wären sicherlich noch einige schwach parasitierte Tiere erfasst worden, die Untersuchungsdauer aber zu lang geworden.

Bisher wurden nur in wenigen Untersuchungen zur Vogelmalaria lichtmikroskopische Untersuchungen durch Polymerase-Kettenreaktion (PCR)-Nachweise validiert (Richard et al. 2002; Fallon et al. 2003; Freed & Cann 2003; Waldenström et al. 2004). Außerhalb von Deutschland wurden in den letzen Jahren mit Hilfe von molekularbiologischen Nachweistechniken bereits Infektionsprävalenzen von Vögeln und sogar in den Vektoren mit Malariaerregern und Daten zur Verbreitung der verschiedenen Erregerspezies ermittelt (Feldman et al. 1995; Bensch et al. 2000, 2004; Richard et al. 2002; Ricklefs et al. 2004; Waldenström et al. 2004; Kim et al. 2009). PCR-Techniken sind bei chronischen Infektionen drei- bis viermal sensiver als mikroskopische Untersuchungen, jedoch werden trotz des Einsatzes der PCR die wirklichen Malariaprävalenzen immer noch um ca. 20 % unterschätzt. Bei einer chronischen oder sehr schwach ausgeprägten Infektion des Vogels werden trotz der hohen Sensitivität der PCR nicht alle Infektionen detektiert (Jarvi et al. 2002; Fallon et al. 2003; Waldenström et al. 2004). Damit gibt es trotz der Sensitivität der PCR kein Verfahren, welches allgemein zuverlässig Infektionen mit Vogelmalaria-Erregern erfasst (Fallon et al. 2003). Da die PCR relativ teuer ist und die Lichtmikroskopie vor allem akute Phasen der Infektion erfasst, die sich im jeweiligen Untersuchungszeitraum direkt auswirkt, stellte die Lichtmikroskopie im Rahmen der vorliegenden Arbeit die optimale Methode dar. Hierbei dürften aber durch die mikroskopische Analyse und die meist sehr geringen Parasitämien das Vorkommen und der individuelle Befall unterschätzt worden sein. Da befallene Erythrozyten stärker aggregieren (Barker et al. 1989), können diese im Blutausstrich konzentriert vorliegen und nicht erfasst werden.

Ein weiterer Nachteil der Lichtmikroskopie ist eine starke Deformation der Parasiten durch die Färbung (Perkins 2000). Dieses Problem wurde in der vorliegenden Arbeit jedoch durch sofortige bzw. sehr schnelle Bearbeitung der Blutausstriche ausgeschlossen. Von den insgesamt 1820 direkt im Feld angefertigten Blutausstrichen der 910 Vögel waren bei der späteren Analyse im Labor nur 40 (2,2 % der Gesamtproben) nicht nutzbar, weil bei nassem Wetter die Objektträger im Feld nicht gut trockneten oder im selteneren Fall die Erythrozyten agglutiniert waren. Von den zu Beginn der vorliegenden Arbeit bei den Blutausstrichen getesteten Färbemethoden, die alle auf der Giemsa-Färbung beruhten, war die Diff-Quick-Lösung optimal. Sie bietet sich für die Routinediagnostik an und erleichtert durch ihre kontrastreiche Darstellung die Differenzierung von Blutzellen (Hauska et al. 1999). Sie wurde ebenfalls eingesetzt, um bei toten Nestlingen Leber- und Milz-Abklatschpräparate auf Parasiten hin zu untersuchen. Da keinerlei Parasitenstadien nachgewiesen wurden, dürfte die Parasitierung nicht zum Tod der Nestlinge geführt haben.

Bei der Untersuchung des Anteils der verschiedenen **Blutzellen** erwies es sich teilweise trotz der Bestimmungsliteratur (Ellis & Campbell 2007) als schwierig, die Blutzellen lichtmikroskopisch genau zu identifizieren. Heterophile Zellen waren zum Teil schwer von eosinophilen Zellen zu unterscheiden (Canfield 1998). Zu den veränderten heterophilen Granulozyten waren keine Referenzwerte publiziert, so dass die Werte aus der Lokalität mit der wahrscheinlich geringsten umweltschädigenden Belastung wie schon in vorherigen Arbeiten als Vergleichswert dienen sollte (Dammann 2001; Belskii et al. 2005).

Bei der Bestimmung der **Stresshormon**-Konzentrationen im Blut stellt die Fangmethodik das größte Problem dar. Bei Wildtieren erhöht sich die Kortikosteron-Produktion bei Stress sehr rasch (Silverin 1998a,b; Romero et al. 2000; Buchanan 2000; Goyman et al. 2002; Romero & Romero 2002). Vogelfang und Blutabnahme stellen solche Stress-Situationen dar (Touma et al. 2004; Young et al. 2004; Palme et al. 2005; Stöwe et al. 2010). Hierbei wirken sich sogar Details der Fangmethodik aus, wie die Haltung der Vögel und die Technik der Blutentnahme (Angelier et al. 2010). Werden Vögel nach dem Fang kurzfristig in Stoffbeuteln untergebracht, werden sie weniger gestresst als bei einer Haltung in einem Käfig (Canoine et al. 2002). Das Ver-

Diskussion

halten der Tiere schien den geringeren Stress zu bestätigen, da die Vögel sich vollkommen ruhig verhielten, sobald sie im Stoffbeutel waren.

Bei Fang und Blutabnahme in weniger als 10 min soll es bei verschiedenen Wildtierarten von Graugänsen bis zu Säugetieren zu keinerlei Beeinflussung der Stresshormone kommen (u.a. Hiebert *et al.* 2000; Vleck *et al.* 2000; Cockrem & Silverin 2002a; Good *et al.* 2003; Romero & Reed 2004; van Duyse *et al.* 2004; Raouf *et al.* 2005). In der vorliegenden Arbeit wurde versucht, bei allen Fängen die Vögel möglichst innerhalb von 7,5 min zu beproben, um Auswirkungen des Fang-Stresses auszuschließen. Diese kurze Zeitspanne war allerdings gerade beim Fang mit den Japannetzen nicht immer einhaltbar, da sich teilweise mehrere Vögel gleichzeitig im Netz verfangen hatten. Um den Fang-Stress so weit wie möglich zu reduzieren, wurden in solchen Fällen zuerst alle Tiere aus den Netzen genommen. Außerdem wurden bei gleichzeitigen Fängen die später zu untersuchenden Vögel in einem Stoffbeutel aufbewahrt.

Des Weiteren beeinflussen circadiane Rhythmen die Stresshormon-Konzentration im Blut (Goymann *et al.* 2002; Touma *et al.* 2004; Young *et al.* 2004; Mateo & Cavigelli 2005). Bei der Gartengrasmücke (*Sylvia borin*) waren im Herbst sowohl für Labortiere als auch bei Wildfängen die Kortikosteron-Level nachts, am Ende der Dunkelphase höher als während des Tages. Weiterhin zeigte sich eine Korrelation zwischen den Fettvorräten, welche im Herbst angelegt wurden, und dem Kortikosteron-Gehalt (Schwabl *et al.* 1991). Deshalb wurden in der vorliegenden Arbeit die Kohlmeisen immer vormittags in einer gleichen Zeitspanne gefangen und beprobt.

Eine nicht-invasive Alternative zur Blutuntersuchung ist die Bestimmung der Stresshormon-Konzentrationen im Kot (Goymann *et al.* 2002). Für solche Untersuchungen, die außerdem längerfristige Hormon-Konzentrationen widerspiegeln, ist jedoch eine individuelle und mehrmalige Kotprobengewinnung erforderlich (Touma *et al.* 2004; Young *et al.* 2004). Dies war jedoch im dem Rahmen der vorliegenden Arbeit nicht durchführbar. Zu Beginn der Arbeit wurde versucht, regelmäßig Kotproben zu gewinnen, um neben dem Stresshormontiter auch Parasiten, z.B. Kokzidien, über den Kot nachzuweisen. Jedoch bestand bei der Freilandarbeit das Problem, die Tiere aus sicherer Entfernung und für das zu untersuchende Tier stressfrei zu beobachten. Meistens war es auch deshalb nicht möglich Kot zu finden. Letztendlich ist das Kotvolumen einer Kohlmeise zu gering, um damit mehrere Analysen durchzuführen.

Diskussion

Eine zusätzliche Validierung, die für die Stresshormonanalysen als notwendig erachtet wird (Queras & Carosi 2004; Touma & Palme 2005), wurde in der vorliegenden Arbeit über blutsaugende Raubwanzen aus Lateinamerika versucht. Die Raubwanzenart *Dipetalogaster maxima* wurde bereits in mehreren vorherigen Studien bei Wildtieren zur Bestimmung von Blutparametern und zur Validierung von Hormonanalysen eingesetzt (von Helversen 1984; Voigt *et al.* 2004, 2006; Becker *et al.* 2006; Thomsen & Voigt 2006; Stadler *et al.* 2007, 2009), allerdings noch nicht bei Kohlmeisen. Dieser Versuch misslang im Rahmen der vorliegenden Arbeit, da die Wanzen nicht ausreichend oder gar nicht saugten. Es kam nur in einem Fall zu einer zu geringen Blutaufnahme. Zum einen entstand ein Problem bei der Einbringung der Raubwanzen ins Vogelnest. Es wurde versucht, die Raubwanzen während der Brutphase mittels kleiner Gazesäckchen den weiblichen Tieren unterzulegen. Obwohl diese Säckchen im Nest neben den Eiern gut befestigt wurden, haben viele Kohlmeisen die Säckchen mit den Raubwanzen aus dem Nest entfernt. Dies war ein normales Verhalten der brütenden Vögel, um das Nest sauber zu halten. Zum anderen schienen die Wanzen nicht genügend Kontakt zum Tier zu bekommen. Der Einsatz der Raubwanzen zur Blutentnahme war zwar vielversprechend, aber er muss noch für die Kohlmeise modifiziert werden, z.B. durch Nutzung von präparierten Kunsteiern, in welchen sich Wanzen befinden. Diese Methodik gelang bereits erfolgreich bei Flussseeschwalben (Becker *et al.* 2006). Im Gegensatz zu den Seeschwalbeneiern sind die Kohlmeiseneier jedoch zu klein, um das dritte Larvenstadium von *D. maxima* unterzubringen. Um eine mögliche Brutaufgabe zu verhindern, wurde auf eine Manipulation des Geleges mit einem deutlich größeren Plastik-Ei verzichtet. Eine kleinere Wanzenart war aufgrund der benötigten Blutmenge nicht einsetzbar.

Die Probleme bei der **Vaterschafts**analyse liegen in der Methodik begründet. Das DNA-Fingerprinting erlaubt zwar die Identifizierung der Fremdvaterschaften, ist aber zur Auffindung der genetischen Väter dieser Nestlinge kaum geeignet, da möglichst alle, auch alle durchfliegenden Männchen gefangen und untersucht werden müssen. Ein Vergleich der Bandenmuster verschiedener „Fingerprint"-Gele ohne Referenzen ist nämlich nicht möglich ist (Gerken 2001). Diese Problematik belegt in der vorliegenden Arbeit die relativ geringe Identifikationsrate von 33,7 %. Auch diese Identifikationsrate besteht nur mit einer hohen Wahrscheinlichkeit und nicht mit Garantie.

Diskussion

Auch bei der **Auswertung** traten Probleme auf. Mittelwerte und Standardabweichungen lassen keine Schlüsse auf die Unterschiede der Ergebnisse zu. Erst über statistische Signifikanzniveaus können Unterschiede beurteilt werden. Signifikante Unterschiede werden bei kleinen Stichprobenmengen aber schwerer erkannt als bei großen. Wenn keine Signifikanz nachgewiesen wird, gilt dies nicht unbedingt als Beweis für einen nicht-vorhandenen Unterschied, sondern besagt möglicherweise nur, dass der Beweis dafür noch fehlt (Revenstorf 2004). Alle Aussagen bzgl. der Statistik sind unter Vorbehalt zu betrachten, da von der Gesamtmenge der globalen Kohlmeisen nur ein geringer Teil betrachtet werden konnte. Bei einer vorsichtigen Schätzung wurden je nach Lokalität bis zu 60 % aller Meisen dieser Lokalität gefangen. Dies wurde durch verschiedene Faktoren bedingt, z.B. durch die Möglichkeit des Fangs und die Auswahl der Lokalität sowie weitere Faktoren.

Im Rahmen der vorliegenden Arbeit wurden zum statistischen Vergleich der Kruskal-Wallis- und der Fisher-Test angewendet. Meistens ergaben sich hierbei aber Probleme auf Grund der Probenauswahl bzw. der Stichprobenmenge. Die Daten der vorliegenden Arbeit hatten oft keine Normalverteilung. Dies dürfte z.T. die hohen Standardabweichungen erklären. Es konnte den Daten aber auch eine stark schiefe Verteilung zu Grunde liegen (Harms 1992; Vogt 1994; Moore & McCabe 1998). Einige Werte weichen manchmal stark ab und erfordern eine Überprüfung, ob es sich um Ausreißer handelt. Als Faustregel sind aber nur Werte als Ausreißer zu behandeln, wenn der Wert außerhalb der dreifachen Standardabweichung liegt, was nur selten im Rahmen der vorliegenden Arbeit auftrat (Vogt 1994).

4.2 Belegungsrate der Nistkästen und Bruterfolg

Die Anzahl der Nisthöhlen ist bei den meisten Höhlenbrütern ein limitierender Faktor (Glutz & Bauer 1993). Deshalb tritt unter Höhlenbrütern eine **Konkurrenz** um Nisthöhlen auf, ein Phänomen das auch in der vorliegenden Arbeit auftrat. Neben Kohlmeisen wurden die Nistkästen vorwiegend von Blaumeise und Kleiber genutzt. Zusätzlich angebrachte Nisthöhlen erhöhen die Populationsdichte von Kohlmeisen. Hierbei werden Belegungsraten von 75 % erzielt (Will 2002). Dies entspricht ungefähr der Belegungsrate in den vier, in der vorliegenden Arbeit untersuchten Lokalitäten.

Durch den Fang der Adulten und ihrer Nestlinge wurden die **Belegungsrate** und der Bruterfolg bei Kohlmeisen in den verschiedenen Lokalitäten drei Jahre lang untersucht. Im Durchschnitt war fast die Hälfte der angebotenen Brutkästen durch

Kohlmeisen besetzt. Die Belegungsrate der Nistkästen durch die Kohlmeise war im Bredeneyer Wald geringer als in den anderen Lokalitäten. Dieses Gebiet dürfte auf Grund der Größe und des Nahrungsangebotes mehr Kohlmeisen aufnehmen, jedoch stehen diese in einem Waldgebiet wohl mehr interartspezifischer Konkurrenz und verschiedensten Prädatoren gegenüber als in einer Stadtlokalität. Trotz der geringeren Belegungsrate war der Bruterfolg deutlich besser und höher als in den anderen Lokalitäten. Dies unterstreicht die Annahme, dass bei ausreichendem Futterangebot für die Jungvögel der Bruterfolg positiv beeinflusst wird.

Als weitere mögliche Ursache für **Nestlingssterblichkeit** sind Prädatoren anzunehmen (Gerken 2001). Vereinzelt wurden im Rahmen der vorliegenden Arbeit im Segeroth-Park Verluste durch Buntspechte beobachtet, die sich einen Nestling aus dem Brutkasten zogen. Generell sind solche Verluste gering, da die Bruthöhlen einen guten Schutz gegenüber solchen Prädatoren bieten (East & Perrins 1988; Glutz & Bauer 1993). Da ein Großteil der toten Nestlinge im Nest vorgefunden wurde, sind andere Todesursachen wahrscheinlicher, z.B. durch Verhungern während einer Schlechtwetterperiode oder Erfrieren in kalten Nächten (Gerken 2001). Vermutlich ist der Prädationsdruck auf adulte Tiere durch Sperber oder Habicht deutlich höher als der Prädationsdruck auf die Nestlinge (Perrins & Geer 1980). Bei einem Verlust eines Elternteils wurde zusätzlich eine erhöhte Nestlingssterblichkeit in kürzester Zeit nach Verschwinden des Partners beobachtet. Der Prädationsdruck auf adulte Kohlmeisen durch Greifvögel war wahrscheinlich im Bredeneyer Wald und im Segeroth-Park höher als in der Stadtlokalität, bei dem in Holsterhausen aber als weitere Prädatoren Hauskatzen zu beachten waren. Vereinzelt kam bei Bruten nur ein einziges adultes Tier für den Brutpflegeaufwand auf; dies wurde in den Analysen aber nicht differenziert.

Wichtiger als Prädatoren sind wohl **klimatische Bedingungen**. Klimatische Faktoren wirken sich dabei weniger direkt, sondern eher über das Nahrungsangebot aus (Buselmaier 2009). Bei einem kühlen, regenreichen Frühjahr entwickeln sich weniger Insekten bzw. sie wachsen nicht so rasch heran (Kingsolver 1989). Das regnerische und kühle Frühjahr 2007, das gegenüber dem langjährigen Durchschnitt 21 mm mehr Niederschlag und 0,4 °C tiefere Temperaturen aufwies (120 mm Niederschlag, 11,6 °C im Mai 2007; Werte: Wetteramt Essen), dürfte die im Rahmen der vorliegenden Arbeit erfassten schlechten Brutergebnisse verursacht haben. Der Bruterfolg in allen Lokalitäten der Kohlmeise stieg vom Jahr 2007 auf 2008 an und nahm im darauf folgenden Jahr ab.

Neben dem Klima bestimmt die **Zusammensetzung der Vegetation** die Nahrungsmenge, die für die Aufzucht der Nestlinge zur Verfügung steht. Raupen, die von den Kohlmeisen für die Jungtieraufzucht benötigt werden, entwickeln sich nur an den einheimischen Pflanzen (Dammann 2001). Der Anteil von einheimischen Laubbäumen war im Bredeneyer Wald am höchsten und im Segeroth-Park sowie v.a. in Holsterhausen am niedrigsten. Eine Strauch- und Krautschicht war wiederum sehr schlecht im Bredeneyer Wald und Holsterhausen ausgebildet. In den Jahren 2007 und 2008 gab es eine üppig ausgebildete Strauch- und Krautschicht im Segeroth-Park, die dennoch schlechtere Nahrungsbedingungen als eine Laubbaumschicht geboten hatte, da diese aus vielen nicht einheimischen Pflanzen bestand. Im Jahr 2009 war auch diese üppige Strauch- und Krautschicht im Segeroth-Park entfernt worden, so dass sich das Nahrungsangebot weiter verringerte. Die Auswirkungen zeigen sich beim Vergleich der Lokalitäten. In Holsterhausen und dem Segeroth-Park war der Bruterfolg gleich dem Bruterfolg im Bredeneyer Wald, jedoch war der Ausflugserfolg der Nestlinge geringer. Demnach war die Jungenaufzucht problematisch und nicht die Brutphase. Futterangebot und -menge im Segeroth-Park und in Holsterhausen waren anscheinend sehr schlecht und führten zu einer hohen Sterblichkeit der Nestlinge. Diese Problematik im Segeroth-Park spiegelte sich auch in den Gewichten der Nestlinge sowie der Adulten wider. Die Nestlinge waren in Holsterhausen deutlich leichter als in den anderen Gebieten. Dies fand sich auch schon in früheren Untersuchungen (u.a. Schmidt und Steinbach 1983; Kolb 1996; Limbrunner *et al.* 2007a).

Die Betrachtung der einzelnen Lokalitäten, speziell aber des Segeroth-Parks, zeigte weiterhin, wie empfindlich das Brutgeschehen auf äußere Einflüsse reagiert. Der leichte Anstieg des Bruterfolgs im Jahr 2008 spiegelt eine bessere Nahrungssuche und-menge für die Nestlinge und bessere Klimabedingungen während der Jungtieraufzucht wider. Der Abfall des Bruterfolgs von 2008 zu 2009 dürfte durch eine Überlastung der Lokalität infolge des sehr guten Bruterfolges vom Vorjahr erklärt werden. Dieses spiegelte sich in der Belegungsrate der Kohlmeisen wieder. Es waren viele Kohlmeisen in allen Lokalitäten vorhanden, die dadurch um Nahrung konkurrierten. Im Jahr 2009 gab es dann einen deutlich schlechteren Bruterfolg im Segeroth-Park als in den Vorjahren. Dieses sollte zusätzlich mit der Umgestaltung der Lokalität zu einem „Ökopark" zusammenhängen. Es kam in der Brutzeit zu erheblichen Störungen durch die Grünpflegearbeiten mit Maschinen und die Veränderung der Flora. Durch den Baulärm, der während der Brutzeit teilweise direkt unter den Nistkästen auftrat, wurden die Vögel zusätzlich gestört. Manche adulte Vögel gaben die Brut auf, und die Nestlinge verendeten. Durch die Entfernung der Krautschicht und der einheimischen Pflanzen dürften die Kohlmeisen zu wenig Raupen und weitere Insekten, die auf einheimische Pflanzen angewiesen sind, für die Jungenaufzucht gefunden haben. Dieses deckt sich mit Beobachtungen vorheriger Studien, bei denen der Bruterfolg von Kohlmeisen mit zunehmender Fragmentierung und Umgestaltung des Lebensraumes abnahm (Nour et al. 1998).

4.3. Blutparasiten

Beim Parasitenbefall der Kohlmeisen wurden verschiedene Aspekte in die Auswertung einbezogen, z.B. Habitat, Geschlecht, Alter und Gewicht. Da nur eine andere Untersuchungen zu Prävalenzen von Malariaerregern bei Kohlmeisen vorliegt, können die **Lokalitäts**unterschiede nur über Daten der vorliegenden Arbeit diskutiert werden (Norte et al. 2009c). Bei den Gesamtbefallsprävalenzen aus allen drei Jahren – Bredeneyer Wald 10 %; Holsterhausen 9 %; Segeroth-Park Ost 26 %; Segeroth-Park West 22 %; Wuppertal 7 % – fällt v.a. der Segeroth-Park auf. Die Ursachen dieser Unterschiede sind schwierig zu identifizieren. Einen wichtigen Aspekt stellen sicherlich die Stechmücken (Culicidae) dar, welche die Malariaerreger übertragen. Dies betrifft sowohl das Artenspektrum der Culiciden als auch die unterschiedliche Individuendichte innerhalb der vier Lokalitäten, die sich in ihren lokal-klimatischen Bedingungen unterscheiden. Die Überträger benötigen v.a. stehende Wasserflächen als Brutstätten (Yanoviak & Fincke 2005; Derraik & Heath 2005), die in Holsterhausen und im Bredeneyer Wald kaum zu finden waren. Im Segeroth-Park befindet sich jedoch ein kleiner Teich, der als Brutlokalität ein höheres Vorkommen der Stechmücken fördern dürfte. Die Vektorenpopulationen werden außerdem durch eine Krautschicht gefördert, da bei manchen Culicidae-Gattungen die Männchen sich von Pflanzensäften ernähren bzw. Weibchen die Krautschicht als Versteckmöglichkeit benötigen (Seidel 2000). Das Entfernen der Krautschicht im Segeroth-Park dürfte deshalb wohl den dortigen Abfall der Prävalenz verursacht haben.

Angaben zur Prävalenz und zu Parasitämien können einen falschen Eindruck erwecken, wenn die Entwicklung der Parasiten vom Geschlecht beeinflusst wird und eine ungleiche Anzahl von Männchen und Weibchen einbezogen werden. Bei der Parasitierung spielen **Geschlechtshormone** eine wichtige Rolle (Alexander & Stimson 1988; Roberts et al. 1996, 2001; Braude et al. 1998; do Prado et al. 1998, 1999). Das

Diskussion

männliche Geschlechtshormon Testosteron sowie das weibliche Östrogen Estradiol können auf die Makrophagen sowie auf die T-Zellen einwirken, obwohl die spezifischen androgenen Rezeptoren bei diesen Zellen fehlen (Benten *et al.* 1999a,b; Mougeot *et al.* 2004). Dies wurde bei Mäusen über einen starken Ca^{2+} Anstieg diesen Immunzellen nachgewiesen (Guo *et al.* 2002a). Bei diesen Interaktionen wirken Testosteron und Estradiol unterschiedlich. Estradiol beeinflusst über einen nicht genomischen Weg die T-Zellen, so dass mehr von diesen gebildet werden. Ein solcher positiver Einfluss von Estradiol auf die zelluläre Immunabwehr findet sich auch bei Krebs oder neurodegenerativen Erkrankungen (Alexander & Stimson 1988; Zhang *et al.* 2001; Guo *et al.* 2002b). Testosteron dagegen supprimiert die zelluläre und humorale Immunität und führt so zu einer höheren Empfänglichkeit für Parasiten, wie z.B. für *Plasmodium chabaudi* bei Labormäusen (Alexander & Stimson 1988; Ros *et al.* 1997; Benten *et al.* 1999b; Zhang *et al.* 2001; Greenman *et al.* 2005). Dabei werden durch das Testosteron die T-Zellen von Parasiten-abwehrenden zu -empfänglichen Zellen umgebildet (Benten *et al.* 1999b). Darüber hinaus scheint auch die Leber durch das Testosteron bei Männchen negativ beeinflusst zu werden, indem bestimmte Gene unterdrückt werden, die mit einer Parasitenresistenz korrelieren (Krücken *et al.* 2005a,b; Wunderlich *et al.* 2005). Testosteron beeinflusst auch die Leukozyten bei *Plasmodium berghei*-infizierten Mäusen. *Plasmodium*-infizierte Mäuse, die zusätzlich Testosteron erhalten, weisen niedrigere Leukozytenzahlen und einen höheren Parasitenbefall auf. Demnach unterdrückt Testosteron die Bildung von Leukozyten, und der Wirt wird für Malaria-Parasiten anfälliger (Kamis & Ibrahim 1989).

Bei vielen Infektionskrankheiten sind weibliche Tiere dadurch resistenter als männliche (Alexander & Stimson 1988; Brabin & Brabin 1992; Roberts *et al.* 1996). Dies ist detailliert bei Mäusen für die drei Protozoen-Parasiten *Plasmodium chabaudi*, *Babesia microti* und *Trypanosoma cruzi* erfasst worden (Barnard *et al.* 1993, 1996a,b; Schuster & Schaub 2001; Krücken *et al.* 2004, 2005; Wunderlich *et al.* 2005). Entsprechend der „Immunkompetenz-Handicap"-Hypothese soll Testosteron zu einer Immunsuppression führen. Dies bestätigen verschiedene Untersuchungen (Duffy *et al.* 2000; Deviche & Cortez 2005; Mougeot *et al.* 2005). Generell besitzen polygyne Männchen vieler Arten, wie z.B. verschiedener Wühlmausarten, einen höheren Testosteronspiegel als monogame Männchen, was sich ebenfalls in einer erhöhten Parasitierung widerspiegelt (Klein *et al.* 1999).

Die Testosteronsekretion ist aber auch ein sehr wichtiger Faktor bei der Balz und der Fortpflanzung bei Vögeln (Ros *et al.* 1997). Der Testosteron-Spiegel bei Kohlmeisen unterliegt jahreszeitlichen Schwankungen wie viele andere Hormone auch (Röhss & Silverin 1983; Caro *et al.* 2005). Während des Nestbaus und der Eilegephase der Weibchen weisen die Männchen hohe Testosteron-Konzentrationen auf, während der restlichen Brutzeit und im weiteren Jahresverlauf deutlich niedrigere (Goymann *et al.* 2006; Kempenaers *et al.* 2008). Aus der Interaktion des Testosterons mit der Immunabwehr resultiert ein direkter Zusammenhang mit dem Parasitenbefall (Stjernmann 2004). Der bei Mäusen für Malaria-Infektionen nachgewiesene Bezug – hohe Testosteron-Konzentrationen korrelieren mit hohen Parasitämien – scheint somit auch bei Vögeln vorzuliegen.

Bei verschiedenen Vogelarten finden sich geschlechtsabhängige Unterschiede der Parasitämien. Eine Injektion von Testosteron beim Reisfinken (*Padda oryzivora*) provoziert während der blutnegativen Phase, in der ansonsten keine *Parahaemoproteus*-Stadien im Blut nachweisbar sind, vor allem bei Weibchen eine Parasitämie und ermöglicht den Nachweis der Infektion (Haberkorn 1968). Bei weiblichen Drosselrohrsängern (*Acrocephalus arundinaceus*) gab es beim Befall mit *Haemoproteus*-Erregern (*Haemoproteus payevskyi*) einen geschlechtsspezifischen Unterschied zu den stärker parasitierten Männchen. Bei brütenden Kohlmeisen-Weibchen wurde eine signifikant höhere Anfälligkeit für Malaria-Parasiten nachgewiesen, wobei die Anfälligkeit der Männchen mit zunehmender Brutgröße bzw. zunehmendem paternalem Aufwand anstieg (Norris *et al.* 1994; Richner *et al.* 1995; Allander 1997). Bei anderen Vogelarten findet sich kein geschlechtsspezifischer Vogelmalariabefall (Kirkpatrick *et al.* 1991; Hulier *et al.* 1996; Wiersch 2005).

Ein hoher Testosteronspiegel korreliert bei Vögeln aber oft mit einer höheren Attraktivität (Moss *et al.* 1994; Ketterson *et al.* 1996). Trotz der Immunsuppression weisen manche stark parasitierten Männchen auf Grund ihrer gut ausgebildeten männlichen Merkmale und ihres Verhaltens den Weibchen gegenüber, z.B. bei Rotschulterstärlingen (*Agelaius phoeniceus*), gute Paarungserfolge in der darauf folgenden Paarungsphase auf (Weatherhead *et al.* 1993). Hoch parasitierte Rauchschwalben-Männchen können die Parasiten mit Hilfe ihres hohen Androgen-Levels zuverlässig selbst abwehren (Saino & Møller 1994; Saino *et al.* 1995). Das Gegenteil beschreibt die „Immunkompetenz-Handicap"-Hypothese (Braude *et al.* 1998; Deviche & Cortez 2005), welche einen Rückschluss aus einem hohen Testosteron-Level und

Diskussion

einer Reduzierung der Brutfürsorge und der Überlebenschance zieht (Dufty 1989; Wingfield et al. 1990; Moss et al. 1994; Saino et al. 1995; Ketterson et al. 1996; Mougeot et al. 2006). Nach dieser Hypothese spielt das Testosteron eine zentrale Rolle während der Brutphase bei den Männchen, da viele physiologische und morphologische Faktoren sowie viele Verhaltensweisen vom Testosteron beeinflusst werden (Kempenaers et al. 2008).

Von den in der vorliegenden Arbeit untersuchten 890 Kohlmeisen (235 Männchen, 209 Weibchen, 446 Nestlinge) waren insgesamt 31,5 % Männchen bzw. 24,4 % Weibchen mit Parasiten infiziert, wobei der Unterschied statistisch signifikant war. Dies gilt auch bei einem differenzierten Vergleich der einzelnen Lokalitäten. In drei der vier Lokalitäten wiesen die männlichen Tiere einen höheren Befall als die weiblichen auf. Nur im Bredeneyer Wald hatten die weiblichen Tiere eine höhere Prävalenzrate. Ohne vier stark abweichende und als Ausreißer eingestufte Proben hätten auch die männlichen Tiere im Bredeneyer Wald die höhere Prävalenz und würden die „Male-biased"-Theorie unterstützen (u.a. Krücken et al. 2005a,b). Damit traf die Korrelation zwischen hoher Parasitierung bei Männchen und einem gutem Bruterfolg, welche bei Rotschulterstärlingen nachgewiesen wurde (Weatherhead et al. 1993), und nicht die „Immunkompetenz-Handicap"-Hypothese für die Kohlmeisen in den untersuchten Gebieten zu.

Viele jahresperiodische Hormonschwankungen korrelieren mit dem Fortpflanzungszyklus. Hierbei spielt das Testosteron des Männchens der Japanwachtel wieder eine wichtige Rolle (Feuerbacher & Prinzinger 1982). Die Testosteron-Konzentration weist neben dem Jahresmaximum im März noch einen zweiten, aber schwächeren Peak im September auf. Den zweiten Peak jedoch nur bei einjährigen Blau- und Kohlmeisen-Männchen. Dies soll mit den luteinisierenden Hormonen zusammenhängen (Röhss & Silverin 1983; Caro et al. 2005). Diese jahreszeitlichen Veränderungen der Testosteronsekretion korrelieren mit der Intensität des Parasitenbefalls, z.B. bei *Haemoproteus*-Infektionen einheimischer Singvögel (Haberkorn 1968). Der höchste Prozentsatz befallener Tiere und auch die höchste Parasitendichte treten im Mai/Juni und im September auf; im Winter liegen keine Gamonten im Blut vor (Haberkorn 1986; Bennett et al. 1988; Deviche 2001b). Demgegenüber sinkt bei Drosselrohrsängern die Parasitämie während der Brutsaison, und es werden während dieser Zeit keine Neuinfektionen oder Rezidive beobachtet. Bei Sperlingsvögeln fanden sich das ganze Jahr über Parasitämien unterschiedlicher Höhe

(*Plasmodium/Haemoproteus*) (Hasselquist 2007). Die Intensität des Befalls mit *Trypanosoma* und *Haemoproteus* sp. ist bei Fliegenschnäppern (*Ficedula hypleuca*) bei beiden Geschlechtern während der Brutzeit und bei zunehmender Brutgröße höher als im restlichen Jahresverlauf (Siikamäki *et al.* 1997). Die in der vorliegenden Arbeit ermittelten jahreszeitlichen Schwankungen stimmen mit den anderen Arbeiten überein. Die höchste Prävalenz bei den Männchen gab es im März/April und bei den Weibchen im April/Mai sowie einen weiteren, aber schwächeren Peak im August/September. 2007 trat bei den Weibchen ein weiterer Peak im November auf. Eventuell war es hier stressbedingt durch das Wetter (-1 bis +13 °C; Wetteramt Essen) zu einem Rezidiv gekommen (Garnham 1966). Im Winter sind Neuinfektionen wegen der fehlenden Überträger nicht möglich.

Neben geschlechtsspezifischen finden sich häufig **alters**bedingte Unterschiede bei der Parasitenprävalenz, wobei aber bei Stadttauben (*Columbia livia* f. dom) die Prävalenz mit dem Alter nicht zu nimmt (Sol *et al.* 2000). Für eine höhere Belastung von Nestlingen gibt es drei Theorien (Sol *et al.* 2003): 1. Stark parasitierte Nestlinge sterben, bevor sie das Erwachsenenalter erreichen („selection" hypothesis; Hypothese der Selektion). 2. Erst eine stark ausgeprägte, anerworbene Immunität, welche sich mit dem Alter bildet, kann den Parasitenbefall reduzieren („immunity" hypothesis; Hypothese der Immunität). 3. Das unterschiedliche Verhalten von adulten Tieren und Nestlingen führt durch die Mobilität der Adulten zu einer geringeren Exposition der Nestlingen gegenüber den Vektoren („vector exposure" hypothesis; Hypothese der Vektoraufnahme).

Bei verschiedenen Vogelgattungen liegt ein höherer Parasitenbefall bei adulten Tieren vor. Adulte Steinkäuze (*Athene noctua*) waren deutlich häufiger mit Parasiten infiziert als die Nestlinge, was mit dem geringeren Auftreten der Vektoren während der Brut- und Flügge-Periode zusammen hängen soll (Tomé *et al.* 2005). Auch bei weiblichen Trauerschnäppern erhöhte sich mit dem Alter der Tiere die Parasitenprävalenz. Dabei hatten die einjährigen Weibchen eine höhere Befallsprävalenz als die Männchen (Hasselquist 2007). Beim Rötelfalken (*Falco naumanni*) wurde ebenfalls ein höherer Befall mit Hematozoen bei mindestens zweijährigen Weibchen festgestellt (Tella *et al.* 1996). Bei 99 Nestlingen von Drosselrohrsängern gelang allerdings keinerlei Nachweis von *Haemoproteus payevskyi* (Hasselquist 2007). Bei der Purpurschwalbe (*Progne subis*), dem Junko (*Junco hyemalis*) sowie der Kohlmeise besaßen

Diskussion

die adulten Tiere eine höhere Prävalenz (Davidar & Morton 1993, 2006; Norris *et al.* 1994; Deviche *et al.* 2001b; Hõrak *et al.* 2001).

Dies deckt sich mit den Ergebnissen der vorliegenden Arbeit. Insgesamt waren von 444 adulten Tieren 28 % und von den 346 Nestlingen nur 13 % mit Blutparasiten infiziert. Dieser Unterschied war statistisch signifikant. Da die Vogelmalaria mit Hilfe von Vektoren auf die Kohlmeise übertragen wird, waren die Nestlinge in den Nisthöhlen vor den Vektoren besser geschützt. Auf Grund des signifikanten Altersunterschieds wurden hiermit auch die Hypothesen 1, 2 und 3, die für einen höheren Parasitenbefall der Nestlinge gesprochen hätten (Sol *et al.* 2003), in der vorliegenden Arbeit nicht unterstützt. Besonders bei Hypothese 3 kam es bei den hier vorliegenden Untersuchungen zur Vogelmalaria zu gegensätzlichen Ergebnissen.

Neben dem Hormonhaushalt spielen auch die Gesamtkondition und damit zusammenhängend das **Gewicht** der Tiere eine Rolle bei der Parasitierung. Bei männlichen Grasammern (*Passerculus sandwichensis*) korrelierte die Vogelmalariaprävalenz stark mit der durchschnittlichen Körpergröße und der Ausprägung des Geschlechtsdimorphismus wobei die schweren Tiere die höheren Prävalenzen aufwiesen (Freeman-Gallant *et al.* 2001). Beim Carolina-Specht (*Melanerpes carolinus*) fand sich bei der Erfassung von Körpergewicht, Fitness und *Haemoproteus*-Infektion nicht bei Weibchen, wohl aber bei Männchen, die höhere Parasitämie bei Tieren mit geringerem Gewicht (Schrader *et al.* 2003). Diese gegensätzliche Korrelation fand sich in anderen Untersuchungen nicht (u.a. Bennet *et al.* 1988).

In der vorliegenden Arbeit ergab der Vergleich der Parasitämie mit dem Gewicht und dem Geschlecht deutliche Abgrenzungen zwischen den Nestlingen, adulten Männchen und Weibchen. Besonders der Bereich von 14,6-20,0 g war auffallend. Während die Nestlinge in allen Gewichtsklassen kaum Parasiten aufwiesen (unter 0,14 Parasiten/2.000 Erythrozyten), gab es bei den Weibchen einen Parasitämie-Peak zwischen 15,6-16,0 g. Da diese Gewichtsklasse weniger Weibchen aufwies als die folgende, die das aus der Literatur bekannte Gewicht für Weibchen umfasst, handelte es sich hierbei eventuell um Weibchen, welche vielleicht gerade flügge gewordene Nestlinge fütterten (Glutz von Blutzheim 1993). Diese leichten Weibchen besaßen eindeutig mehr Parasiten als die schwereren. Ob nun die Parasiten die Ursache oder die Folge des geringeren Gewichtes sind, konnte im Rahmen der hier vorliegenden Arbeit nicht geklärt werden, aber die Ergebnisse spiegeln eine ähnliche Tendenz wieder wie in vorherigen Untersuchungen. Dies deutet daraufhin, dass die

Diskussion

Parasiten eher eine Folge als eine Ursache sind (Schrader *et al.* 2003). Die Männchen wiesen bei 16,1-16,5 g die höchste Parasitämie auf, welche ca. 4 Parasiten unter dem Maximum der Weibchen lag. Damit waren die Peaks um genau 0,5 g verschoben. Die nachfolgende Gewichtsklasse enthielt mehr Männchen. Dieses deutet darauf hin, dass ein Gewicht von über 16,5 g dem Normalgewicht zu entsprechen scheint, und damit die leichten Männchen eine höhere Parasitämie analog zu den Studien an Carolina-Spechten aufwiesen, vielleicht einhergehend mit einer schlechteren Kondition.

Bei verschiedenen Vogelfangstudien wurden **Wiederfänge** einbezogen. Dabei wurden bei Kohlmeisen als relativ ortstreue Vögel, einige Individuen öfter als bei manchen anderen Arten, mehrfach gefangen (Sigl & Wruß 1958; Zuna-Kratky 2007; Tietze *et al.* 2007). Ein Auseinandersetzen mit Malaria-Parasiten als Nestling soll zu einer Resistenz bei Adulten führen (Stjernman *et al.* 2008). Lag bei Drosselrohrsängern ein Parasitenbefall vor, so fand sich mit hoher Wahrscheinlichkeit auch noch beim Wiederfang ein Befall, wobei nicht unterschieden werden konnte, ob es sich um Neuinfektionen, Rezidive oder persistierende Parasiten handelte (Hasselquist 2007). Im Rahmen der vorliegenden Arbeit wurde bei 141 Kohlmeisen die Entwicklung des Parasitenbefalls überprüft. Sowohl bei männlichen als auch bei weiblichen Kohlmeisen nahm bei den meisten Tieren die Parasitämie ab oder blieb gleich. Nur bei 14 von 94 Männchen (14,9 %) bzw. 11 von 81 Weibchen (13,5 %) war die Parasitämie angestiegen. Bei den 16 Nestlingen mit Mehrfachbeprobung trat dieser Anstieg nur bei drei Tieren auf. Bei Kohlmeisen, die zuerst als Nestlinge und später als flügge gewordene Adulte wieder gefangen worden waren, fanden sich bei sieben Tieren eine höhere Parasitämie. Auch hier wurde bei zwei Drittel der Tiere kein Anstieg verzeichnet.

Nestlinge von Purpurschwalben (*Progne subis*), die in der folgenden Brut zum ersten Mal brüteten, waren signifikant niedriger parasitisiert als erfahrene Adulte. Falls sie sich jedoch infizierten, war die Sterberate auf Grund des Stresses der Brut sehr hoch (Davidar & Morton 1993, 2006). Im Rahmen der vorliegenden Arbeit wurden insgesamt sieben Vögel – drei Männchen und vier Weibchen – wieder gefangen, welche im darauf folgenden Jahr brüteten. Alle vier Weibchen wiesen bei ihrer ersten Brut keine Blutparasiten auf. Der durchschnittliche Bruterfolg bestand aus fünf Nestlingen. Verstorben war keines dieser Tiere während der ersten Brut. Damit deutet sich auch bei Kohlmeisen an, dass Erstbruten weniger parasitiert sind als Zweitbruten. Allerdings wären hier weitere Wiederfänge nötig, speziell mit einem Augenmerk auf den Parasitenbefall.

4.4 Anzahl der heterophilen Granulozyten und der veränderten Subpopulation

Zum hämatologischen Komplex wildlebender Sperlingsvögel sind bisher erst wenige Studien veröffentlicht worden (Prinzinger & Misovic 1994; Hauptmanová et al. 2002; Norte et al. 2009a; Vinkler et al. 2010). Bei der Analyse der gewonnenen Blutproben wurde deshalb ein generelles **Blutbild** der Kohlmeisen erstellt. In den Blutausstrichen der Männchen, Weibchen und Nestlinge wurden bei jeweils 2.000 Blutzellen größtenteils Erythrozyten gefunden, ansonsten 0-14 eosinophile und 0-4 basophile Granulozyten sowie 0-59 Thrombozyten und 0-18 Monozyten. Unterschiede fanden sich bei allen Zellen weniger zwischen Männchen und Weibchen, dafür aber zwischen Adulten und Nestlingen, welche meist weniger Immunzellen aufwiesen. Damit deckt sich das erstmalig im Rahmen der vorliegenden Arbeit erstellte Blutbild der Kohlmeise mit den bekannten Werten der Sperlingsvögel (Prinzinger & Misovic 1994).

In der Literatur finden sich für Kohlmeisen noch keine Referenzwerte für die Anteile unveränderter und **veränderter heterophiler Granulozyten** (vergl. Hauptmanova et al. 2002). In der vorliegenden Arbeit wurde bei den unveränderten heterophilen Granulozyten erstmalig ein statistisch signifikanter Unterschied in der Verteilung bei den Adulten gegenüber den Nestlingen belegt (Fisher-Test, $p<0,05$). Veränderungen im Blutbild und dabei vor allem bei den Immunzellen deuten auf Umweltbelastungen hin (Burger & Gochfeld 1995; Deng et al. 2007; Norte et al. 2009b). Untersuchungen an Barben (*Barbus burbus*) und Menschen zeigten unterschiedliche Einflüsse z.B. auf Parasitosen der Fische oder auf Bronchialzellen der Menschen (Surres 2008; Schmid et al. 2010).

Kontaminationen der Luft oder der Böden mit Schadstoffen gelangen über die Nahrungsinsekten in die Vögel (Bezzel & Prinzinger 1990a) und verändern unter anderem die Farbausprägung des Gefieders (Eeva et al. 1998). In belasteten Gebieten war bei Trauerschnäppern die Fruchtbarkeit von adulten Vögeln deutlich geringer, die Mortalitätsrate der Nachkommen höher, und einige physiologische Parameter waren ebenfalls verändert (Belskii et al. 2005). Eine Langzeitstudie an Kohlmeisen in einem Industriegebiet in Belgien zeigten, das physiologische Parameter wie das Hämoglobin, in mit Schwermetallbelasteten Gebieten, erniedrigt waren (Geens et al. 2010). Stärker bei den Jungvögeln als den Adulten traten Veränderungen der Leberwerte, Reduktionen der Hämoglobin-Werte und Erhöhungen des Anteils der unreifen Erythrozyten auf (Belskii et al. 2005).

Ein guter Indikator für Belastungen ist bei den heterophilen Granulozyten der Anteil veränderter Zellen. Ein Anstieg ihres Anteils korreliert nicht direkt mit einer Reduktion der körperlichen Fitness, wohl aber mit schwächeren Reaktionen des gesamten Immunsystems (Dammann 2001; Snoeijs *et al.* 2004a). Ein Unterschied im Anteil der veränderten heterophilen Granulozyten fand sich beim Vergleich von Kohlmeisen in vier **Habitaten** in Antwerpen, Belgien (Snoeijs *et al.* 2004a). Eventuelle Schwermetallbelastungen lagern sich meist in den Knochen, der Leber, der Niere und der Eierschale ab (Dauwe *et al.* 2005). Erhöhte Konzentrationen von Kupfer, Nickel und Blei traten in den Fäzes von Trauerschnäpper und Kohlmeise vermehrt auf, die in der Nähe von Fabriken brüteten. Zusätzlich war dort die Sterberate bei den Nestlingen der Trauerschnäpper erhöht, und die Kohlmeisen entwickelten sich in diesem Habitat sehr schlecht (Eeva & Lehikoinen 1996).

Bei früheren Untersuchungen im Bredeneyer Wald, in Holsterhausen und im Segeroth-Park war dieser Effekt auf die Entwicklung v.a. in Holsterhausen erkennbar (Dammann 2001). Kohlmeisen aus dem Bredeneyer Wald wiesen die geringsten Auswirkungen auf, so dass vor acht Jahren dieses Gebiet als Referenzgebiet für die anderen Lokalitäten diente (Dammann 2001). Im Rahmen der vorliegenden Arbeit besaßen ebenfalls die Kohlmeisen aus Holsterhausen höhere Anteile an veränderten Granulozyten als die Tiere aus den anderen Lokalitäten. In Stadtgebieten (wie auch z.B. Holsterhausen) sind vermutlich Lösungsmittel (aromatische, halogenierte Kohlenwasserstoffe, Terpene, Aceton, Ketone, Formaldehyd, Glykolverbindungen) von Farben, Lacken, Klebern, Sprays und anderen Haushaltsmitteln zu finden. Durch offene Fenster und Arbeiten im Freien gelangen solche Stoffe in die Atmosphäre, so dass die Stadtbezirke häufig höhere Konzentrationen aufweisen als die ländlichen Habitate (Wagner *et al.* 1989). Die Kontamination mit Verkehrs- und Industrieschadstoffen in dem untersuchten Stadtgebiet und dem Stadtpark dürfte gleichmäßiger als in anderen Lokalitäten über die Fläche verteilt gewesen sein, da bei allen Gebieten Industrie und vor allem viel befahrene Straßen angrenzten. Insgesamt traten im Bredeneyer Wald bei 78 % der 129 analysierten Kohlmeisen veränderte heterophile Granulozyten auf, in Holsterhausen bei 74 % der 65 Tiere, im Segeroth-Park Ost bei 52 % der 394 Tiere, im Segeroth-Park West bei 49 % von 287 Tieren und im Zoologischen Garten Wuppertal bei 20 % der 15 Kohlmeisen. Diese Differenzen zwischen den verschiedenen Gebieten waren signifikant (Kruskal-Wallis-Test, $p<0,05$). Die Werte in den beiden Stadtlokalitäten Holsterhausen und Segeroth-Park waren

Diskussion

niedriger als die Werte im Bredeneyer Wald. Dies steht im Widerspruch zu den Ergebnissen vor acht Jahren und kann nur in weiteren Untersuchungen geklärt werden. In allen drei Jahren gab es Brutkästen, bei denen Tiere höhere Anteile veränderter heterophiler Zellen aufwiesen. Ähnliche Unterschiede fanden sich ebenfalls bei vorherigen Studien (Snoeijs *et al.* 2004a). Dies kann zwei Ursachen haben. Neben einer genetischen Prädetermination waren eventuell Kontaminationen nicht gleichmäßig über die Fläche verteilt. Hierdurch hätten einzelne Bruten und die Adulten vielleicht mehr belastete Nahrung erhalten und andere aus derselben Lokalität vollkommen unbelastetes Futter. Allerdings war in keinem der drei Jahre ein höherer Anteil veränderter heterophiler Granulozyten im selben Brutkasten zu finden, so dass von einer genetischen Prädetermination auszugehen ist.

Beim Vergleich des Anteils dieser Zellen bei Tieren aus unterschiedlichen Lokalitäten ist zu beachten, dass neben Umweltbelastungen, Alter, Geschlecht, Jahreszeit, Reproduktionsstatus, Ernährungs- und Gesundheitszustand und Stress den Anteil veränderter heterophiler Granulozyten beeinflussen (Garcia-Rodringuez *et al.* 1987; Rattner & Fairbrother 1991). Beim Vergleich des Anteils bei den beiden **Alters**gruppen, Nestlingen und Adulten, sowie beiden **Geschlechtern** lag bei den 446 Nestlingen mit 64 % der höchste Anteil vor. Von den 209 Weibchen wiesen 51 % und von den 235 Männchen 45 % veränderte heterophile Granulozyten auf. Damit wurde im Rahmen der vorliegenden Arbeit ein signifikanter Alters- als auch Geschlechtsunterschied belegt (Kruskal-Wallis-Test, $p<0,05$). Auch hierbei fanden sich Unterschiede zwischen den Lokalitäten.

Eine Korrelation des Anteils veränderter heterophiler Granulozyten mit dem **Gewicht** wurde in bisherigen Untersuchungen noch nicht berücksichtigt. Im Rahmen der vorliegenden Arbeit schien ein Zusammenhang vorzuliegen. Bei den Nestlingen lag eine Korrelation des Gewichtes und des mittleren Anteils der veränderten Granulozyten vor. Bei 11 g schweren Nestlingen gab es einen Anstieg des Anteils der veränderten heterophilen Granulozyten. Dies könnte eventuell durch Wachstumsschübe ausgelöst worden sein; dazu müssen aber noch weitere Untersuchungen folgen.

Einen interessanten Aspekt lieferte die Einbeziehung der **Parasitämien**. Bei diesem in bisherigen Untersuchungen nicht einbezogenen Aspekt fand sich im Rahmen der vorliegenden Arbeit bei einem Vergleich der mittleren Anzahl der veränderten heterophilen Granulozyten und der mittleren Parasitämie bei allen gefangenen Kohlmeisen zwischen den Geschlechtern ein Unterschied. Während die Männchen mit höchsten Parasitämien die höchsten Anteile veränderter Granulozyten aufwiesen, lag der Anteil sowohl bei den Weibchen als auch bei den Nestlingen unabhängig von der Parasitämie um ca. 50 % tiefer (s. Kapitel 3.7.2). Zur Erfassung der Ursachen sind weitere Untersuchungen erforderlich. Im Segeroth-Park Ost hatten bei vier von fünf Nistkästen Tiere mit höchsten Parasitämien die höchste Anzahl veränderter Granulozyten. Diese Nistkästen befanden sich nicht in unmittelbarer Nähe des Teiches, aus dem wahrscheinlich die meisten Mücken schlüpften, welche einen Einfluss auf die Parasitämie haben sollten. Ähnliche Zusammenhänge lieferten auch drei von sechs bzw. drei von zehn Nistkästen aus dem Segeroth-Park West und dem Bredeneyer Wald.

Im Rahmen der vorliegenden Arbeit wurde ebenfalls erstmals die Entwicklung, des Anteils veränderten heterophilen Granulozyten bei **Wiederfängen** untersucht. Unabhängig vom Geschlecht besaßen zwei Drittel der Tiere beim Wiederfang mehr veränderte heterophile Granulozyten als beim ersten Fang. In der Nestlingsphase fand sich nur bei einem Drittel der 31 Nestlinge kurz vor dem Ausflug ein Anstieg. Diese Ergebnisse deuten auf eine mögliche Belastung hin, welche sich erst mit dem Alter bemerkbar macht. Ein Zusammenhang mit dem Alter scheint wahrscheinlich, muss aber mit höheren Stichprobenzahlen überprüft werden.

Neben dem Anteil der veränderten heterophilen Granulozyten an der Gesamtzahl der heterophilen Granulozyten wird häufiger die Relation der Anzahl der heterophilen Zellen zu Lymphozyten, kurz der **H/L-Quotient** bei Vögeln, als Indikator für Stress angesehen (Gross & Siegel 1983; Maxwell 1993; Ots *et al.* 1998b; Krams *et al.* 2010). Dieser Wert erhöht sich bei verschiedenartigem Stress, z.B. bei Infektionen, Verletzungen, Lärm, Futtermangel oder Medikamentengabe aber auch im Jahresverlauf oder bei besonderen Umweltereignissen (Ots *et al.* 1998a,b; Vleck *et al.* 2000; Aengwanich & Chinrasri 2002; Christen *et al.* 2004; Pap *et al.* 2010; Plischke *et al.* 2010). Da sich bei verschiedenen Vogelarten, wie z.B. Hausgimpeln (*Carpodacus mexicanus*), eine Stunde nach dem Fang und der stressigen Haltung in kleinen Käfigen die H/L-Quotienten sich nicht erhöhten, spiegeln Anstiege bei diesem Quotienten im Gegensatz zu Kortikosteron-Konzentrationen einen längerfristigen Stress wider. Bei länger andauerndem Stress, z.B. nach längeren Hungerperioden oder bei einer künstlichen Erhöhung der Anzahl der Brut, erhöht sich dagegen bei Adélie Pinguinen (*Pygoscelis adeliae*) oder Trauerschnäppern der H/L-Quotient (Vleck *et al.* 2000; Ilmonen *et al.* 2002; Davis 2005). Dabei ist zu beachten, dass weibliche Tiere in den

Nachtstunden sowohl einen höheren Wert heterophiler Granulozyten aufweisen als auch eine höhere Anzahl von Lymphozyten und einen höheren Quotienten. Erhöhte Werte in der Nacht scheinen mit dem Stoffwechsel zusammenzuhängen, während jahreszeitliche Variationen eher mit anderen Faktoren zusammenhängen und höchstens zu einer Erhöhung des H/L-Quotienten führen (Northern et al. 1994; Norte et al. 2008). Dies wurde unter anderem bei Haushühnern nachgewiesen (Maxwell 1981; Kondo et al. 1992). In der vorliegenden Arbeit wurden wegen dieser Tag/Nacht Unterschiede nur am Tag Blutausstriche angefertigt, um so vergleichbare Werte aller Tiere zu erhalten. Ein möglicher Zusammenhang der H/L-Quotienten-Mittelwerte mit der dazugehörigen Kortikosteron-Ausschüttung (s. Kap. 4.5) lieferte bisher ein uneinheitliches Bild. Es ließ sich kein Zusammenhang zwischen dem ermittelten H/L-Quotient und der Glukokortikoid-Ausschüttung ermitteln (Dohms & Matz 1991; Daghir 1995). Ähnliche Ergebnisse lieferten auch die Vergleiche von H/L-Quotient und Kortikosteron-Wert bei Adélie Pinguinen. Der im Rahmen der vorliegenden Arbeit erstmalig bei Kohlmeisen durchgeführter Vergleich mit den Kortikosteron-Werten belegte keine Korrelation.

Wie beim Anteil der veränderten heterophilen Granulozyten liegt auch beim H/L-Quotienten eine **Geschlecht**sspezifität vor. Weibliche Tiere besaßen meist höhere Quotienten als die männlichen Tiere, nur bei Felsensittichen (*Cyanoliseus patagonus*) war es umgekehrt (Ots et al. 1998b; Kilgas 2006; Plischke et al. 2010). Diese Geschlechtsspezifität lässt sich vermutlich auf endokrine Unterschiede zurückführen. Da in der vorliegenden Arbeit die Weibchen mit 2,73±1,34 einen höheren H/L-Quotienten als die Männchen mit 1,79±1,19 besaßen, deutet sich ein Geschlechtsunterschied an. Im Zoologischen Garten Wuppertal trat bei den Männchen mit 2,45±2,91 ein H/L-Quotient auf, der über den 1,78±1,63 der Weibchen war.

Weitere Unterschiede wurden auf das **Alter** zurückgeführt (Ots et al. 1998a,b). Nestlinge der ersten Brut hatten einen deutlich höhere Quotienten als die Jungvögel aus der zweiten Brut (Dubiec & Cichoń 2001). Bei Haushühnern nahm der H/L-Quotient mit dem Alter der Hennen und Hähne zu und bei den Hähnen zusätzlich während der Geschlechtsreife (Campo 2002). In der vorliegenden Arbeit lag bei der Bestimmung der Stressintensität über die Intensität der Immunsuppression (und dies wiederum über den H/L-Quotienten) zwischen den Nestlingen und Adulten ein geringer Unterschied vor. Hierzu müssen weitere Untersuchungen folgen. Da kurzfristiger Stress nur über die Kortikosteron-Konzentration und langfristiger besser über den H/L-Quotienten erfassbar sind, sollten beide Parameter bestimmt werden (Vleck et al. 2000).

4.5 Stresshormon-Konzentrationen

Der generelle Nachweis von Stress über eine Messung der Stresshormontiter im Plasma von Tieren ist sowohl in der Tierhaltung als auch in der Forschung wichtig, da sich Stress oft negativ auswirkt, z.B. beim Bruterfolg oder als Immunsuppression, die eine Parasitierung ermöglichen oder verstärken kann (Sapolsky 1992; Martin *et al.* 2005). Demgegenüber werden aber auch positive Effekte diskutiert wie ein Auslösen von lebensverlängernden Körperfunktionen (Cote *et al.* 2006).

Stresshormontiter ändern sich z.T. sehr rasch, z.B. wenn die Blutabnahme nach dem **Fang** zu lange andauert (s. 4.1). Ein Zeitraum vom Fang bis zur Beprobung von bis zu 10 min soll sich kaum auf die Stresshormontiter auswirken, führt aber doch zu einer leichten Steigerung der mittleren Kortikosteron-Konzentration (Cash *et al.* 1997; Hiebert *et al.* 2000; Vleck *et al.* 2000; van Duyse *et al.* 2004; Raouf *et al.* 2005). Die im Rahmen der vorliegenden Arbeit untersuchten 249 Blutproben waren zwar meistens rasch entnommen worden, der Rest erlaubte einen guten Vergleich der Auswirkungen. Die Konzentration war am niedrigsten bei der schnellsten Abnahme (17,54 ng Kortikosteron/ml Serum) und am höchsten bei einer Dauer von 7:31-10:00 min (24,50 ng Kortikosteron/ml Serum). Die durchschnittlichen Konzentrationen bei rascher Entnahme und die bei Zeiten zwischen Fang und Beprobung von >7:30 min unterschieden sich signifikant (Kruskal-Wallis-Test, $p<0,05$).

Neben solchen raschen Veränderungen führen verschiedene Faktoren zu länger andauernden höheren Stresshormon-Konzentrationen bei ansonsten stressfreien Tieren. Einen solchen (abiotischen) Faktor stellt das **Klima** dar. Haussperlinge (*Passer domesticus*) und Junkos (*Junco hyemalis*) aus dem wärmeren Habitat bzw. aus dem Gebiet mit weniger Schneefall besitzen einen niedrigeren Grundlevel von Kortikosteron als Vögel, welche aus einem klimatisch schwierigeren Lebensraum stammen (Rogers *et al.* 1993; Romero *et al.* 2000; Martin *et al.* 2005). Bei Rauchschwalben sinkt bei tiefen Temperaturen durch das damit verbundene geringere Nahrungsangebot das Gewicht. Unter einem gewissen Schwellenwert steigert sich die Hormon-Ausschüttung (Jenni-Eiermann *et al.* 2004). Kohlmeisen versuchen diesem Stressfaktor auszuweichen. In kalten Wintern wandern viele außerhalb brütenden Kohlmeisen in die Städte ein, um so schlechten klimatischen Bedingungen zu entgehen (Glutz und Bauer 1993; Limbrunner *et al.* 2007a). Hierbei ist aber der Einfluss einer Winterfütterung schlecht abzugrenzen.

Diskussion

In der vorliegenden Untersuchung trat nur im Frühjahr 2007 durch die kühlen Temperaturen ein klimatischer Stress auf. Eine unterschiedliche Stresshormon-Konzentration in einer der vier Lokalitäten lies sich eventuell auf das Klima zurückführen. In der Stadtlokalität Holsterhausen lag der Mittelwert der Hormon-Konzentration bei ca. 2-4 ng Kortikosteron/ml Serum niedriger als in den anderen drei Lokalitäten. Hierbei könnte das Klima oder das verstärkte künstliche Nahrungsangebot ausschlaggebend gewesen sein, da die Kohlmeisen in Hinterhöfen von Häusern nicht so stark z.B. den Regenfällen ausgesetzt sind wie in einer offenen Park- oder Waldlandschaft.

Beim Vergleich von Tieren aus unterschiedlichen **Lokalitäten** werden die Stresshormon-Konzentrationen nicht nur von klimatischen Faktoren beeinflusst, sondern ebenfalls von Prädatoren, der Konkurrenz um Bruthöhlen und dem Nahrungsangebot (Cockrem & Silverin 2002b). Im Rahmen der vorliegenden Arbeit war die durchschnittliche Stresshormon-Konzentration im Bredeneyer Wald mit 21,65 ng Kortikosteron/ml Serum am höchsten, gefolgt von 19,76 und 19,07 ng/ml im Segeroth-Park Ost und West sowie 17,14 ng/ml in Holsterhausen. Zwar war die Prädatorenfauna in Holsterhausen nicht erfasst worden, aber vorhergehende Untersuchungen in anderen Lokalitäten führen unter anderem den Habicht auf, der in innerstädtischen Gebieten seltener auftritt (Limbrunner *et al.* 2007b). Weiterhin dürfte in Holsterhausen der Konkurrenzdruck bzgl. der Bruthöhlen durch andere Arten niedriger sein, da manche Arten nicht innerstädtisch auftreten. Durch die Bebauung des Gebietes entstehen zusätzliche Barrieren, die die Reviernachbarn räumlich und optisch voneinander trennen. Die innerartliche Konkurrenz um Nistkästen kann aber die niedrigen Stresshormontiter in Holsterhausen nicht bedingt haben, weil im Bredeneyer Wald weniger Nistkästen/ha aufgehängt waren und die Kortikosteron-Konzentration am höchsten war. Ein weiterer wichtiger Faktor in Habitaten ist das Nährstoffangebot. Da die Anzahl der autochtonen Pflanzen im Bredeneyer Wald höher war als in Holsterhausen, dürfte dieser Faktor ebenfalls kaum die Unterschiede in den Kortikosteron-Konzentrationen hervorgerufen haben. Demnach dürften die niedrigeren Konzentrationen in Holsterhausen vor allem durch das Klima und/oder die dort fehlenden Prädatoren bedingt sein.

Veränderungen von Stresshormon-Konzentrationen im **Jahresverlauf** sind neben dem schon erwähnten Klima wohl vor allem auf Brutphasen zurück zuführen. So fand sich beim Schnäpperwaldsänger (*Setophaga ruticilla*) ein deutlicher Peak der

Hormon-Konzentration in der Paarungszeit und ein niedrigerer Level im Herbst (Marra & Holberton 1998). Bei Kohlmeisen gab es signifikant höhere Stresshormonwerte in der Brutsaison im Vergleich zu der restlichen Jahreszeit und in der Nestlingsphase (van Duyse *et al.* 2000, 2004; Raouf *et al.* 2005). In der vorliegenden Arbeit wurden bei beiden Geschlechtern zwei Peaks ermittelt, zum einen im Frühjahr und zum anderen im August/September. Sowohl die stressreichen Zeiten der Balz, Brut und Jungenaufzucht als auch das Anlegen von Fettreserven spiegelten sich in den Stresshormon-Konzentrationen wider.

Stresshormon-Konzentrationen innerhalb einer Population unterscheiden sich in Abhängigkeit vom **Alter** und damit zusammenhängend vom Gewicht sowie dem Geschlecht. Bei Buntfalken (*Falco sparverius*) und Weidenmeisen (*Parus montanus*) besaßen die älteren Jungvögel signifikant höhere Konzentrationen an Kortikosteron als die jüngeren Tiere (Silverin *et al.* 1984; Love *et al.* 2003). Bei Kohlmeisen sollen adulte Tiere höhere Glukokortikoid-Ausstöße aufweisen als Nestlinge, wobei diese Aussage noch verifiziert wird (Stöwe *et al.* 2009). In der vorliegenden Arbeit unterschieden sich die Werte der Tiere aus den einzelnen Lokalitäten. Während in beiden Segeroth-Park Lokalitäten die Nestlinge niedrigere mittlere-Kortikosteron-Konzentrationen als die Adulten aufwiesen (im Segeroth-Park West allerdings auch geringfügig höher als die der Weibchen), war es in den beiden anderen Gebieten genau umgekehrt. Über die Ursachen sollten weitere Untersuchungen einen Aufschluss ergeben. Der Grund für diese Unterschiede kann nicht am Gewicht der Tiere liegen. Bei einer Auftragung der Kortikosteron-Konzentrationen in Relation zum Gewicht war kein Zusammenhang erkennbar. Die Werte schwankten bei beiden Geschlechtern zwischen 2,7 und 54,2 ng Kortikosteron/ml Serum. Korrelationen zwischen Stresshormontitern und Gewichten wurden in Feldforschungen an Staren (*Sturnus vulgaris*) ebenfalls nicht nachgewiesen (Dawson & Howe 1983). Zusammenhänge zwischen dem Gewicht und Stresshormon-Konzentrationen deuten eher auf Stress als gemeinsame Ursache hin. Wurden Laborratten einem dauerhaften Stress ausgesetzt, führte dieser bei weiblichen Tieren zu einer permanenten Gewichtsabnahme (Harris *et al.* 1998). Bei untergewichtigen Ratten wirkten Kortikosteron Injektionen auf das zentrale Nervensystem und führten zu einer Gewichtszunahme (Green *et al.* 1992).

Deutlicher als das Gewicht beeinflusst bei einigen Vogelarten das **Geschlecht** die Stresshormontiter (Carlson 2004; Sands & Creel 2004; Touma & Palme 2005). Während bei Klippenschwalben (*Petrochelidon pyrrhonota*) keine Abhängigkeit des

Diskussion

Kortisonlevels vom Geschlecht, Körpergewicht oder dem Testosteron-Level vorlag, besaßen bei Haushühnern (*Gallus gallus*) die Hähne im Vergleich zu den Hennen eine um 50 % höhere Kortikosteron-Konzentration, und diese Konzentration stieg bei Stress rascher an (Madison *et al.* 2008). Der Stresshormonlevel der Weibchen beeinflusste auch das Geschlechterverhältnis der Nachkommen von Dachsammern (*Zonotrichia leucophrys*), bei denen mehr gestresste Weibchen mehr Töchter zeugten (Bonier *et al.* 2007). Die Ergebnisse der vorliegenden Arbeit belegen kaum einen Unterschied zwischen der Kortikosteron-Konzentration bei männlichen und weiblichen Kohlmeisen. Die Mittelwerte der Männchen lagen bei 19,54 ng Kortikosteron/ml Serum und die der Weibchen ohne statistische Signifikanz bei 20,29 ng/ml (Kruskal-Wallis-Test, p>0,05). Auch bei einer differenzierenden Analyse der Lokalitäten traten keine signifikanten Unterschiede auf.

Beim Vergleich von Stresshormon-Konzentrationen und dem **Parasitenbefall** müssen zwei Aspekte getrennt betrachtet werden: 1. Parasiten wirken als Stressfaktor und verursachen höhere Konzentrationen an Stresshormonen. 2. Andere Stressfaktoren führen zu veränderten Konzentrationen an Hormonen und zu einer Immunsuppression, die wiederum eine Parasitierung ermöglicht bzw. fördert. Eine klare Zuordnung zu einem der Aspekte ist nicht leicht möglich. So fanden sich wohl als Auswirkungen des Brutstresses bei brütenden adulten Klippenschwalben signifikant höhere Kortikosteron-Konzentration und höhere Befallsintensitäten mit Ektoparasiten, wobei zunehmende Koloniestärken ebenfalls mit höheren Hormon-Konzentrationen korrelierten. Den ersten Aspekt verdeutlichten Untersuchungen an Blaumeisen, bei denen die Stressintensität über das Hitzeschockprotein HSP60 erfasst wurde. Weibchen, die mit *Haemoproteus* infiziert waren, hatten einen signifikant höheren HSP60 Stress-Level als die Vögel, bei denen die Parasitämie medikamentös reduziert worden war (Tomás *et al.* 2005, 2007a,b; Arriero *et al.* 2008). Der zweite Aspekt wurde ebenfalls bei Blaumeisen untersucht. Physiologischer Stress, welcher anhand von HSP60 und Immunglobulinen im Plasma von Blaumeisen erfasst wurde, wirkte als zusätzlicher limitierender Faktor für den Brutaufwand und reduzierte diesen. Auch der Zusammenhang zwischen Parasiten, Immunglobulin-Level und dem Elternaufwand spielt bei Blaumeisen-Weibchen eine wichtige Rolle. Dabei gibt es eine direkte Verbindung zwischen Brutaufwand und Immunabwehr und damit verbunden ein Herabsetzen der Immunabwehr (Merino *et al.* 2006; Knowles *et al.* 2010).

Die hohen Parasitämie-Werte korrelieren nicht immer mit hohen Kortikosteron-Konzentrationen. Bei den Männchen und den Nestlingen der Kohlmeisen wiesen die höher parasitierten Tiere niedrigere Glukokortikoid-Level auf. Die einzelnen Untersuchungsgebiete wiesen dabei in 9 von 13 Proben höhere Glukukortikoid-Konzentrationen bei den Proben mit der geringeren Parasitämie auf und hatten eine Maximaldifferenz von 27,18 ng Kortikosteron/ml Serum. Deshalb hat zumindest bei diesen Gruppen die Parasitierung nicht als Stressfaktor gewirkt oder der Parasit hat die Hormonproduktion inhibiert. Die Weibchen dagegen hatten bei höheren Parasitämien die höheren Stresshormon-Konzentrationen, wobei die relativ geringe Anzahl von Proben keinen Bezug zur Brutzeit erlaubt. 66 % aller Proben mit höheren Parasitämien wiesen höhere Glukokortikoid-Werte auf. Die Ergebnisse waren aber nicht signifikant verschieden (Kruskal-Wallis-Test, p>0,05). Nur eine Therapie der Parasitierung und die Erfassung der Veränderungen im Kortikosteron-Spiegel würden eine Aussage zum Wirkungsmechanismus erlauben.

4.6 Fremdvaterschaften

Das Auftreten von Nestlingen, die aus Kopulationen außerhalb des Paarbundes resultieren, ist bei vielen Singvogelarten weit verbreitet (Birkhead & Møller 1992; Westneat & Webster 1994; Westnead & Sherman 1997; Møller & Ninni 1998). DNA-Fingerprint-Untersuchungen bei vielen europäischen Singvogelarten, z.B. bei Blau- und Tannenmeisen, aber auch bei anderen fest verpaarten monogamen Nicht-Singvogelarten wie Rötelfalken oder Flussuferläufern (*Actitis hypoleucos*) belegen regelmäßige Kopulationen außerhalb des Paarbundes (u.a. Blackey 1994; Lubjuhn *et al.* 1998a; Strohbach *et al.* 1998; Krokene *et al.* 1998; Schmoll *et al.* 2002; Mee *et al.* 2004; Johannessen *et al.* 2005; Lubjuhn 2005). Auch bei Kohlmeisen treten Fremdvaterschaften häufig auf (Gullberg *et al.* 1992; Lubjuhn *et al.* 1993; Verboven & Mateman 1997; Krokene *et al.* 1998; Strohbach *et al.* 1998). Solche Untersuchungen berücksichtigen den Einfluss aktueller Faktoren, wie Brutpaardichte und Brutsynchronität, sowie den potentiellen Nutzen von Fremdvaterschaften für Weibchen. Sie schließen zwar Elternschaftsnachweise ein und erfassen zweifelsfrei Fremdvaterschaften, identifizieren aber nur in Ausnahmefällen die genetischen Väter der Fremdvaterschaften (Webster *et al.* 2001). Bei den meisten Vogelarten geht der Antrieb zum Fremdgehen vom Weibchen aus und soll nicht zufällig verteilt sein (Westneat & Stewart 2003; Brommer *et al.* 2007).

Diskussion

Die Häufigkeit von Fremdvaterschaften variiert dabei inter- und intraspezifisch. In über 90 % der bisher untersuchten Vogelarten wurde mittlerweile ein Fremdgehverhalten nachgewiesen, wobei selbst in sozial monogamen Arten, wie Sperlingen Fremdvaterschaften bei bis zu 11 % der Nestlinge keine Seltenheit sind (Griffith et al. 2002). Nur beim Steinkauz (*Athene noctua*) und bei der Buntfußsturmschwalbe (*Oceanites oceanicus*) gibt es noch keinen Nachweis von Fremdkopulationen. Beim australischen Pracht-Staffelschwanz (*Malurus cyaneus*) stammten dagegen 95 % der Nestlinge aus Fremdvaterschaften (Mulder et al. 1994; Müller et al. 2001; Quillfeldt et al. 2001). In derselben Population von Trauerschnäppern treten von Jahr zu Jahr starke Unterschiede in der Fremdgehrate auf (Lubjuhn et al. 2000).

Diese Variabilität zeigt sich ebenfalls bei den verschiedenen Meisenarten. Die **Gesamt-Fremdgehrate** bei Tannenmeisen liegt mit bis zu 58,2 % der Nestlinge deutlich über den Werten der Blaumeisen (4-27,3 %) (Gulberg et al. 1992; Rathmann 1996; Kempenaers et al. 1997; Krokene et al. 1998; Lubjuhn et al. 1999b; Dietrich 2001). Bei Kohlmeisen fanden sich bisher bei bis zu 53,3 % der Erstbruten und 20,2 % aller Nester Fremdkopulationen (Gullberg et al. 1992; Lubjuhn et al. 1993; Verboven & Mateman 1997; Krokene et al. 1998; Strohbach et al. 1998). In der vorliegenden Arbeit wurden ähnliche Fremdgehraten ermittelt. Von insgesamt 391 Nestlingen wurden 86 Nestlinge aus insgesamt 71 Gelegen (44 Familien) identifiziert, die nicht von dem jeweiligen sozialen Vater stammten. Damit entstammten 19,2 % aller Nestlinge einer Fremdkopulation. In den vier Lokalitäten variierte die Fremdgehrate in den einzelnen Jahren zwischen 3,8 und 70,8 %.

Als Faktoren, die zu Kopulationen außerhalb des Paarbundes führten, werden z.B. Synchronität der Brutpaare, einem genetischen Vorteil, Brutpaardichte, dem Verwandtschaftsgrad des Elternpaares, einer Vererbung oder ein Vorkommen in einem begrenzten Gebiet aufgeführt, z.B. auf Inseln (Gibbs et al. 1990; Wink et al. 1990; Gowaty & Bridges 1991a; Dunn et al. 1994; Kempenaers 1997; Stutchbury 1998a,b; Westnead & Grey 1998; Weatherhead & Yezerinac 1998; Reid et al. 2011). Zu den Auswirkungen der **Brutsynchronität** liegen zwei Hypothesen vor. 1. die Bereitschaft zu Kopulationen außerhalb des Paarbundes begünstigt die Zunahme der Brutsynchronität (Stutchbury & Morton 1995; Stutchbury 1998a,b). 2. Eine Brutsynchronität begünstigt das Fremdkopulieren (Birkhead & Biggins 1987; Westneat et al. 1990; Weatherhead 1997; Weatherhead & Yezerinac 1998; Westneat & Gray 1998).

Da in der vorliegenden Untersuchung bei den Kohlmeisen in den vier Lokalitäten die Brutperioden identisch waren, sind hierzu keine Aussagen möglich.

Ein Faktor bei Kopulationen außerhalb des Paarbundes soll die **Brutpaardichte** sein, da eine höhere Brutpaardichte die Möglichkeiten zum Fremdgehen begünstigen soll. Dies wurde bei verschiedenen Arten gezeigt, wie z.b. Rotkehl-Hüttensängern (*Sialia sialis*), Sumpfschwalben (*Tachycineta bicolour*) oder Schnäpperwaldsängern (*Setophaga ruticilla*) (Gibbs *et al.* 1990; Gowaty & Bridges 1991a; Dunn *et al.* 1994; Westneat & Sherman 1997; Churchill & Hannon 2010). Bei der Kohlmeise lag der Aktionsradius für Kopulationen außerhalb des Paarbundes bei 150 m (Strohbach *et al.* 1998). Die Weibchen können sich nicht beliebig lang vom Paarpartner entfernen und dementsprechend nur eine kurze Distanz vom Partner zur Fremdkopulation nutzen. Bei der Partnerbewachung durch das Männchen muss das Weibchen Kopulationen außerhalb des Paarbundes unbemerkt vom Paarpartner eingehen. Sonst könnte das Männchen den Brutpflegeaufwand reduzieren (Gerken 2001). Hierbei ist ungeklärt, ob die Männchen erkennen, dass nicht alle Nestlinge von ihnen abstammen (Kempenears & Sheldon 1996), oder die Fremdkopulation bemerkt haben. Die Auswirkungen der Brutpaardichte unterscheiden sich bei nah verwandten Arten. Bei vielen Blaumeisenbruten in einem begrenzten Areal fanden sich mit 17,2 % deutlich mehr Fremdkopulationen als bei geringen Brutpaardichten mit 11,4 % (Chamantier & Perret 2004). Bei Kohlmeisen soll die Häufigkeit von Fremdvaterschaften nicht signifikant mit der Brutpaardichte zusammen hängen (Gerken 2001). Bei vier sehr dicht benachbarten Kohlmeisenbruten lag nur bei einem Jungvogel eine Kopulation außerhalb des Paarbundes vor. Der vergleichsweise niedrige Anteil bei hoher Dichte soll auf eine effektive Partnerbewachung als Folge der großen Nähe zwischen den vier Nisthöhlen bzw. Revieren zurückzuführen sein (Winkel *et al.* 2001).

Im Rahmen der vorliegenden Arbeit wurden aus Zeitgründen keine zusätzlichen Verhaltensbeobachtungen zur Partnerbewachung durchgeführt. Rückschlüsse zu Auswirkungen der Brutpaardichte sind aber möglich. Sie hätte in dünner besiedelten Lokalitäten, wie z.B. in Bredeneyer Wald, zu deutlich mehr Weibchen ohne potentiellen Fremdgehpartner im Umkreis von 150 m geführt und damit zu einer deutlich niedrigeren Fremdgehrate. Dies war mit einer Rate von 38,4 % auch der Fall. Männchen können allerdings in Ausnahmefällen aktiv den 150 m Aktionsradius zum entsprechenden Weibchen verkleinern, welches dann wiederum eine Erhöhung der Kopulationen außerhalb des Paarbundes begünstigen würde (Lubjuhn *et al.* 2001).

Auch in Holsterhausen waren einige der Nistkästen deutlich weiter als 150 m voneinander entfernt. Dort kam es innerhalb der drei Jahre allerdings bei 62,5 % der Bruten zu einer Kopulation außerhalb des Paarbundes. Dies könnte einerseits mit den sehr nah aufgehängten Kästen zusammen hängen oder für andere Faktoren sprechen. Im Segeroth-Park Ost (6 ha) und West (4 ha) war die Fremdgehrate mit 17 von 24 Bruten (70,8 %) bzw. 14 von 26 (53,8 %) relativ hoch. Die Kästen hingen auch in dieser Lokalität z.T. weiter als 150 m auseinander. Die Ergebnisse der vorliegenden Arbeit sprechen deshalb gegen eine starke Betonung des 150 m Aktionsradius. Da die Nester mit Fremdkopulationen in den drei Jahren nicht auf bestimmte Nistkästen konzentriert waren, dürfte die Fremdgehrate nicht oder wenig von der Brutpaardichte beeinflusst werden.

Bei **genetisch nah verwandten Paaren** von Watvögeln sollen die Weibchen eher fremdgehen als bei weiter entfernt verwandten (Blomqvist *et al.* 2002). Dies ist allerdings umstritten, da es auf einer theoretischen Berechnung basiert (Griffith & Montgemerie 2003). Zur Herkunft des Fremdmännchens und damit zu seiner Genetik sind nur wenige Angaben vorhanden. Bei bisherigen Studien kopulierten Kohlmeisen-Weibchen außerhalb des Paarbundes meist nur mit einem einzigen Männchen (Lubjuhn *et al.* 1996; Gerken 2001). Diese geringe Anzahl der fremden Partner eines Weibchens soll aus der Limitierung in der Anzahl verfügbarer Männchen resultieren oder aus der Wahl der Weibchen, die aus evolutionsbiologischen Gründen keine weiteren Kopulationen außerhalb des Paarbundes eingehen wollen. Im Rahmen der vorliegenden Arbeit lagen aber keine engeren Verwandtschaftsverhältnisse der Elternpaare vor.

Bei 71 Paaren mit Fremdkopulationen der Weibchen hatten 83,1 % der Weibchen neben dem sozialen Partner nur noch mit einem einzigen Männchen kopuliert. Es fanden sich jedoch bei zwölf von 71 Paaren mit Fremdkopulation der Weibchen Nestlinge von zwei bis vier verschiedenen Vätern. Bei diesen Gelegen konnte in keinem Fall ein genetischer Vater bestimmt werden. In den 29 Gelegen mit Fremdvaterschaften, bei denen ein potentieller Vater identifiziert wurde, handelte es sich um Reviernachbarn. Demnach hatten die Weibchen in rund zwei Drittel der Fälle mit Männchen kopuliert, die in der jeweiligen Lokalität keinen Nistkasten besetzt hatten. Da nur in einem Fall eine Brut in einer natürlichen Baumhöhle gefunden wurde, dürfte es sich demnach um Männchen gehandelt haben, die nicht kompetitiv genug gewesen waren, in der jeweiligen Lokalität einen Nistkasten zu erhalten. Der kompetitive Aspekt wird durch die Fremdgehrate in Erst- und Zweitbruten unterstützt, letztere mit der höheren Anzahl an Fremdvaterschaften. Dies sollte durch die höhere Anzahl an geschlechtsreifen Männchen bedingt sein (Lubjuhn et al. 2001). Diese Differenz gilt nicht generell für alle Vögel. Bei Grasammern (*Passerculus sandwichensis*) traten bei den Erstbruten signifikant mehr Fremdvaterschaften auf als bei den Zweitbruten (Freeman-Gallant 1996) und bei Rohrammern (*Emberiza schoeniclus*) war die Fremdgehrate bei Erst- und Zweitbrut gleich (Dixon et al. 1994). Bei der vorliegenden Arbeit wurde noch nicht zwischen Erst- und Zweitbrut unterschieden.

Ein bisher nicht beachteter Aspekt bei der Fremdgehrate ist die **Gelegegröße**. Auffällig war das Auftreten von mehr Fremdvaterschaften bei einer Gelegegröße von 3-6 Nestlingen, bei denen jeweils 1-4 Nestlinge Fremdvaterschaften aufwiesen. Dies fand sich sowohl in allen drei Jahren als auch in allen vier untersuchten Lokalitäten. Da vollständige Gelege normalerweise 6-10 Eier enthalten (Glutz & Bauer 1993), handelte es sich bei den kleineren Bruten offensichtlich um solche mit Teilverlusten, z.B. durch unbefruchtete Eier, abgestorbene Embryonen oder Verhungern einzelner Nestlinge (Schulze-Hagen et al. 1993). Die genauen Ursachen wurden im Rahmen der vorliegenden Arbeit nicht erfasst, weil erst ab dem 8. Lebenstag eines Nestlings eine Beprobung stattfand. Somit war bei vorher verstorbenen Nestlingen keine Vaterschaft bestimmbar. Ob hierbei die Fremdkopulationen vom sozialen Partner erkannt worden waren und er deshalb die Brut schlechter versorgte, bedarf einer Erfassung der Brutfürsorge der Männchen.

Die Probe des einen Jungtieres, dem kein sozialer Elternteil zugeordnet werden konnte, muss erneut mit allen Proben verglichen werden. Erst dann kann dies als Hinweis auf einen **intraspezifischen Brutparasitismus** angenommen werden. Bei Kohlmeisen wurde bisher ein intraspezifischer Brutparasitismus in keinem Fall nachgewiesen (Gullberg et al. 1992; Glutz & Bauer 1993; Gosler 1993; Lubjuhn et al. 1993, 1999a; Kempenaers et al. 1995; Verboven & Mateman 1997; Krokene et al. 1998; Strohbach et al. 1998). Da dies jedoch bei Nesthockern als Fortpflanzungsstrategie eine Rolle spielt, sollte diese Möglichkeit in Betracht gezogen werden (MacWhirter 1989). Interessant war die Analyse der **Wiederfänge**. Von drei Paaren, welche zweimal zusammen brüteten, hatten zwei im ersten Jahr keine und im darauf folgenden Jahr eine Fremdvaterschaft. Beim dritten Paar lag in beiden Jahren jeweils eine Fremdvaterschaft vor. Parasiten wurden ausschließlich bei zwei der drei Weibchen festgestellt, nicht bei den Männchen. Demnach hatten alle drei Weibchen unparasitierte Männchen gewählt.

Diskussion

Dies hielt sie aber nicht davon ab, zumindest im 2. Jahr fremdzugehen. Nur weitere mehrjährige Untersuchungen können klären, ob bei festen Verpaarungen häufiger im zweiten Jahr eher Fremdkopulationen erfolgen und ob dies mit einer Reduktion der Fitness der Männchen korreliert, die über die Fütterungsrate zu erfassen wäre.

4.7 Verknüpfungen verschiedener Parameter

Zunächst sollen zwei Parameter verglichen werden, die beide den Stress widerspiegeln, der **Anteil an veränderten heterophilen Granulozyten und die Kortikosteron-Konzentration** (s. Kap. 4.4 und 4.5). Beides ist bisher kaum erfolgt. Erhöhte Anteile an veränderten heterophilen Granulozyten bzw. höhere H/L-Quotienten deuten auf langfristige Stressoren hin, höhere Kortikosteron-Konzentrationen auf z.t. relativ kurz vorher erfolgte Stresssituationen bzw. längere Stressphasen, z.B. die Brutperiode (Vleck et al. 2000; Ilmonen et al. 2002; Davis 2005). Im Rahmen der vorliegenden Arbeit weisen Männchen bei wenigen veränderten heterophilen Granulozyten 20,71±8,84 ng Kortikosteron/ml Serum auf, bei vielen heterophilen Granulozyten 16,78±5,74 ng/ml. Im Bredeneyer Wald schien dieser Zusammenhang deutlicher vorzuliegen. Dieses Verhältnis zeigte sich nicht bei den Weibchen. Beim statistischen Vergleich unterschieden sich die Werte der Männchen und Weibchen mit viel bzw. wenig veränderten heterophilen Granulozyten nicht signifikant voneinander (Kruskal-Wallis-Test, p>0,05). Bei den starken Variationen der Messwerte wird es schwierig sein, bei Kohlmeisen festzustellen, ob Tiere aus Biotopen mit einer hohen Umweltbelastung, welche sich in den Anteilen der heterophilen Granulozyten widerspiegelt, auch einen erhöhten Stresshormonspiegel aufweisen. Hierzu müssten auch die physikalischen und chemischen Umweltbelastungen definiert werden.

Weitere Rückschlüsse auf das Zusammenspiel der einzelnen Faktoren sollten Verknüpfungen zwischen dem **Kortikosteron-Wert und der Fremdgehrate** liefern. Bei Japanwachteln (*Coturnix coturnix japonica*) wurden bei brütenden Weibchen unter Laborbedingungen die Testosteron – 17ß-Oestradiol – und Kortikosteron-Konzentrationen manipuliert. Während eine Erhöhung der 17ß-Oestradiol-Konzentration sich nicht auf die Fremdgehrate auswirkte, ergab sich eine signifikante Korrelation zwischen häufigeren Kopulationen außerhalb des Paarbundes und einer höheren Kortikosteron-Konzentrationen im Kot (Pike & Petrie 2006).

Diese Studien führten bei der vorliegenden Arbeit zur Arbeitshypothese, dass gestresste Tiere eher fremdgehen. Hierfür wurden bei insgesamt 106 Proben aus den

Jahren 2007-2009 die Lokalitäten einzeln betrachtet. Wenn diese Hypothese zutreffen sollte, würden erhöhte Kortikosteron-Werte bei Tieren mit einer erhöhten Fremdgehrate korrelieren. Die Werte variierten in allen vier untersuchten Gebieten allerdings deutlich. Mal lagen die Kortikosteron-Konzentrationen der betrogenen Männchen über mal unter den Werten der nicht betrogenen Männchen. Die Mittelwerte der Männchen, die keinerlei Bezug zu einer Fremdvaterschaft hatten, und der Männchen, bei denen eine Kopulation außerhalb des Paarbundes vorlag, waren ähnlich. Gab es bei den Weibchen eine Kopulation außerhalb des Paarbundes, so war der Mittelwert der um 5,18 ng Kortikosteron/ml Serum Kortikosteron-Konzentration höher als bei Weibchen ohne Fremdkopulation. Es scheint demnach höchstens ein reziproker Zusammenhang zwischen Fremdkopulationen und dem Glukokortikoid-Spiegel bei Kohlmeisen vorzuliegen. Dies widerspricht der aufgestellten Hypothese.

In den Vergleich der **Fremdgehrate mit der Parasitämie** wurden insgesamt 156 Proben aus den Jahren 2007-2009 aus vier Lokalitäten (Bredeneyer Wald, Holsterhausen, Segeroth-Park Ost und West) einbezogen. Bei einer Zusammenfassung aller Lokalitäten waren bei 25 bzw. 15 Paaren mit parasitierten bzw. nicht parasitierten Männchen, die Weibchen fremdgegangen. Demnach schien der Parasitenbefall der Männchen das Fremdgehen der Weibchen zu begünstigen; allerdings müssen auch hier bei weiteren Untersuchungen mehr Tiere mit unterschiedlicher Parasitämie unter Bestimmung von Fitness-Parametern einbezogen werden.

Ein Vergleich aller **Untersuchungsparameter** ist schwierig, weil im gesamten Untersuchungszeitraum nur bei einigen Tieren Parasitenbefall, Fremdvaterschaften und Stresshormontiter gemessen worden waren. Entsprechend dem Trend in den vier Lokalitäten erkannten die Weibchen den männlichen Kohlmeisen eventuell eine etwaige erhöhte Parasitämie nicht an, welche auf einem erhöhten Glukokortikoid-Ausstoß basiert hätte.

Als Ansatz für **weiterführende Untersuchungen** bieten sich vor allem die Bereiche Bruterfolg, Parasitämien und Vaterschaftsverhältnisse an. Der Bruterfolg im Zoologischen Garten Wuppertal wurde im Rahmen der vorliegenden Arbeit nicht überprüft. Zu erwarten waren aber schlechtere Reproduktionserfolge als in den anderen Gebieten, da es bei der Vergesellschaftung von exotischen Baumarten wie z.B. Mammutbäumen mit einheimischen Baumarten, zu einem geringerem Bruterfolg kommen sollte als in naturnahen Gebieten (Kolb 1996). Die Detektion der Malaria-Infektion dürfte zudem in Zukunft bei ausreichenden finanziellen Mitteln mit Hilfe der

Diskussion

PCR-Methode weiter verifiziert werden. So dürften Vergleiche zu den Ergebnissen der vorliegenden Arbeit geliefert werden, um weitere Rückschlüsse auf eine bestmögliche Detektion zu bekommen.

Die Vaterschaftsverhältnisse bieten das größte Feld für weitere Untersuchungen. Diese wurden zwischen den einzelnen Meisen grundsätzlich über die typisierten Allele bestimmt. Die analysierte Leiter war dabei nur ein Hilfsmittel, um die Allele exakt bestimmen zu können. Es sollte stärker bestimmt werden, ob die Männchen oder Weibchen untereinander verwandt sind. Die Geschwister- und Halbgeschwisterbestimmung gehört aber zu den schwierigsten Fragen in der Abstammungsbegutachtung, da Geschwister sehr ähnliche DNA-Profile haben können aber nicht haben müssen. Dazu sollten allerdings nicht nur sämtliche Allelhäufigkeiten für die untersuchten DNA-Systeme analysiert werden, sondern auch alle Einzelergebnisse von allen potentiellen Geschwistern. Da für alle Essener Gebiete Proben seit mindestens 2001 vorliegen, wäre eine solche Analyse sicherlich sehr interessant, v.a. wenn Parasitämien einbezogen werden.

5. Zusammenfassung

Kohlmeisen gehören zu den bekanntesten Wildvögeln in Europa und sind sehr oft Objekt der verschiedensten ökologischen Studien. Bei ihnen sollten in der vorliegenden Arbeit Interaktionen einer Parasitierung und Stress sowie Fremdkopulationen erfasst werden, für die bisher an Labormäusen, Hamstern und Zootieren untersucht worden waren. Da bei verschiedenen Parasiten-Wirt-Systemen das Geschlecht des Wirtes und stressbedingte Faktoren die Entwicklung des Parasiten beeinflussen, wurden von 2007-2009 vier Populationen im Großraum Essen (Bredeneyer Wald, Segeroth-Park, Holsterhausen) sowie im Zoologischen Garten Wuppertal auf einen geschlechts- und lokalitätsspezifischen Unterschied in dem Parasitenbefall hin untersucht.

- Dabei waren in den drei Jahren durchschnittlich fast die Hälfte der angebotenen Brutkästen besetzt. Der Bruterfolg, d.h. der Anteil der ausgeflogenen Nestlinge an der Anzahl der aus dem Ei geschlüpften Nestlinge, nahm von 2007 auf 2008 in allen Lokalitäten zu, und fiel im darauf folgenden Jahr wieder ab. Ein Parasitenbefall mit *Plasmodium* und *Haemoproteus* wurde über Blutausstriche nachgewiesen und so quantifiziert. Die Prävalenz war bei den Männchen insgesamt signifikant höher als bei den Weibchen und bei denen wiederum signifikant höher als bei den Nestlingen.

- Beim Vergleich der Lokalitäten waren im Segeroth-Park 10-15 % mehr Kohlmeisen infiziert als in den anderen Lokalitäten und dabei signifikant mehr Männchen außerhalb als während der Brutzeit. Im Jahresverlauf fanden sich Prävalenz-Maxima im Frühjahr und Herbst. Hierbei waren maximal 329 von 2000 Erythrozyten parasitiert, im Durchschnitt aber nur bis zu sieben. Beim Vergleich der Parasitämien in Relation zum Gewicht fanden sich bei beiden Geschlechtern signifikant höhere Parasitämien bei Tieren, die 1-2 g unter dem Gewicht der meisten Tiere lagen.

- Zur Erfassung der Stress-Intensitäten wurden Besonderheiten im Blutbild sowie die Konzentrationen des Stresshormons Kortikosteron herangezogen. Bei dem erstmals erstellten generellen Blutbild der Kohlmeisen besaßen Männchen und Weibchen ohne Ausbildung von Maxima 0-34 heterophile Granulozyten pro 100 Granulozyten, die Nestlinge 0-21, wobei aber die meisten Tiere 1-9 dieser veränderten Granulozyten aufwiesen. Die Prävalenz

Zusammenfassung

der veränderten heterophilen Granulozyten, die den Stress widerspiegeln sollen, lag bei den Nestlingen bzw. Weibchen signifikant höher als bei den Männchen, wobei sich die Anzahl dieser selbst nicht unterschied. Ein weiterer Stress-Indikator, der Quotient der Anzahl heterophiler Granulozyten und Lymphozyten, war in den meisten Lokalitäten bei den Weibchen höher als bei den Männchen. Bei der Bestimmung der Stresshormon-Konzentrationen durften vom Fang bis zur Blutentnahme nicht mehr als 7,5 min vergehen, weil sonst die Hormon-Konzentrationen signifikant anstiegen. Bei den optimal entnommenen Proben fanden sich meist keine statistisch signifikanten Unterschiede der Konzentration von Männchen, Weibchen und Nestlingen und ebenfalls keine Auswirkungen der Lokalitäten, Brutzeit und Parasitierung.

- Die molekularbiologischen Vaterschaftsanalysen über den DNA-Sequenzvergleich von Short-tandem-Repeats belegte bei 74 % der Gelege und 22 % der Nestlinge Fremdvaterschaften, bei 17 % der Gelege sogar von 2-4 Fremdvätern. Bei 34 % der Nestlinge hatten die Weibchen mit einem Reviernachbarn kopuliert, ansonsten dürfte es sich um Männchen ohne eigene Nisthöhle gehandelt haben. Bei Gelegegrößen mit insgesamt 1-11 Nestlingen fanden sich Fremdvaterschaften in allen Lokalitäten, häufiger bei Gelegen mit 2-7 Nestlingen.

- Beim Vergleich der verschiedenen Parameter war in keiner Lokalität ein signifikanter Zusammenhang zwischen der Parasitämie und der Fremdgehrate zu erkennen, bei parasitierten Männchen schienen die Weibchen aber häufiger fremd zu gehen. Bei beiden Geschlechtern wiesen Weibchen, die fremdgegangen waren und Männchen deren Weibchen mit anderen Männchen kopuliert hatten durchschnittlich niedrigere Kortikosteron-Konzentrationen auf als Tiere, deren Gelege nur Nestlinge des sozialen Vaters enthielt. Die Anzahl der Nester mit Nestlingen von Fremdkopulationen bei Paaren mit verschiedenen Kombinationen von parasitierten bzw. unparasitierten Partnern ergab, dass in vier untersuchten Lokalitäten (Bredeneyer Wald, Holsterhausen, Segeroth-Park Ost und West) ab mindestens einem parasitiertem Partner die Fremdgehrate höher lag, als bei zwei unparasitierten Elterntieren. In beiden Segeroth Lokalitäten sogar signifikant.

5.1 Summary

Great tits are one of the best known wild birds and also common study objects of different ecological studies. Interactions between parasitism, stress and extra-pair copulations at this species, previously only investigated at laboratory mice, hamster and zoo animals were the focus of this doctoral thesis. At different parasite-host systems the hosts gender and stress related factors have a direct influence on the parasite itself. Because of that four different subpopulations of great tits were analysed on a gender- and population specific difference at the parasite prevalence in the greater area of Essen (Bredeneyer Wald, Segeroth-Park, Holsterhausen) and at the Zoological Garden of Wuppertal during the years 2007-2009.

- In average of all three years nearly the half of all nest boxes were occupied by great tits. The breeding success (which means the percentage of fledging nestlings) increased from the year 2007 to 2008 but dropped in the following year at all localities. A parasite prevalence with genus *Plasmodium* or *Haemoproteus* could be detected and quantified via blood smears. In total the prevalence were significant higher at male great tits in comparison with female individuals. In turn the females had a significant higher prevalence than the nestlings.

- At a comparison of the single localities the Segeroth-Park showed 10-15 % more infected great tits as the other localities and significant more infected males outside the breeding season. During the year a parasite prevalence maxima could be detected during spring and autumn. A maximum of 329 of 2000 erythrocytes were infected but in average only up to seven infected cells were found. In relation to the body weight animals from both gender had significant higher parasitaemia when their body weight was 1-2 g below the average body weight of the most animals.

- To detect the stress intensity of the birds specific characteristics of the haematological blood count and the stress-hormone concentrations of the blood were determinated. To our knowledge a general haematological blood count was developed for the first time for the great tit. In this blood count the males and females had 0-34 heterophilic granulocytes/100 granulocytes without maximas and the nestlings showed a range from 0-21 heterophilic granulocytes but most of the nestlings only had 1-9 heterophilic

5.1 Summary

granulocytes. With the assumption that the prevalence of the heterophilic granulocytes indicates a higher stress level, the prevalence of the nestlings and females were significant higher in comparison with the females eg. males but the number did not differ. An additional stress indicator, the ratio of heterophilic granulocytes with lymphocyte cells (H/L ratio), indicated a higher H/L ratio at the females in most of the localities. For the determination of the stress-hormone concentrations the duration between capture and blood withdrawal should not take longer than 7,5 min because otherwise the hormone concentrations are increased. The samples in this doctoral thesis which were taken below that 7,5 min phase did not indicate any significant differences in the stress-hormone concentrations between gender, age, localities, breeding phase or parasitaemia.

- Molecular paternity analysis by DNA-sequence-determination of Short-tandem-Repeats proved at 74 % of all clutches a 22 % extra-pair paternity. 17 % of these extra-pair paternities even had 2-4 different biological fathers. At 34 % of these extra-pair paternities the females copulated with a territory neighbour and all other females seemed to have copulated with a male without an own nesting box. At clutch sizes of 1-11 nestlings the extra-pair paternities were determinated at all localities but more often at clutch sizes of 2-7 nestlings.

- At a comparison of different parameters a connection between parasite prevalence and extra-pair paternities could not be detected at specific localities. But females seemed to live more often promiscuit with partners with higher parasite prevalences. At both gender, females which had an extra-pair paternity and males with females which had a extra-pair paternity had an lower average corticosterone level in comparison with clutches of nestlings only by the social father. The number of clutches with nestlings of extra-pair paternities at pairs with different combinations of parasitized parents determinated in four different examined localities (Bredeneyer Wald, Holsterhausen, Segeroth-Park Ost and West) a higher extra-pair paternity with at least one parasitized partner in comparison to two unparasitized parents. In both Segeroth localities even significant differences were detected.

6. Anhänge

Probe	Datum	Ort	Geschlecht	Parasiten	H/L-Quotient	Kortikosteron-Konzentration (ng/ml)
6	28.03.2007	West	♂	26,5	1,50	20,49
458	06.05.2008	West 7	♂	2	-----	30,97
793	11.05.2009	West 4	♂	0	0,80	14,45
463	07.05.2008	West 19	♂	0	-----	14,62
798	11.05.2009	West 14	♂	0	3,00	14,67
206	25.06.2007	West 12	♂	0	5,88	24,10
818	12.05.2009	West 11	♂	0	0,33	28,77
763	07.05.2009	West 10	♂	0	3,00	10,53
297	04.09.2007	West	♂	3,5	2,18	6,33
337	20.09.2007	West	♂	1,5	2,09	15,29
288	30.08.2007	West	♂	1	1,82	37,52
256	14.08.2007	West	♂	0,5	0,35	9,04
312	11.09.2007	West	♂	0,5	2,08	24,88
293	30.08.2007	West	♂	0	2,53	9,28
338	20.09.2007	West	♂	0	0,21	20,97
339	20.09.2007	West	♂	0	0,21	29,85
475	09.05.2008	Ost 9	♂	0	14,00	23,31
787	11.05.2009	Ost 9	♂	0	2,50	21,96
77	07.05.2007	Ost 5	♂	1,5	-----	29,08
618	26.05.2008	Ost 5	♂	0	1,00	9,73
512	14.05.2008	Ost 18	♂	323	-----	16,05
521	15.05.2008	Ost 16	♂	0	9,00	25,37
620	27.05.2008	Ost 15	♂	0	4,43	18,29
867	20.05.2009	Ost 15	♂	0	4,00	30,65
118	10.05.2007	Ost 14	♂	15	8,50	16,45
825	12.05.2009	Ost 13	♂	0,5	8,00	14,88
605	26.05.2008	Ost 12	♂	0	1,00	16,34
98	08.05.2007	Ost 10	♂	3,5	6,43	11,52
62	04.05.2007	Ost 1	♂	9,5	19,50	28,57
528	15.05.2008	Ost 1	♂	0	2,80	24,75
347	02.10.2007	Ost	♂	18	3,16	33,51
386	09.10.2007	Ost	♂	1,5	2,44	42,56
235	07.08.2007	Ost	♂	0,5	2,42	16,03
265	24.08.2007	Ost	♂	0,5	0,14	30,68
268	24.08.2007	Ost	♂	0,5	2,05	28,18
234	07.08.2007	Ost	♂	0	1,71	20,78
384	09.10.2007	Ost	♂	0	1,23	14,16
426	27.11.2007	Ost	♂	0	1,00	23,13
672	28.08.2008	Ost	♂	0	0,00	12,77
698	23.09.2008	Ost	♂	0	0,00	7,67
650	10.06.2008	HH Schwiegermutter	♂	0	-----	10,42
445	05.05.2008	HH Kneipe	♂	0	25,00	11,22
829	14.05.2009	HH Schneiderei	♂	4,5	2,50	10,78
538	19.05.2008	HH ASD	♂	0,5	2,10	15,69
150	14.05.2007	HH 24	♂	2	1,61	23,22
768	08.05.2009	HH 13	♂	0	4,00	8,84
878	22.05.2009	BW 51	♂	0	3,40	20,52
585	23.05.2008	BW 44	♂	0	1,80	19,90
635	29.05.2008	BW 34	♂	0	4,17	26,15
141	14.05.2007	BW 27	♂	121,5	71,00	14,94
553	20.05.2008	BW 20	♂	17,5	4,22	8,47
879	22.05.2009	BW 19	♂	0	2,67	25,68

Anhänge

Probe	Datum	Ort	Geschlecht	Parasiten	H/L-Quotient	Kortikosteron-Konzentration (ng/ml)
777	08.05.2009	BW 18	♂	30,5	-----	12,28
143	14.05.2007	BW 10	♂	0	0,37	19,05
764	07.05.2009	West 10	♀	0	0,00	10,52
761	07.05.2009	West 9a	♀	0	-----	19,09
461	07.05.2008	West 8	♀	0	-----	22,50
64	04.05.2007	West 4	♀	3	21,50	9,84
762	07.05.2009	West 4	♀	0	4,00	19,06
104	09.05.2007	West 19	♀	0	11,75	16,37
539	14.05.2009	West 19	♀	0	0,42	19,26
839	14.05.2009	West 19	♀	0	2,17	15,77
462	07.05.2008	West 14	♀	0,5	35,00	13,71
817	11.05.2009	West 11	♀	2,5	1,21	9,51
420	19.11.2007	West	♀	1,5	27,00	17,71
683	29.08.2008	West	♀	1	5,18	30,24
255	14.08.2007	West	♀	0	2,28	25,71
257	14.08.2007	West	♀	0	1,78	11,11
258	14.08.2007	West	♀	0	5,30	28,58
311	11.09.2007	West	♀	0	4,10	44,32
318	11.09.2007	West	♀	0	0,57	21,92
607	26.05.2008	Ost 6	♀	0	3,00	25,53
513	14.05.2008	Ost 18	♀	0	-----	18,72
514	14.05.2008	Ost 16	♀	0	-----	11,69
117	10.05.2007	Ost 14	♀	0,5	1,21	15,15
140	11.05.2007	Ost 11	♀	0	1,12	28,96
97	08.05.2007	Ost 10	♀	0,5	4,75	17,07
63	04.05.2007	Ost 1	♀	1,5	47,00	5,93
527	15.05.2008	Ost 1	♀	0	0,70	11,22
236	07.08.2007	Ost	♀	374,5	1,01	10,86
283	28.08.2007	Ost	♀	18	1,48	22,03
246	13.08.2007	Ost	♀	10	2,10	19,96
239	07.08.2007	Ost	♀	0,5	1,12	15,19
242	07.08.2007	Ost	♀	0	1,43	2,94
243	13.08.2007	Ost	♀	0	2,83	31,40
275	28.08.2007	Ost	♀	0	1,74	18,10
299	06.09.2007	Ost	♀	0	5,70	42,00
396	26.10.2007	Ost	♀	0	1,86	22,56
676	28.08.2008	Ost	♀	0	2,69	38,84
695	23.09.2008	Ost	♀	0	-----	36,15
666	12.06.2008	HH Schneiderei	♀	0	1,46	11,30
651	11.06.2008	HH Blumenlädchen	♀	0	10,00	12,95
830	14.05.2009	HH Schneiderei	♀	0	5,00	4,17
151	14.05.2007	HH 24	♀	68	4,53	12,26
769	08.05.2009	HH 13	♀	0	13,00	8,49
557	21.05.2008	BW 4	♀	0	1,22	7,79
195	16.05.2007	BW 27	♀	136	7,58	13,98
142	14.05.2007	BW 10	♀	325	13,43	27,49
543	20.05.2008	BW 10	♀	49	13,00	20,82
79	08.05.2007	West 9a	Nestl.	0	6,50	12,86
765	07.05.2009	West 9	Nestl.	0	3,00	30,41
808	11.05.2009	West 8	Nestl.	0	1,00	49,62
809	11.05.2009	West 8	Nestl.	0	0,50	20,93
181	15.05.2007	West 7/8	Nestl.	0	8,00	21,87
225	02.07.2007	West 6	Nestl.	0	1,43	10,79
628	27.05.2008	West 4	Nestl.	0	-----	6,71

Anhänge

Probe	Datum	Ort	Geschlecht	Parasiten	H/L-Quotient	Kortikosteron-Konzentration (ng/ml)
490	13.05.2008	West 19	Nestl.	0	-----	14,04
493	13.05.2008	West 19	Nestl.	0	8,00	23,23
48	30.04.2007	West 16	Nestl.	3	-----	4,98
106	09.05.2007	West 16	Nestl.	0	0,58	18,78
801	11.05.2009	West 14	Nestl.	0	3,33	11,46
485	13.05.2008	West 14	Nestl.	0	10,00	25,99
674	05.06.2008	West 13	Nestl.	0	43,00	16,25
823	12.05.2009	West 11	Nestl.	0	1,50	24,25
15	26.04.2007	West 1	Nestl.	6,5	4,00	9,69
13	26.04.2007	West 1	Nestl.	3	2,00	4,56
447	05.05.2008	West 1	Nestl.	0	-----	16,54
791	11.05.2009	Ost 9	Nestl.	0	0,60	18,34
11	23.04.2007	Ost 7	Nestl.	8	0,25	4,93
56	30.04.2007	Ost 7	Nestl.	1	2,00	9,00
33	30.04.2007	Ost 5	Nestl.	1,5	2,00	7,56
34	30.04.2007	Ost 5	Nestl.	1,5	4,00	10,60
91	08.05.2007	Ost 5	Nestl.	0	0,45	21,14
634	27.05.2008	Ost 5	Nestl.	0	0,43	5,98
579	23.05.2008	Ost 3	Nestl.	0	0,91	15,42
120	10.05.2007	Ost 2	Nestl.	0	0,33	12,58
641	03.06.2008	Ost 2	Nestl.	0	1,50	18,84
132	10.05.2007	Ost 18	Nestl.	0	2,60	17,52
517	14.05.2008	Ost 18	Nestl.	0	9,00	19,90
26	30.04.2007	Ost 16	Nestl.	2,5	-----	18,59
847	17.05.2009	Ost 15	Nestl.	0	2,00	13,27
849	17.05.2009	Ost 15	Nestl.	0	1,33	25,69
158	14.05.2007	Ost 10	Nestl.	0	1,67	5,05
160	14.05.2007	Ost 10	Nestl.	0	3,40	54,19
664	12.06.2008	HH Schwiegermutter	Nestl.	0	2,25	3,96
451	06.05.2008	HH Kneipe	Nestl.	0	13,00	4,92
454	06.05.2008	HH Kneipe	Nestl.	0	-----	53,64
654	11.06.2008	HH Blumenlädchen	Nestl.	0	3,50	26,21
832	14.05.2009	HH Schneiderei	Nestl.	0	1,50	5,85
833	14.05.2009	HH Schneiderei	Nestl.	0	1,50	18,91
835	14.05.2009	HH Schneiderei	Nestl.	0	0,75	22,86
836	14.05.2009	HH Schneiderei	Nestl.	0	0,25	24,64
541	19.05.2008	HH ASD	Nestl.	0	1,68	22,79
156	14.05.2007	HH 24	Nestl.	0	0,94	44,69
590	24.05.2008	BW 51	Nestl.	0	0,23	27,24
860	18.05.2009	BW 43	Nestl.	0	2,00	30,37
560	21.05.2008	BW 4	Nestl.	0	-----	26,87
565	21.05.2008	BW 4	Nestl.	0	0,45	22,94
573	21.05.2008	BW 32	Nestl.	0	0,60	27,22
602	24.05.2008	BW 30	Nestl.	0,5	6,00	16,67
783	08.05.2009	BW 18	Nestl.	0	-----	2,75
901	22.05.2009	BW 14	Nestl.	0	1,75	27,67
148	14.05.2007	BW 10	Nestl.	0	1,40	18,32
149	14.05.2007	BW 10	Nestl.	0	0,56	47,24
545	20.05.2008	BW 10	Nestl.	0	0,68	25,39
548	20.05.2008	BW 10	Nestl.	0	0,16	29,74

Tab. 6.1: Vergleich der Einzelwerte des H/L-Quotienten mit der Parasitenrate, und der Kortikosteron-Konzentration in Bezug auf das Habitat. (Lokalitäten: HH: Holsterhausen, BW: Bredeneyer Wald, Ost: Segeroth-Park Ost, West: Segeroth-Park West)

Anhänge

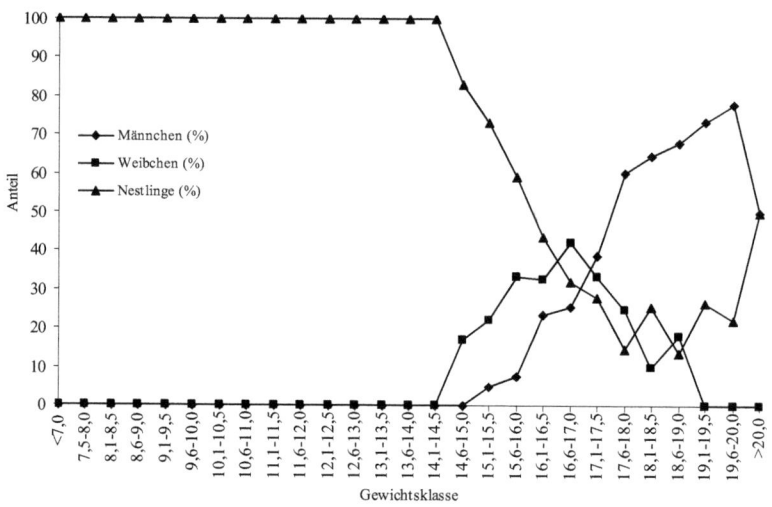

Abb. 6.1: Anteil Tiere bezogen auf die Gesamtzahl der Tiere in den einzelnen Gewichtsklassen.

Chemikalien, Lösungsmittel, Geräte und weitere Materialien

ABI Prism 310 Genetic Analyser	Applied Biosystems, Darmstadt
Ampli *Taq*Gold	Applied Biosystems, Darmstadt
Automatik Elisareader Labsystem Multiscan, MCC/340	Szabo-Scandic, Wien, Österreich
Aqua dest.	Uni Bochum, Hausanlage
Biofuge Pico	Heraeus, Hanau
Biometra Mono Thermoblock	Biometra, Göttingen
Biometra Trio Thermoblock	Biometra, Göttingen
Brutkästen	Schwegler Schorndorf
Clauden-Watte	Lohmann & Rauscher International, Neuwied
100 bp DNA Ladder	Life Technologies, Karlsruhe
Diff-Quick	Medion Diagnostics, Düddingen, Schweiz
Dinatrium EDTA	Applied Biosystems, Darmstadt
DYE Removal Puffer	Analytik Jena bio solutions, Jena
Extraktionskit	Invisorb Spin Blood Mini Kit, Invitek, Berlin
Handzählgerät Handy Tally	Upgreen Counters Taiwan, Taiwan
Enzymimmunoassay (11-oxoetiocholanolon)	Univ. Vet. Med., Dept. of Natural Sciences Biochemistry, Wien, Österreich
1ml Eppendorfgefäße	Eppendorf, Hamburg

Anhänge

Chemikalien, Lösungsmittel, Geräte und weitere Materialien (Fortsetzung)

Federwaage	Pesola, Baar, Schweiz
Flexcycler	Analytik Jena bio solutions, Jena
Formamid	Sigma, Deisenhofen
ExoSAP-IT®	USB Europe, Staufen
Galaxy 16HD Zentrifuge	VWR, Darmstadt
GelBond® PAG Film	BioZym Diagnostik, Hessisch Oldendorf
Glycerin 5 %	Sigma, Deisenhofen
InnuPREP DYEpure Kit	Analytik Jena Bio solutions, Jena
Invisorbo Span Blood Mini Kit	Invitek, Berlin
Kapillarröhrchen	Technical Glass Company, Bad Nauheim
Kapillare (47 cm lang, 50 µm Ø)	Applied Biosystems, Darmstadt
Lithium-Heparin Gefäß 1,3 ml	Sarstedt, Nürnbrecht
Magic Dye	Red Rabbit, Washington, USA
Methanol 60 %	Applied Biosystems, Darmstadt
Magnesiumchlorid	Applied Biosystems, Darmstadt
Mikrokanüle	Braun Melsungen, Melsungen
Mikropipettierhilfe	Assistent, München
Mikroskop SM-LUX	Carl Zeiss, Jena
Mikrotiterplatte ELISA-READER	Molecular Devices, Downigton, USA
Molecular biology grade H_2O	Analytik Jena bio solutions, Jena
Natriumfluorid	Applied Biosystems, Darmstadt
Natriumhydroxid	Applied Biosystems, Darmstadt
Objektträger	Menzel-Gläser, Braunschweig
Pasteurpipetten	Brand, Wertheim
Performance optimized Polymere 4	Applied Biosystems, Darmstadt
Pharmacia LKB Multiphor II mit Pharmacia LKB Multi Temp II	Amersham Biozymes, Freiburg
pH-Meter	Hanna Instruments, Woonsocket, USA
Proteinase K	Sigma, Deisenhofen
Taq-Puffer: Buffer I	Applied Biosystems, Darmstadt
Ampli*Taq*Gold,	Applied Biosystems, Darmstadt
Ready Reaction Mix	Applied Biosystems, Darmstadt
Receiver Tubes	Analytik Jena bio solutions, Jena
Reinstwasser	SG-Reinstwassersystem Barsbüttel

Chemikalien, Lösungsmittel, Geräte und weitere Materialien (Fortsetzung)

Rox-Standard 400	Applied Biosystems, Darmstadt
Salzsäure	Applied Biosystems, Darmstadt
Sample appl. Piece	Amersham Pharmacia Biotech, Freiburg
Silbernitratlösung ($AgNO_3$) 1 %	Sigma, Deisenhofen
Spin Filter	Analytik Jena bio solutions, Jena
Streptavidin-Meerrettich-Peroxidasenkonjugat (4.2 mU)	Boehringer, Mannheim
Sulfatsäure (2 M)	Sigma, Deisenhofen
Tetramethylbenzin	Sigma, Deisenhofen
Thermocycler 9700	Applied Biosystems, Darmstadt
Thymol (grobkristalin)	Applied Biosystems, Darmstadt
Trägerfolie GelBond® PAG Film	BioZym Scientific, Hess
Tween 20 Lösung	Roche Diagnostics, Grenzach
Vogelringe mit Nummer	Vogelwarte Helgoland, Helgoland
Zentrifuge EBA 8S	Hettich, Tuttlingen

7. Abkürzungsverzeichnis

Abb	Abbildung
$AgNO_3$	Salpetersaures Silberoxyd
APS-Puffer	Ammoniumpersulfat-Puffer
Aqua dest.	Destilliertes Wasser
BW	Bredeneyer Wald
CCD Kamera	Charge-coupled Device
DNA	Desoxyribonukleinsäure
dNTP	Nukleosidtriphosphat
ddNTP	Desoxyribonukleosidtriphosphat
EIA	Enzym-Immuno-Assays
EPY	Kopulationen außerhalb des Paarbundes
g	Gramm
G	Zentrifugalbeschleunigung
H_2O	Wasser
ha	Hektar
HCl	Salzsäure
HNO_3	Salpetersäure
HH	Holsterhausen
H/L	Heterophilen/Lymphozyten Verhältnis
HSP 60 bzw. 70	Heat shock protein 60 bzw. 70
kV	Kilo-Volt
M	Mol
mA	Milli-Amper
$MgCl_2$	Magnesiumchlrid
n	Anzahl
Na_2EDTA	Natrium- Ethylendiamintetraessigsäure
NaF	Natriumflorid
NaOH	Natronlauge
Na_2CO_3	Natriumcarbonat
ng	Nano-Gramm
nM	Nano-Mol
Nm	Nano-Meter

Abkürzungsverzeichnis (Fortsetzung)

Np/Ng	Anzahl parasitierter Tiere/Anzahl aller Tiere
Ost	Segeroth.-Park Ost
p	Signifikanzwert
PAA	Polyacrylamid
PCR	Polymerase-Kettenreaktion
pg	Picogramm
pH	pH-Wert
spec	Spezies
spp	Unterart
STR	Short-tandem-repeat
TBE	TRIS-Borat-EDTA-Puffer
TEMED	Tetramethylendiamin
µl	Mikro-Liter
µM	Mikro-Mol
V	Volt
W	Watt
West	Segeroth-Park West

8. Literaturverzeichnis

Abs M (1987) Stadtökologische Probleme am Beispiel ausgewählter Vogelarten. Charadrius **23**: 81-90

Adamík P, Vaňáková M (2006) Report on a great tit *Parus major* in active moult in winter and with an unusual postnuptial moult pattern. Z Vlast muz Olomouci **285**: 97-98

Adriano EA, Cordeiro NS (2001) Prevalence and intensity of *Haemoproteus columbae* in three species of wild doves from Brazil. Mem Inst Oswaldo Cruz **96**: 175-178

Aengwanich W, Chinrasri O (2003) Effect of dexamethasone on differential white blood cell counts and heterophil/lymphocyte ratio in japanese quails (*Coturnix coturnix japonica*). Songklanakarin J Sci Technol **25**: 183-189

Alatalo RV, Gustafsson L, Lundberg A (1984) High frequency of cuckoldry in pied and collared flychatchers. Oikos **42**: 41-47

Alexander J, Stimson WH (1988) Sex hormones and the course of parasitic infection. Parasitol Today **4**: 189-193

Ali S, Müller CR, Epplen JT (1986) DNA fingerprinting by oligonucleotide probes specific for simple repeats. Hum Genet **74**: 239-243

Allander K (1997) Reproductive investment and parasite susceptibility in the great tit. Funct Ecol **11**: 358-364

Allander K, Bennett GF (1995) Retardation of breeding onset in great tits (*Parus major*) by blood parasites. Funct Ecol **9**: 677-682

Amrhein V (1999) Sexuelle Selektion und die Evolution von Kopulationen außerhalb des Paarbundes: Spielregeln der Weibchen. J Ornithol **140**: 431-441

Andersson M (1986) Evolution of condition-dependent sex ornaments and mating preferences: sexual selection based on viability differences. Evolution **74**: 804-816

Andreu J, Barba E (2006) Breeding dispersal of great tits *Parus major* in a homogeneous habitat: effects of sex, age, and mating status. Ardea **94**: 45-58

Angelier F, Tonra CT, Holberton RL, Marra PP (2010) How to capture wild passerine species to study baseline corticosterone levels. J Ornithol **151**: 415-422

Applegate JE (1970) Population changes in latent avian malaria infections associated with season and corticosterone treatment. J Parasitol **56**: 439-443

Araneo BA, Dowell T, Diegel M, Daynes RA (1991) Dihydrotestosterone exerts a depressive influence on the production of interleukin-4 (IL-4), IL-5 and gamma-interferon but not IL-2 by activated murine T cells. Blood **78**: 688-699

Arctander P (1988) Comparative studies of avian DNA by restriction fragment length polymorphism analysis: convenient procedures based on blood samples from live birds. J Ornithol **129**: 205-216

Arnold SJ, Duvall D (1994) Animal mating systems: a synthesis based on selection theory. Am Nat **143**: 317-348

Arriero E, Moreno J, Merino S, Mertinez J (2008) Habitat effects on physiological stress response in nestling blue tits are mediated through parasitism. Phys Biochem Zool **81**: 195-203

Aschoff J (1978) Circane Rhythmen im endokrinen System. Klein Wschr **56**: 425-435

Bähnisch E (2006) Einfluß des Geschlechts und psychoneuroimmunologischer Faktoren auf die Parasitierung bei Gruppen von Elenatilopen und Pferdeartigen im Zoo. Diplomarbeit, Fakultät für Biologie, Ruhr-Universität Bochum

Barker RH, Suebsang L, Rooney W, Wirth DF (1989) Detection of *Plasmodium falciparum* infection in human patients: a comparison of the DNA probe method to microscopic diagnosis. Am J Trop Med Hyg **41**: 266-272

Barnard CJ, Behnke JM, Sewell J (1993) Social behaviour, stress and susceptibility to infection in house mice (*Mus musculus*): effects of duration of grouping and aggressive behaviour prior to infection on susceptibility to *Babesia microti*. Parasitology **107**: 183-192

Barnard CJ, Behnke JM, Sewell J (1996a) Environmental enrichment, immunocompetence, and resistance to *Babesia microti* in male mice. Physiol Behav **60**: 1223-1231

Barnard CJ, Behnke JM, Sewell J (1996b) Social status and resistance to disease in house mice (*Mus musculus*): status-related modulation of hormonal responses in relation to immunity costs in different social and physical enviroments. J Ethol **102**: 63-84

Becker PH, Voigt CC, Arnold JM, Nagel R (2006) A non-invasive technique to bleed incubating birds without trapping: a blood sucking bug in a hollow egg. J Ornithol **147**: 115-118

Beaudoin RL, Applegate JE, Davis DE, McLean RG (1971) A model for the ecology of avian malaria. J Wildl Dis **7**: 5-13

Beelitz P. Göbel E, Gothe R (1996) Endoparasiten von Eseln und Pferden bei gemeinsamer Haltung in Oberbayern: Artenspektrum und Befallshäufigkeit. Tierärztl Praxis **24**: 471-475

Bellot M.D, Dervieux A, Isenmann P (1991) Relationship between temperature and the timing of breeding of the blue tit (*Parus caeruleus*) in two Mediterranean oakwoods. J Ornithol **132**: 297-301

Belskii EA, Lugaskova NV, Karfidova AA (2005) Reproductive parameters of adult birds and morphophysiological characteristics of chicks in the pied flycatcher (*Ficedula hypoleuca* Pall.) in technogenically polluted habitats. J Ecol **36**: 329-335

Bennett GF (1993) Phylogenetic distribution and possible evolution of the avian species of the Haemoproteidae. Syst Parasitol **26**: 39-44

Bennett GF, Cameron M (1974) Seasonal prevalence of avian hematozoa in passeriform birds of Atlantic Canada. Can J Zool **52**: 1259-1264

Bennett GF, Thomes F, Blancou J, Artois M (1982a) Blood parasites of some birds from the Lorraine Region, France. J Wildl Dis **18**: 81-88

Bennett GF, Whiteway M, Woodworth-Lynas C (1982b) A host-parasite catalogue of the avian haematozoa. Occas Pap Biol **5**: 1-240

Bennett GF, Caines JR, Bishop MA (1988) Influence of blood parasites on the body mass of passeriform birds. J Wildl Dis **24**: 339-343

Bennett GF, Montgomerie R, Seutin G (1992a) Scarcity of haematozoa in birds breeding on the arctic tundra of North America. Condor **94**: 289-292

Bennett GF, Earlé RA, Du Toit H, Huchzer-Meyer FW (1992b) A host-parasite catalogue of the hematozoa of the Sub-Saharan birds. J Vet Res **59**: 1-73

Bennett GF, Bishop MA, Peirce MA (1993) Checklist of the avian species of *Plasmodium* Marchiafava & Celli, 1885 (Apicomplexa) and their distribution by avian family and Wallacean life zones. Syst Parasitol **26**: 171-179

Bennett GF, Peirce MA, Earle RA (1994) An annotated checklist of the valid avian species of *Haemoproteus*, *Leucocytozoon* (Apicomplexa: Haemosporida) and *Hepatozoon* (Apicomplexa: Haemogregarinidae). Syst Parasitol **29**: 61-73

Benning TL, LaPointe D, Atkinson CT, Vitousek PM (2002) Interactions of climate change with biological invasions and land use in the Hawaiian Islands: Modeling the fate of endemic birds using a geographic informations system. Proc Natl Acad Sci USA **99**: 14246-14249

Bensch S, Stjernman M, Hasselquist D, Östman Ö, Hansson B, Westerdahl H, Torres-Pinheiro R (2000) Host specificity in avian blood parasites: a study of *Plasmodium* and *Haemoproteus* mitochondrial DNA amplified from birds. Proc R Soc Lond **267**: 1583-1589

Bensch S, Perez-Tris J, Waldenström J, Hellgren O (2004) Linkage between nuclear and mitochondrial DNA sequences in avian malaria parasites: multiple cases of cryptic speciation. Evolution **58**: 1617-1621

Benten WPM, Lieberherr M, Stamm O, Wrehlke C, Guo Z, Wunderlich F (1999a) Testosterone signaling through internalizable surface receptors in androgen receptor-free macrophages. Mol Biol Cell **10**: 3113-3123

Benten WPM, Lieberherr M, Giese G, Wrehlke C, Stamm O, Sekeris CE, Mossmann H, Wunderlich F (1999b) Functional testosterone receptors on plasma membranes of T-cells. Faseb J **13**: 123-133

Beressem KG, Beressem H, Schmidt KH (1983) Vergleich der Brutbiologie von Höhlenbrütern in städtischen und stadtfernen Biotopen. J Ornithol **124**: 431-445

Berg LM, Tymoczko JL, Stryer L (2003) Erforschung der Gene. In: Berg LM, Tymoczko JL, Stryer L (Eds) Biochemie 5. Auflage. Spektrum Akademischer Verlag, Heidelberg: 160-174

Bernard WH, Bair RD (1986): Prevalence of avian hematozoa in Central Vermont. J Wildl Dis **22**: 365-374

Bernard CJ, Behnke JM, Sewell J (1993) Social behaviour, stress and susceptibitity to infection in house mice (*Mus musculus*): effects of duration of grouping and aggressive behaviour prior to infection on susceptibility to *Babesia microti*. Parasitology **107**: 183-192

Bernard CJ, Behnke JM, Sewell J (1996) Environmental enrichment, immunocompetence, and resistance to *Babesia microti* in male mice. Physiol Behav **60**: 1223-1231

Bezzel E, Prinzinger R (1990a) Allgemeine Kennzeichen. In: Bezzel E, Prinzinger R (Eds) Ornithologie. Ulmer, Stuttgart: 14-25

Bezzel E, Prinzinger R (1990b) Geschlechtsorgane. In: Bezzel E, Prinzinger R (Eds) Ornithologie. Ulmer, Stuttgart: 283-287

Birkhead TR, Biggins JD (1987) Reproductive synchrony and extra-pair copulations in birds. J Ethol **74**: 320-334

Birkhead TR, Møller AP (1992) Introduction. In: Birkhead TR, Møller AP (Eds) Sperm competition in birds: evolutionary causes and consequences. Academic Press, London: 1-12

Birkhead TR, Møller AP (1993) Female control of paternity. Trends Ecol Evol **8**: 100-104

Birkhead TR, Møller AP (1996) Monogamy and sperm competition in birds. In: Black JM (Ed) Partnerships in birds. The study of monogamy. Oxford University Press, Oxford: 323-343

Birkhead TR, Møller AP (1998) Sperm competition and sexual selection. Heredity **82**: 343-345

Birkhead TR, Pizzar T (2002) Postcopulatory sexual selection. Nature **3**: 262-273

Birkhead TR, Clarkson K, Reynolds MD, Koenig WD (1992) Copulation and mate guarding in the yellow-billed magpie *Pica nuttalli* and a comparison with the solitary black-billed magpie *Pica pica*. Behaviour **121**: 110-130

Bishop MA, Bennett GF (1992a) Host-parasite catalogue of the avian haematozoa, Supplement 1. Occas Pap Biol **15**: 1-211

Bishop MA, Bennett GF (1992b) Bibliography of the avian blood-inhabiting haematozoa, Supplement 2. Occas Pap Biol **15**: 214-244

Björklund M, Møller AP, Sundberg J, Westman B (1992) Female great tits, *Parus major*, avoid extra-pair copulation attempts. Anim Behav **43**: 691-693

Black JM (1996) Introduction. In: Black JM (Ed) Partnerships in birds. The study of monogamy. Oxford University Press, Oxford: 3-20

Blackey JK (1994) Genetic evidence for extra-pair fertilizations in a monogamous passerine, the great tit *Parus major*. Ibis **136**: 457-462

Blanco G, Gajon A, Doval G, Martinez F (1998) Absence of blood parasites in Griffon vultures from spain. J Wildl Dis **34**: 640-643

Blomqvist D, Andersson M, Küpper C, Cuthill IC, Kis J, Lanctot RB, Sandercock BK, Székely T, Wallander J, Kempenaers B (2002) Genetic similarity between mates and extra-pair parentage in three species of shorebirds. Nature **419**: 613-615

Boch J, Supperer R, Schnieder T (2006) Parasitosen des Geflügels. In: Boch J, Supperer R, Schnieder T (Eds) Veterinärmedizinische Parasitologie. Parey, Berlin: 444-447

Bonier F, Martin PR, Sheldon KS, Jensen JP, Foltz SL, Wingfield JC (2007) Sex-specific consequences of life in the city. Behav Ecol **18**: 121-129

Borgia G (1986) Satin bowerbird parasites: a test of the bright male hypothesis. Behav Ecol Sociobiol **19**: 355-358

Borgia G, Collins K (1990) Parasites and bright male plumage in the satin bowerbird (*Ptilonorhynchus violaceus*). Am Zool **30**: 279-285

Budowle B, Chakraborty R, Giusti AM, Eisenberg AJ, Allen RC (1991): Analysis of the variable number of the tandem repeat locus D1S80 by the polymerase chain reaction followed by high resolution polyacrylamide gel electrophoresis. Am J Hum Genet **48**: 137-144

Burger J, Gochfeld M (1995) Biomonitoring of heavy metals in the pacific basin using avian feathers. Environ Toxicol Chem **14**: 1233-1239

Brabin L, Brabin BJ (1992) Parasitic infections in woman and their consequences. Parasitology **31**: 1-81

Braude S, Tang-Martinez Z, Taylor GG (1998) Stress, testosterone, and the immunoredistribution hypothesis. Behav Ecol **10**: 345-350

Brommer JE, Korsten P, Bouwman KA, Berg ML, Komdeur J (2007) Is extrapair mating random? On the probability ditribution of extrapair young in avian broods. Behav Ecol **18**: 895-904

Brousset Hernandez-Jauregui DM, Galindo Maldonado F, Valdez Perez RA, Romando Pardo M, Schuneman de Aluja A (2005) Cortisol in salivia, urine, and feces: non-invasive assessment of wild animals. Vet Mex **36**: 325-337

Brown JL (1997) A theory of mate choice based on heterozygosity. Behav Ecol **8**: 60-65

Brün J (1999) Kopulationen außerhalb der Parbundes und ihr Einfluß auf den Reproduktionserfolg monogamer und polygyner Männchen des Trauerschnäppers (*Ficedula hypoleuca* Pallas 1764). Dissertation, Mathematisch-Naturwissenschaftliche Fakultät, Rheinische Friedrich-Wilhelm-Universität Bonn

Brün J, Buitkamp J, Lubjuhn T (1993) DNA-Fingerprinting: Methodik und Anwendungsmöglichkeiten. BL-Journal **3**: 12-15

Brün J, Winkel W, Epplen JT, Lubjuhn T (1996): Elternschaftsnachweise bei Trauerschnäppern (*Ficedula hypoleuca*) in einer Population am Westrand ihres mitteleuropäischen Verbreitungsareals. J Ornithol **137**: 435-446

Buchanan KL (2000) Stress and the evolution of condition-dependent signals. Trends Ecol Evol **15**: 156-160

Buselmaier W (2009) Populationsdynamik In: Buselmaier (Ed) Biologie für Mediziner. Springer, Heidelberg: 302-303

Campo JL, Davila SG (2002) Estimation of heritability for heterophil: lymphocyte ratio in ckickens by restricted maximum likelihood. Effects of age, sex and crossing. Poultry Sci **81**: 1448-1453

Canfield PJ (1998) Comparative cell morphologie in the peripheral blood film from exotic and native animals. Aust Vet J **76**: 193-800

Canoine V, Hayden TJ, Rowe K, Goymann W (2002) The stress response of european stonechats depends on the type of stressor. Behaviour **139**: 1303-1311

Carlson AA, Young AJ, Russel AF, Bennet NC, McNeilly AS, Clutton-Brock TH (2004) Hormonal correlates of dominance in meerkats (*Suricata suricatta*). Horm Behav **46**: 141-150

Caro SP, Balthazart J, Thomas DW, Lacroix A, Chastel O, Lambrechts MM (2005) Endorine correlates of the breeding asynchrony between two corsican populations of blue tits (*Parus caeruleus*). Gen Comp Endocr **140**: 52-60

Cash WB, Holberton RL, Knight SS (1997) Corticosterone secretion in response to capture and handling in free-living red-eared slider turtels. Gen Comp Endocr **108**: 427-433

Chamantier A, Perret P (2004) Manipulation of nest-box density affects extra-pair paternity in a population of blue tits (*Parus caeruleus*). Behav Ecol Sociobiol **56**: 360-365

Chamantier A, McCleery RH, Cole LR, Perrins C, Kruuk EB, Sheldon BC (2008) Adaptive phenotypic plasticity in response to climate change in a wild bird population. Science **320**: 800-803

Chamberlain JS, Gibbs RA, Rainer JE, Nguyen PN, Caskey CT (1988) Deletion screening of the Duchenne muscular dystrophy locus via multiplex DNA amplification. Nucl Acids Res **16**: 11141-11156

Chaner A (1995) Breeding fast-growing, high yield broilers for hot conditions. In: Daghir NJ (Ed) Poultry production in hot climate. Cabi Publishing, Willingford: 31-66

Chen MM, Shi LS, Sullivan DJ (2001) *Haemoproteus* and *Schistosoma* synthesize heme polymers similar to *Plasmodium* hemozoin and ß-hematin. Mol Biochem Parasitol **113**: 1-8

Cheng KM, Bruns JT, McKinney F (1983) Forced copulation in captive mallards. III. Sperm competition. Auk **100**: 302-310

Christen C (2004) Klinische Labordiagnostik. In: Christen C, Lierz M, Stelzer G, Straub J, Pees M (Eds) Leitsymptome bei Papageien und Sittichen: Diagnostischer Leitfaden und Therapie. Enke, Stuttgart: 198-215

Churchill JL, Hannon SJ (2010) Off-territory movement of male American Redstarts (*Setophaga ruticilla*) in a fragmented agricultural landscape is related to song rate, mating status and access to females. J Ornithol **151**: 33-44

Clinchy M, Zanette L, Boonstra R, Wingfield JC, Smith JNM (2004) Balancing food and predator pressure induces chronic stress in songbirds. Proc R Soc Lond B **271**: 2473-2479

Cockrem JF, Silverin B (2002a) Variation within and between birds in corticosterone responses of great tits (*Parus major*). Condor **102**: 392-400

Cockrem JF, Silverin (2002b) Sight of a predator can stimulate a corticosterone response in the great tit (*Parus major*). Gen Comp Endocrin **125**: 248-255

Cote J, Clobert J, Meylan S, Fitze PS (2006) Experimental enhancement of corticosterone levels positively affects subsequent male survival. Horm Behav **49**: 320-327

Cowie RJ, Hinsley SA (1987) Breeding success of blue tits and great tits in suburban gardens. Ardea **75**: 81-90

Curio E, Regelmann K (1982) Fortpflanzungswert und "Brutwert" der Kohlmeise (*Parus major*). J Ornithol **123**: 237-257

Dammann P (2001) Qualitätsvergleich unterschiedlicher Bruthabitate der Kohlmeise (*Parus major*) in einem Ballungsraum auf der Basis brutbiologischer und physiologischer Daten. Diplomarbeit, Lehrstuhl für Allgemeine Biologie, Universität Duisburg-Essen

Dauwe T, Janssens E, Bervoets L, Blust R, Eens M (2005) Heavy-metal concentrations in female laying great tits (*Parus major*) and their clutches. Arch Environ Tox **49**: 249-256

Davidar P, Morton ES (1993) Living with parasites: prevalence of a blood parasite and its effects on survivorship in the purple martin. Auk **110**: 109-116

Davidar P, Morton ES (2006) Are multiple infections more severe for purple martins (*Progne subis*) than single infections? Auk **123**: 141-147

Davies NB (1991) Mating systems. In: Krebs JR, Davies NB (Eds) Behavioural ecology: an evolutionary approach. Blackwell Scientific, Oxford: 151-201

Davis AK (2005) Effect of handling time and repeated sampling on avian white blood cell counts. J Field Ornithol **76**: 334-338

Dawson A, Howe PD (1983) Plasma corticosterone in wild starlings (*Sturnus vulgaris*) immediately following capture and in relation to body weight during the annual cycle. Gen Comp Endocr **51**: 303-308

Dawson RD, Bortolotti GR (1999) Prevalence and intensity of hematozoan infections in a population of American kestrels. Can J Zool **77**: 162-170

Dawson RD, Bortolotti GR (2000) Effects of hematozoan parasites on condition and return rates of American kestels. Auk **117**: 373-380

Dawson RD, Bortolotti GR (2001) Sex-specific associations between reproductive output and hematozoan parasites of American kestels. Oecologia **126**: 193-200

Deng H, Zhang Z, Chang C, Wang Y (2007) Trace metal concentration in great tit (*Parus major*) and greenfinch (*Carduelis sinica*) at the western mountains of Beijing, China. Environ Pollut **148**: 620-626

Desser SS, Bennett GF (1993) The genera *Leucozytozoon*, *Haemoproteus* and *Hepatocytes*. In: Kreier JP (Ed) Parasitic Protozoa. Brace Jovanovich, New York: 273-305

Deviche P, Cortez L (2005) Androgen control of immunocompetence in the male house finch, *Carpodacus mexicanus* Müller. J Exp Biol **208**: 1287-1295

Deviche P, Greiner EC, Manteca X (2001) Seasonal and age-related changes in blood parasite prevalence in dark-eyed juncos (*Junco hyemalis*, Aves, Passeriformes). J Exp Zool **289**: 456-466

Dietrich V (2001) Zum Auftreten alternativer Fortpflanzungsstrategien in einer Lingener Population der Tannenmeise (*Parus ater*). Diplomarbeit, Fakultät für Lebenswissenschaften, Technische Universität Braunschweig

Dixon A, Ross D, O'Malley SLC, Burke T (1994) Parental investment inversely related to degree of extra-pair paternity in the reed bunting. Nature **371**: 698-700

Dohms JE, Metz A (1991) Stress-mechanisms of immunosuppression. Vet Immunol Immunopath **30**: 89-109 do Prado JC, de Leal MP, Anselmo-Franci JA, de Andrade HF, Kloetzel JK (1998) Influence of female gonadal hormones on the parasitemia of female *Calomys callosus* infected with the "Y" strain of *Trypanosoma cruzi*. Parasitol Res **84**: 100-105

do Prado JC, de Apparecida Levy AM, de Paula Leal M, Bernard E, Kloetzel JK (1999) Influence of male gonadal hormones on the parasitemia of female *Calomys callosus* infected with the "Y" strain of *Trypanosoma cruzi*. Parasitol Res **85**: 826-829

Double M, Cockburn A (2000) Pre-dawn infidelity: females control extra-pair mating in superb fairy wrens. Proc R Soc Lond **267**: 465-470

Dubiec A, Cichoń M (2001) Seasonal decline in health status of great tit (*Parus major*) nestlings. Can J Zool **79**: 1829-1833

Duffy DL, Bentley GE, Drazen DL, Ball GF (2000) Effects of testosterone on cell-mediated and humoral immunity in non-breeding adult European starlings. Behav Ecol **11**: 654-662

Dufty AM (1989) Testosteron and survival: a cost of aggressiveness? Horm Behav **23**: 185-193

Dunn PO, Whittingham LA, Lifjeld JT, Robertson RJ, Boag PT (1994) Effects of breeding density, synchrony and experience on extrapair paternity in tree swallows. Behav Ecol **5**: 123-129

East ML, Perrins CM (1988) The effects of nestboxes on breeding populations of birds in broadleaved temperate woodlands. Ibis **130**: 393-401

Eeva T, Lehikoinen E (1996) Growth and mortality of nestling great tits (*Parus major*) and pied flycatchers (*Ficedula hypoleuca*) in a heavy metal pollution gradient. Oecologia **108**: 631-639

Eeva T, Lehikoinen E, Rönkä M (1998) Air pollution fades the plumage of the great tit. Funct Ecol **12**: 607-612

Ellis CK (2007) Hematology of birds. In: Campbell TW, Ellis CK (Eds) Avian and exotic animal hematology and cytology. Blackwell Publishing, Oxford: 50-78

Emlen ST, Oring LW (1977) Ecology, sexual selection, and the evolution of mating systems. Science **197**: 215-223

Eriksson E, Royo K, Carlsson HE, Hau J (2004) Effect of metabolic cage housing on immunoglobulin A and corticosterone excretion in faeces and urine of young male rats. Exp Physiol **89**: 427-433

Ervin S (1980) Banding and bird blood. N Amer Bird Bander **5**: 140-142

Faber H, Haid H (1995) Hormone und Stress. In: Faber H, Haid H (Eds) Endocrinologie: Einführung in die Molekularbiologie und Physiologie der Hormone. UTB, Stuttgart: 158-167

Fallon SM, Ricklefs RE, Swanson BL, Bermingham E (2003) Detecting avian malaria: an improved polymerase chain reaction diagnostic. J Parasitol **89**: 1044-1047

Feldman RA, Freed LA, Cann RL (1995) A PCR test for avian malaria in Hawaiian birds. Mol Ecol **4**: 663-673

Feuerbacher I, Prinzinger R (1982) Einfluss von Testosteron auf die Gefiederfärbung und Depotfett bei der Japanwachtel *Coturnix coturnix japonica*. J Ornithol **123**: 203-209

Figuerola J, Velarde R, Bertolero A, Cerda F (1996) Abwesenheit von Haematozoa bei einer Brutpopulation des Seeregenpfeifers *Charadrius alexandrinus* in Nordspanien. J Ornithol **137**: 523-525

Figuerola J, Munzo E, Gutierrez R, Ferrer D (1999) Blood parasites, leucocytes and plumage brightness in the cirl bunting, *Emberiza cirlus*. Funct Ecol **13**: 594-601

Fisher DO, Double MC, Blomberg SP, Jennions MD, Cockburn A (2006) Post-mating sexual selection increases lifetime fitness of polyandrous females in the wild. Nature **444**: 89-92

Fisher RA (1930) Introduction. In: Fisher RA (Ed) The genetical theory of natural selection. Clarendon Press, Oxford: 3-5

Fix AS, Waterhouse C, Greiner EC, Stoskopf MK (1988) *Plasmodium reticulum* as a cause of avian malaria in wild-caught Magellanic penguins (*Spheniscus magellanicus*). J Wildl Dis **24**: 610-619

Föger M, Pegoraro K (1996) Über den Einfluß der Nahrung auf die Eigröße der Kohlmeise *Parus major*. J Ornithol **137**: 329-335

Foerster K, Kempenaers B (2004) Experimentally elevated plasma levels of testosterone do not increase male reproductive success in blue tits. Behav Ecol Sociobiol **56**: 482-490

Foerster K, Delhey K, Johnsen A, Lifjeld JT, Kempenaers B (2003) Females increase offspring heterozygosity and fitness through extra-pair matings. Nature **425**: 714-717

Forero MG, Tella JL, Gajon A (1997) Absence of blood parasites in the red-necked nightjar. J Field Ornithol **68**: 575-579

Freed LA, Cann RL (2003) On polymerase chain reaction tests for estimating prevalence of malaria in birds. J Parasitol **89**: 1261-1264

Freeman-Gallant CR (1996) DNA fingerprinting reveals female preference for male parental care in savannah sparrows. Proc R Soc Lond B **263**: 157-160

Freeman-Gallant CR, O'Connor KD, Breuer ME (2001) Sexual selection and the geography of *Plasmodium* infection in savannah sparrows (*Passerculus sandwichensis*). Oecologia **127**: 517-521

Fudge AM (1997) Avian clinical pathology – hematology and chemistry. In: Altmann RB, Clubb SL, Dorrestein GM, Quesenberry K (Eds) Avian medicine and surgery. Saunders, Philadelphia: 142-157

Gaedecke N, Winkel W (2005) Bevorzugen Meisen *Parus* spp. und andere in Höhlen brütende Kleinvögel bei der Wahl ihres Brutplatzes die vom Wetter abgewandte Seite? Vogelwarte **43**: 15-18

Garcia-Rodringuez T, Ferrer M, Recio F, Castroviejo J (1987) Circadian rhythmus of determinated blood chemistry values in buzzards and eagle owls. Comp Biochem Physiol **88**: 663-669

Garnham PCC (1966) Malaria parasites and other haemosporidia. Am J Trop Med Hyg **16**: 561-563

Garvin MC, Remsen JV, Bishop MA, Bennett GF (1993) Hematozoa from birds in Lousiana. J Parasitol **79**: 318-321

Geens A, Dauwe T, Bervoetts L, Blust R, Eensa M (2010) Haematological status of wintering great tits (*Parus major*) along a metal pollution gradient. Sci Total Environ **408**: 1174-1179

Gentle LK, Gosler AG (2001) Fat reserve and perceived predation risk in the great tit, *Parus major*. Proc R Soc Lond **268**: 487-491

Gerken T (2001) Kopulationen außerhalb des Paarbundes bei der Kohlmeise (*Parus major*) – proximate Einflüsse und ultimate Faktoren. Dissertation, Mathematisch-Naturwissenschaftliche Fakultät, Rheinische Friedrich-Wilhelms-Universität Bonn

Gerken T, Lubjuhn T, Epplen JT (2000) Low probe concentration can cause problems in multilocus DNA fingerprinting (cautionary notes III). Electrophoresis **21**: 554-555

Gibb JA, Betts MM (1963) Food and food supply of nestling in tits (Paridae) in Breckland Pine. J Anim Ecol **32**: 489-533

Gibbs HL, Weatherhead PJ, Boag PT, White BN, Tabak LM, Hoysak DJ (1990) Realized reproductive success of polygynous red-winged blackbirds revealed by DNA markers. Science **250**: 1394-1397

Gienapp P, Visser ME (2006) Possible fitness consequences of experimentally advanced laying dates in great tits: differences between populations in different habitats. Funct Ecol **20**: 180-185

Gleeson DJ, Blows MW, Owens IP (2005) Genetic covariance between indices of body conditions and immunocompetence in a passerine bird. Evol Biol **5**: 1-9

Glück E (1979) Abhängigkeit des Bruterfolgs von der Lichtmenge am Neststandort. J Ornithol **120**: 215-220

Glutz von Boltzheim UN, Bauer KM (1993) Kohlmeise. In: Glutz von Boltzheim UN, Bauer KM (Eds) Handbuch der Vögel Mitteleuropas. Band 13/I. Aula, Wiesbaden: 678-795

Good T, Khan MZ, Lynch JW (2003) Biochemical and physiological validation of a corticosteroid radioimmunoassay for plasma and fecal samples in oldfield mica (*Peromyscus polionotus*). Physiol Behav **80**: 405-411

Gosler A (1993) The great tit. Hamlyn, London: 1-75

Gosler A (1996) Enviromental and social determinants of winter fat storage in the great tit *Parus major*. J Anim Ecol **65**: 1-17

Gowaty PA, Bridges WC (1991) Nestbox availability affects extra-pair fertilizations and conspecific nest parasitism in eastern bluebirds, *Sialia sialis*. Anim Behav **41**: 661-675

Goymann W, Jenni-Eiermann S (2005) Introduction to the European Science Foundation Technical Meeting. Analysis of hormones in droppings and egg yolk of birds. Ann Acad Sci Fenn **1046**: 1-4

Goyman W, Möstl E, Gwinner E (2002) Corticosterone metabolites can be measured noninvasively in excreta of European stonechats (*Saxicola troquata rubicola*). Auk **119**: 1167-1173

Goymann W, Geue D, Schwabl I, Flinks H, Schmidl D, Schwabl H, Gwinner E (2006) Testosterone and corticosterone during the breeding cycle of equatorial and European stonechats (*Saxicola torquata axillaris* and *S. t. rubicola*). Horm Behav **50**: 779-785

Gowaty PA (1994) Architects of sperm competition. Trends Ecol Evol **9**: 160-162

Gowaty PA (1996) Battles of the sexes and origins of monogamy. In: Black JM (Ed) Patnerships in birds. Oxford University Press, Oxford: 21-52

Gowaty PA, Bridges WC (1991) Behavioral, demographic, and enviromental correlates of extra-pair fertilizations in eastern bluebirds, *Sialia sialis*. Behav Ecol **2**: 339-350

Graczyk TK, Cranfield MR, Shiff CJ (1993) ELISA method for detecting anti-*Plasmodium reticulum* and anti-*Plasmodium falciparum* antigens. J Parasitol **76**: 2683-2695

Gray EM (1997a) Do female red-winged blackbirds benefit genetically from seeking extra-pair copulations? Anim Behav **53**: 605-623

Gray EM (1997b) Female red-winged blackbirds accrue material benefits from copulating with extra-pair males. Anim Behav **53**: 625-639

Green PK, Wilkinson CW, Woods SC (1992) Intraventricular corticosterone increases the rate of body weight gain in underweight adrenalectomized rats. Endocrinology **130**: 269-275

Greenberg N, Carr JA, Summers CH (2002) Causes and consequences of stress. Integr Comp Biol **42**: 508-516

Greenman CG, Martin II LB, Hau M (2005) Reproductive state, but not testosterone, reduces immune function in male house sparrows (*Passer domesticus*). Physiol Biochem Zool **78**: 60-68

Griffith SC (2007) The evolution of infidelity in socially monogamous passerines: neglected components of direct and indirect selection. Am Nat **169**: 274-281

Griffith SC, Montgemerie R (2003) Why do birds engage in extra-pair copulation? Nature **422**: 833

Griffith SC; Owens IPF, Thuman KA (2002) Extra-pair paternity in birds: a review of interspecific variation and adaptive function. Mol Ecol **11**: 2195-2212

Griffith SC, Örnborg J, Russell AF, Andersson S, Sheldon BC (2003) Correlations between ultraviolet coloration, overwinter survival and offspring sex ratio in the blue tit. Evol Biol 16: 1045-1054

Gross MR (2005) The costs of breeding. In: Clutton-Brock T (Ed) The evolution of parental care. Princeton University Press, Princeton: 31-46

Gross WB, Siegel HS (1983) Evaluation of the heterophil/lymphocyte ratio as a measure of stress in chickens. Avian Dis **27**: 972-979

Gullberg A, Tengelström H, Gelter HP (1992) DNA fingerprinting reveals multiple paternity in families of great and blue tits (*Parus major* and *Parus caeruleus*). Hereditas **117**: 103-108

Gustafsson L, Nordling D, Andersson MS, Sheldon BC (1994) Infectious diseases, reproductive effort and the cost of reproduction in birds. Phil Trans R Soc London A **346**: 323-331

Guo Z, Krücken J, Benten WPM, Wunderlich F (2002a) Estradiol-induced nongenomic calcium signaling regulates genotropic signaling in macrophages. J Biol Chem **277**: 7044-7050

Guo Z, Benten WPM, Krücken J, Wunderlich F (2002b) Nongenomic testosterone calcium signaling. J Biol Chem **277**: 29600-29607

Haberkorn A (1968) Zur hormonellen Beeinflussung von *Haemoproteus*-Infektionen. Z Parasitenkd **31**: 108-112

Haberkorn A (1978) Geschichte der Malaria. Therapiewoche **28**: 2625-2634

Haberkorn A (1984) Observation on malaria in European perching birds (Passeriformes). Zbl Bakt Hyg A **256**: 288-295

Haberkorn A (1986) Research in avian coccidiosis. Proc Georg Cocc Conf: 302

Hahn S (2010) Zugmuster und Überwinterungsgebiete von Weidensperlingen *Passer hispaniolensis* mit unterschiedlichem Malaria-Parasitierungsgrad. Vogelwarte **48**: 153-154

Hamilton WD, Zuk M (1982) Heritable true fitness and bright birds: a role for parasites. Science **218**: 384-387

Harms V (1992) Beschreibende Statistik. In: Harms V (Ed) Biomathematik, Statistik und Dokumentation. Harms Verlag, Kiel: 14-38

Harris RBS, Zhou J, Youngblood BD, Rybkin II, Smagin G.N, Ryan DH (1998) Effects of repeated stress on body weight and body composition of rates fed low- and high-fat diets. Am J Physiol **275**: 1928-1938

Hasselquist D, Bensch S, Schantz T (1996) Correlation between male song repertoire, extra-pair paternity and offspring-survival in the great reed warbler. Nature **381**: 299-232

Hasselquist D, Östman Ö, Waldenström J, Bensch S (2007) Temporal patterns of occurrence and transmission of the blood parasite *Haemoproteus payevskyi* in the great reed warbler *Acrocephalus arundinaceus*. J Ornithol **148**: 401-409

Hauptmanová K, Literak I, Bartova E (2002) Haematology and Leucocytozoonosis of great tits (*Parus major*) during winter. Acta Vet Brno **71**: 199-204

Hauska H, Scope A, Vasicek L, Reauz B (1999) Vergleichende Untersuchungen zur Färbung aviärer Blutzellen. Tierarztl Praxis Kleintiere Heimtiere **27**: 280-287

Hayworth AM, van Riper C, Weathers WW (1987) Effects of *Plasmodium reticulum* on the metabolic rate and body temperature in canaries (*Serinus canaria*). J Parasitol **73**: 850-853

Hiebert SM, Ramenofsky M, Salvante K, Wingfield JC, Gass CL (2000) Noninvasive methods for measuring and manipulating corticosterone in hummingbirds. Gen Comp Endocr **120**: 235-247

Hiepe T, Jungmann R (1983) Veterinärmedizinische Protozoologie. In: Hiepe T (Ed) Lehrbuch der Parasitologie, Band 2, Gustav Fischer Verlag, Jena: 177-178

Hõrak P, Lebreton JD (1998) Survival of adult great tits *Parus major* in relation to sex and habitat: a comparison of urban and rural populations. Ibis **140**: 205-209

Hõrak P, Ots I, Murumägi A (1998) Haematological health state indices of reproducting great tits: a response to brood size manipulation. Funct Ecol **12**: 750-756

Hõrak P, Ots I, Vellau H, Spottiswoode C, Møller AP (2001) Carotenoid-based plumage coloration reflects hemoparasite infection and local survival in breeding great tits. Oecologia **126**: 166-173

Houtman AM (1992) Female zebra finches choose extra-pair copulations with genetically attractive males. Proc R Soc Lond **249**: 3-6

Hoysak DJ, Weatherhead PW (1991) Sampling blood from birds: a technique and an assessment of its effects. Condor **93**: 746-752

Hudde H (1986) Zum Einfluss von Witterungsfaktoren auf die Sterblichkeit nestjunger Kohlmeisen, Blaumeisen und Trauerschnäppern (*Parus major, Parus caerulus, Ficedula hypoleuca*). Vogelwelt **107**: 101-111

Hulier E, Petour P, Snounou G, Nivez MP, Miltgen F, Mazier D, Renia L (1996) A method for the quantitative assessment of malaria parasite development in organs of the mammalian host. Mol Biochem Parasit **77**: 127-135

Hull KL, Cockrem JF, Bridges JP, Candy EJ, Davidson CM (2007) Effects of corticosterone treatment on growth, development, and the corticosterone response to handling in young Japanese quail (*Coturnix coturnix japonica*). Comp Biochem Phys A **148**: 531-543

Ilmonen P, Taarna T, Hasselquist D (2000) Experimentally activated immune defence in fermale pied flycatchers results in reduced breeding success. Proc R Soc Lond **267**: 665-670

Ilmonen P, Taarna T, Hasselquist D (2002) Are incubation costs in female pied flycatchers expresses in humoral immune responsiveness or breeding success? Oecologia **130**: 199-204

Ilmonen P, Hasselquist D, Langefors A, Wiehn J (2003) Stress, immunocompetence and leukocyte profiles of pied flycatchers in relation to brood size manipulation. Oecologia **136**: 148-154

Jarvi SI, Schultz JJ, Atkinson CT (2002) PCR diagnostics underestimate the prevalence of avian malaria (*Plasmodium relictum*) in experimentally infected passerines. J Parasitol **88**: 153-158

Jeffreys AJ, Wilson V, Thein SL (1985) Hypervariable minisatellite regions in human DNA. Nature **314**: 67-73

Jenni-Eiermann S, Glaus E, Schifferli L (2005) Wann stehen brütende Rauchschwalben unter Stress? Vogelwarte **43**: 73

Jennions MD (1997) Female promiscuity and genetic incompatibility. Trends Ecol Evol **12**: 251-253

Jennions MD, Petrie M (2000) Why do females mate multiply? A review of the genetic benefits. Biol Rev **75**: 21-64

Johannessen LE, Slagsvold T, Hansen BT, Lifjeld JT (2005) Manipulation of male quality in wild tits: effects on paternity loss. Behav Ecol **16**: 747-754

Johnsen A, Andersen V, Sunding C, Lifjeld JT (2000) Female bluethroats enhance offspring immunocompetence through extra-pair copulation. Nature **406**: 269-299

Johnsen TS, Zuk M (1998) Parasites, morphology, and blood characters in male red jungle fowl during development. Condor **100**: 749-752

Junker-Bornholdt R, Schmidt KH (2000) Untersuchungen zur Stadtökologie von Höhlenbrütern – ein Vergleich mit stadtfernen Wäldern. Vogelwelt **121**: 129-153

Kaltz O, Shykoff JA (1998) Local adaption in host-parasite system. Heredity **81**: 361-370

Kamis AB, Ibrahim JB (1989) Effects of testosterone on blood leukocytes in *Plasmodium berghei*-infected mice. Parasitol Res **75**: 611-613

Keller R (1995) Hormonale Regulation. In: Mehlhorn H (Ed) Grundriss der Zoologie, 2. Auflage. UTB Verlag, Stuttgart: 609-649

Kempenaers B (1997) Does reproductive synchrony limit male opportunities or enhance female choice for extra-pair paternity? Behav Ecol **134**: 551-562

Kempenaers B, Dhondt AA (1993) Why do females engage in extra-pair copulations? A review of hypotheses and their predictions. J Zool **1**: 93-103

Kempenaers B, Sheldon BC (1996) Why do male birds not discriminate between their own and extra-pair offspring? Anim Behav **51**: 1165-1173

Kempenaers B, Sheldon BC (1997) Studying paternity and paternal care: pitfalls and problems. Anim Behav **53**: 423-427

Kempenaers B, Verheyen GR, van den Broeck M, Burke T, van Broeckhoven C, Dhont AA (1992) Extra-pair paternity results from female preference for high-quality males in the blue tit. Nature **357**: 494-496

Kempenaers B, Pinxten R, Eens M (1995) Interspecific brood parasitism in two tit *Parus* species: occurrence and responses to experimental parasitism. J Avian Biol **26**: 114-120

Kempenaers B, Verheyen GR, Dhondt AA (1997) Extrapair paternity in the blue tit (*Parus caeruleus*): fermale choice, male characteristics, and offspring quality. Behav Ecol **8**: 481-492

Kempenaers B, Lanctot RB, Robertson RJ (1998) Certainty of paternity and paternal investment in eastern bluebirds and tree swallows. Anim Behav **55**: 845-860

Kempenaers B, Congdon B, Boag P, Robertson RJ (1999) Extrapair paternity and egg hatchability in tree swallows: evidence for the genetic compatibility hypothesis. Behav Ecol **10**: 304-311

Kempenaers B, Peters A, Foerster K (2008) Sources of individual variation in plasma testosterone levels. Phil Trans R Soc Lond **363**: 1711-1723

Ketterson ED, Nolan V, Cawthorn MJ, Parker PG, Ziegenfus C (1996) Phenotypic engineering: using hormones to explore the mechanistic and functional bases of phenotypic variation in nature. Ibis **138**: 70-86

Kilgas P, Tilgar V, Mänd R (2006) Hematological health state indices predict local survival in a small passerine bird, the great tit (*Parus major*). Physiol Biochem Zool **79**: 656-572

Kilpatrick M (1982) Sexual selection and the evolution of female choice. Evolution **36**: 1-12

Kirkpatrick CE, Robinson SK, Kitron UD (1991) Phenotypic correlates of blood parasitism in the common grackle (*Quiscalus quiscula*). In: Loye JE, Zuk M (Eds) Bird-parasite interactions: ecology, evolution and behaviour. Oxford University Press, Oxford: 349-358

Kim KS, Tsuda Y, Sasaki T, Kobayashi M, Hirota Y (2009) Mosquito blood-meal analysis for avian malaria study in wild bird communities: laboratory verification an application to Culex sasai (Diptera: Culicidae) collected in Tokyo, Japan. Parasitol Res **105**: 1351-1357

Kingsolver JG (1989) Weather and the population dynamics of insects: integrating physiological and population ecology. Phys Zool **62**: 314-334

Kiziroglu I (1982) Ernährungsbiologische Untersuchungen an vier Meisenarten (*Parus* spp.). Anz Schädlingskde Pflanzen-Umweltschutz **55**: 170-174

Klein S, Gamble LH, Nelson RJ (1999) Role of steroid hormones in *Trichinella spiralis* infection among voles. Am J Physiol **277**: 1362-1367

Kluijver HN (1951) The population ecology of the great tit, *Parus m. major* L: Ardea **39**: 1-135

Knowles SCL, Wood MJ, Sheldon BC (2010) Context-dependent effects of parental effort infection in a wild bird population, and their role in reproductive trede-offs. Oecologica **164**: 87-97

Kolb H (1996) Fortpflanzungsbiologie der Kohlmeise *Parus major* auf kleinen Flächen: Vergleich zwischen einheimischen und exotischen Baumbeständen. J Ornithol **137**: 229-242

Kondo Y, Cahyaningsih U, Abe A, Tanabe A (1992) Presence of the diurnal rhythm of monocyte count and macrophage activity in chicks. Poultry Sci **71**: 296-301

Korner-Nievergelt F, Hüppop O (2010) Das freie Statistikpaket „R": Eine Einführung für Ornithologen. Vogelwarte **48**: 119-135

Korpimäki E, Tolonen P, Bennett GF (1995) Blood parasites, sexual selection and reproductive success of european krestrels. Ecoscience **2**: 335-343

Krams I, Cirule D, Krama T, Hukkanen M, Rytkonen S, Orell M, Iezhova T, Rantala MJ, Tummeleht L (2010) Effects of forest management on haematological parameters, blood parasites, and reproductive sucess of the Siberian tit (Poecile cinctus) in northern Finland. Ann Zool Fenn **47**: 335-346

Krementz DG, Handford P (1984) Does avian clutch size increase with altitude? Oikos **43**: 256-259

Krokene C, Rigstad K, Dale M, Lifjeld JT (1998) The function of extrapair paternity in blue tits and great tits: good genes or fertility insurance? Behav Ecol **9**: 649-656

Kronberger H, Schüppel KF (1977) Zwanzig Jahre postmortale Untersuchungen von Vögeln. Verh Ber Erkrg Zootiere **19**: 153-169

Krone O, Priemer J, Streich J, Sömmer P, Langgemach T, Lessow O (2001) Haemosporida of birds of prey and owls from Germany. Acta Protozool **40**: 281-289

Krücken J, Dkhil MA, Braun JV, Schroetel RMU, El-Khadragy M, Carmeliet P, Mossmann H, Wunderlich F (2005a) Testosterone suppresses responses of the liver to blood-stage malaria. Infect Immun **73**: 436-443

Krücken J, Braun JV, Dkhil MA, Grunwald A, Wunderlich F (2005b) Deletion of LTβR augments male supectibility to *Plasmodium chabaudi*. Parasite Immunol **27**: 205-212

Kučera J (1981a) Blood parasites of central Europe. 1. Survey of literature. The incidence in domestic birds and general remarks to the incidence in wild birds. Folia Parasitol **28**: 13-22

Kučera J (1981b) Blood parasites of birds in central Europe. 2. *Leucocytozoon*. Folia Parasit **28**: 193-203

Kučera J (1981c) Blood parasites of birds in central Europe. 3. *Plasmodium* and *Haemoproteus*. Folia Parasit **28**: 303-312

Laaksonen T, Fargallo JA, Korpimäki E, Lyytinen S, Valkama J, Pöyri V (2004) Year- and sex-dependent effects of experimental brood sex ratio manipulation on fledging conditions of eurasian kestrels. J Anim Ecol **73**: 342-352

Lack D (1955) British tits (*Parus major*) in nestling boxes. Ardea **43**: 50-84

Lack D (1964) A long-term study of great tit (*Parus major*). J Anim Ecol **33**: 159-173

Lack D (1968) Breeding. In: Lack D (Ed) Ecological adaptions for breeding in birds. Methuen, London: 1-55

Lifjeld JT, Robertson RJ (1992) Female control of extra-pair fertilization in tree swallows. Behav Ecol Sociobiol **31**: 89-96

Lifjeld JT, Dunn PO, Westneat DF (1994) Sexual selection by sperm competition in birds: male-male competition or female choice? J Avian Biol **25**: 244-250

Lifjeld JT, Slagsvold T, Ellegren H (1998) Experimentally reduced paternity affects parental effort and reproductive success in pied flycatcher. Anim Behav **55**: 319-329

Limbourg T, Mateman AC, Andersson S, Lessells CKM (2003) Female blue tits adjust parental effort to manipulated male UV attractiveness. Proc R Soc Lond **271**: 1903-1908

Limbrunner A, Bezzel F, Richarz K, Singer D (2007a) Kohlmeise. In: Limbrunner A, Bezzel F, Richarz K, Singer D (Eds) Enzyklopädie der Brutvögel Europas. Kosmos Verlag, Berlin: 720

Limbrunner A, Bezzel F, Richarz K, Singer D (2007b) Habicht. In: Limbrunner A, Bezzel F, Richarz K, Singer D (Eds) Enzyklopädie der Brutvögel Europas. Kosmos Verlag, Berlin: 214

Lind S, Hörning B (1966) Über Malaria und Pinguine. Verh Ber Erkrank Zootiere **8**: 223-231

Löhrl H (1986) Experimente zur Bruthöhlenwahl der Kohlmeise (*Parus major*). J Ornithol **127**: 51-59

Lourenço AM, Levy AMA, Prado Jr JC, Leal RC, Kloetzel JK (1999) *Calomys callosus* infected with *Trypanosoma cruzi*: studies of a long term infection. Mem Inst Oswaldo Cruz **94**: 1-67

Love OP, Bird DM, Shutt LJ (2003) Corticosterone levels during post-natal development in captive American kestrels (*Falco sparverius*). Gen Comp Endocr **1**: 135-141

Löwenstein M, Hönel A (1999) Vögel. In: Löwenstein M, Hönel A (Eds) Ektoparasiten bei Kleintieren und Heimtieren. Hippokrates, Stuttgart: 52-67

Lubjuhn T (1995) Reproductive stategies and parental effort in birds: great tits (*Parus major*) – a case study. Verh Dtsch Zool Ges **88**: 15-21

Lubjuhn T (2005a) Fremdgehen mit Folgen? Untersuchungen zum Fortpflanzungsverhalten von Kohlmeisen mit Hilfe des DNA-Fingerprinting. Biol in unserer Zeit **29**: 301-306

Lubjuhn T (2005b) Fremdgehen mit Folgen? – Kosten und Nutzen von Fremdkopulationen bei Vögeln. Vogelwarte **43**: 3-13

Lubjuhn T, Sauer KP (1999) DNA fingerprinting and profiling in behavioural ecology. In: Epplen JT, Lubjuhn T (Eds) DNA profiling and DNA fingerprinting, Birkhäuser, Basel: 39-52

Lubjuhn T, Curio E, Muth SC, Brün J, Epplen JT (1993) Influnce of extra-pair paternity on parental care in great tits (*Parus major*). In: Epplen JT, Jeffreys AJ (Eds) DNA Fingerprinting. Birkhäuser, Basel: 379-385

Lubjuhn T, Epplen C, Epplen JT (1996) Multilocus fingerprinting and single locus analyses in the great tit for paternity determination. Electrophoresis **17**: 1555-1558

Lubjuhn T, Gerken T, Brün J, Epplen JT (1998a) High frequency of extra-pair paternity in the coal tit. J Avian Biol **30**: 229-233

Lubjuhn T, Brün J, Winkel W, Muth S (1998b) Effects of blood sampling in great tits. J Field Ornithol **69**: 595-602

Lubjuhn T, Strohbach S, Brün J, Gerken T, Epplen JT (1999a) Extra-pair paternity in great tits (*Parus major*) - a long term study. Behaviour **136**: 1157-1172

Lubjuhn T, Gerken T, Brün J, Epplen JT (1999b) High frequency of extra-pair paternity in the coal tit. J Avian Biol **30**: 229-233

Lubjuhn T, Winkel W, Epplen JT, Brün J (2000) Reproductive success of monogamous and polygynous pied flycatchers (*Fucedula hypoleuca*). Behav Ecol Sociobiol **48**: 12-17

Lubjuhn T, Brün J, Gerken T, Epplen JT (2001) Inconsistent pattern of extra-pair paternity in first and second broods of the great tit (*Parus major*). Ardea **89**: 69-73

Lumeij JT (1996) Biochemisty and sampling. In: Beynon PH (Ed) Manual of raptors, pigeons and waterfowl. Br Small anim Vet Assoc: 63-67

MacWhirter RB (1989) On the rarity of intraspecific brood parasitism. Condor **91**: 485-492

Madison FN, Jurkevich A, Kuenzel WJ (2008) Sex differences in plasma corticosterone release in undisturbed chicken (*Gallus gallus*) in response to arginine vasotocin and corticotrophin releasing hormone. Gen Comp Endocr **155**: 566-573

Magee SE, Neff BD, Knapp R (2006) Plasma levels of androgens and cortisol in relation to breeding behaviour in parental male bluegill sunfish, *Lepomis macrochirus*. Horm Behav **49**: 598-609

Manwell RD (1935) How many species of avian malaria parasites are there? Am J Trop Med Hyg **15**: 265-282

Manwell RD, Rossi GS (1975) Blood protozoa of imported birds. J Protozol **22**: 124-127

Marra PP, Holberton RL (1998) Corticosterone levels as indicators of habitat quality: effects of habitat segregation in a migratory bird during the non-breeding season. Oecologia **116**: 284-292

Martin LB, Gilliam J, Han P, Lee K, Wikelski M (2005) Corticosterone suppresses cutaneous immune function in temperate but not tropical house sparrows, *Passer domesticus*. Gen Comp Endocr **140**: 126-135

Martin TE (1995) Avian life history evolution in relation to nest sites, nest predation, and food. Ecol Monogr **65**: 101-127

Martinez-Abrain A, Esparaz B, Oro D (2004) Lack of blood parasites in birds species: does absence of blood parasite vectors explain it all? Ardeola **51**: 225-232

Martinez-Padilla J, Martinez J, Davila JA, Merino S, Moreno J, Millan J (2004) Within-brood size differences, sex and parasites determine blood stress protein levels in Eurasian kestrel nestlings. Func Ecol **18**: 426-434

Mateo M, Cavigelli SA (2005) A validation of extraction methods for noninvasive sampling of glucocorticoids in free-living ground squirrels. Physiol Biochem Zool **78**: 1069-1084

Maxwell MH (1981) Leucocyte diurnal rhythms in normal and pinealectomized juvenile females fowls. Res Vet Sci **31**: 113-115

McClure HE, Poonswad P, Greiner EC, Laird M (1978) Haematozoa in the birds of eastern and southern Asia. Mem Univ Newfound: 225-236

McQuistion TE (2000) The prevalence of coccidian parasites in passerine birds from South America. Trans Acad Sci **93**: 221-227

Mee A, Whitfield DP, Thompson DBA, Burke T (2004) Extrapair paternity in the common sandpiper, *Actitis hypoleucos*, revealed by DNA fingerprinting. Anim Behav **67**: 333-342

Mehlhorn H, Piekarski G (2002) Untersuchung des Blutes. In: Mehlhorn H Piekarski G (Eds) Grundriss der Parasitenkunde: Parasiten des Menschen und der Nutztiere. Spektrum Akademischer Verlag, Heidelberg: 11-12

Mehlhorn H, Düwel D, Raether W (1993) Parasiten der Vögel. In: Mehlhorn H, Düwel D, Raether W (Eds) Diagnose und Therapie von Parasitosen von Haus, Nutz- und Heimtieren. Gustav Fischer Verlag, Jena: 303-358

Merilä J, Andersson M (1999) Reproductive effort and success are related to hematozoan infections in blue tits. Ecoscience **6**: 421-428

Merino S, Potti J (1995) High prevalence of hematozoa in nestlings of a passerine species, the pied flycatcher (*Ficedula hypoleuca*). Auk **112**: 1041-1043

Merino S, Potti J, Fargallo JA (1997) Blood parasites of passerine birds from Central Spain. J Wildl Dis **33**: 638-641

Merino S, Moreno J, Sanz JJ, Arriero E (2000a) Are avian blood parasites pathogenic in the wild? A medication experiment in blue tits (*Parus caeruleus*). Proc R Soc Lond **267**: 2507-2510

Merino S, Seoane J, de la Puente J, Bermejo A (2000b) Low prevalence of infection by haemoparasites in Cetti's warblers *Cettia cetti* from Central Spain. Ardeola **47**: 269-271

Merino S, Moreno J, Thomas G, Martinez J, Morales J, Martinez-de la Puente J, Osorno JL (2006) Effects of parental effort on blood stress protein HSP60 and immunoglobulins in female blue tits: a brood size manipulation experiment. J Anim Ecol **75**: 1147-1153

Merril CR, Goldman D, Sedman SA, Ebert MH (1981): Ultrasensitive stain for proteins in polyacrylamide gels shows regional variation in cerebrospinal fluid proteins. Science **211**: 1437-1438

Mészáros A, Toth Z, Pasztor L (2006) Body mass of female great tits (*Parus major*) at egg laying. J Ornithol **147**: 414-418

Millspaugh JJ, Washburn BE (2004) Use of fecal glucocorticoid metabolite measures in conservation biology research: considerations for application and interpretation. Gen Comp Endocr **138**: 189-199

Møller AP (1988) Paternity and parental care in the swallow, *Hirundo rustica*. Anim Behav **36**: 99-103

Møller AP (2000) Male parental care, female reproductive success, and extrapair paternity. Behav Ecol **11**: 161-168

Møller AP, Ninni P (1998) Sperm competition and sexual selection: a metanalysis of paternity studies in birds. Behav Ecol Sociobiol **43**: 345-358

Møller AP, Tegelström H (1997) Extra-pair paternity and tail ornamentation in the barn swallow *Hirundo rustica*. Behav Ecol Sociobiol **41**: 353-360

Møller AP, Dufva R, Erritzoe J (1998) Host immune function and sexual selection in birds. J Evol Biol **11**: 703-719

Møller AP, Brohede J, Cuervo JJ, de Lope F, Primmer C (2003a) Extrapair paternity in relation to sexual ornamentation, arrival date and condition in migration bird. Behav Ecol **14**: 707-712

Møller AP, Erritzoe J, Saino N (2003b) Seasonal changes in immune response and parasite impact on hosts. Am Nat **161**: 657-671

Moore DS, McCabe G.P (1998) Descriptive statistics. In: Moore DS, McCabe GP (Eds) Study guide for Moore and McCabe's introduction to the practice of statistics. Freeman, New York: 4-28

Moss R, Parr R, Lambin X (1994) Effects of testosterone on breeding density, breeding success and survival of red grouse. Proc R Soc Lond **258**: 175-180

Moreno J, Sanz JJ, Arriero E (1999) Reproductive effort and T-lymphocyte cell-mediated immunocompetence in female pied flycatchers *Ficedula hypoleuca*. Proc R Soc Lond **266**: 1105-1109

Moreno J, Merino S, Sanz JJ, Arriero E (2002) An indicator of maternal stress is correlated with nestling growth in pied flycatchers *Ficedula hypoleuca*. Avian Sci **2**: 175-182

Moss R, Parr R, Lambin X (1994) Effects of testosterone on breeding density, breeding success and survival of red grouse. Proc R Soc Lond **258**: 175-180

Mougeot F, Irvine JR, Seivwright L, Redpath SM, Piertney S (2004) Testosterone, immunocompetence, and honest sexual signalling in male red grouse. Behav Ecol **15**: 930-937

Mougeot F, Redpath SM, Piertney SB (2006) Elevated spring testosterone increases parasite intensity in male red grouse. Behav Ecol **17**: 117-125

Mulder RA, Dunn PO, Cockburn A, Lazenby-Cohen KA, Howell MJ (1994) Helpers liberate female fairy-wrens from constraints on extra-pair mate choice. Proc R Soc Lond **255**: 223-229

Müller W, Epplen JT, Lubjuhn T (2001) Genetic paternity analyses in little owls (*Athene noctua*): does the high rate of paternal care select against extra-pair young? J Ornithol **142**: 195-203

Nachev M, Zimmermann S, Rigaud T, Surres B (2010) Is metal accumulation in Pomphorhynchus laevis dependent on parasite sex orinfrapopulation size? Parasitol **137**: 1239-1248

Niethammer G (1996) Passeridae – Meisen. In: Niethammer G (Ed) Handbuch der deutschen Vogelkunde I. Aula, München: 213-218

Norris K, Anwar M, Read F (1994) Reproductive effort influences the prevalence of haematozoan parasites in great tits. J Anim Ecol **63**: 601-610

Norte AC, Sheldon BC, Sousa JP, Ramos JA (2008) Repeatability and method-dependent variation of blood parameters in wild-caught Great Tits *Parus major*. Acta Ornithol **43**: 65-75

Norte AC, Ramos JA, Sousa JP, Sheldon BC (2009a) Variation of adult Great Tit *Parus major* body condition and blood parameters in relation to sex, age, year and season. J Ornithol **150**: 651-660

Norte AC, Sheldon BC, Sousa JP, Ramos JA (2009b) Environmental and genetic variation in body condition and blood profile of Great Tit *Parus major*. J Avian Biol **40**: 157-165

Norte AC, Araujo PM, Sampaio HL, Sousa JP, Ramos JA (2009c) Haematozoa infections in a great tit Parsu major population in central Portugal: relationships with breeding effort and health. Ibis **151**: 677-188

Northern ALD, Rutter SM, Peterson CM (1994) Cyclic changes in the concentrations of peripheral blood immune cells during the normal menstrual cycle. Proc Soc Exp Biol Med **207**: 81-88

Nour N, Currie D, Matthysen E, Van Damme R, Dhondt AA (1998) Effects of habitate fragmentation on provisioning rates, diet and breeding success in two species of tits (great tit and blue tit). Oecologia **114**: 522-530

Nunez-de la Mora A, Drummond H, Wingfield JC (1996) Hormonal correlates of dominance and starvation-induced aggression in chicks of the blue-footed booby. J Ethol **102**: 748-761

Olsen OW (1974) Order Haemosporidae. In: Olsen OW (Ed) Animal parasites. Their life cycles and ecology. University Park Press, Baltimore: 132-154

Opplinger A, Christe P, Richner H (1996a) Clutch size and malaria resistance. Nature **381**: 565

Opplinger A, Christe P, Richner H (1996b) Clutch size and malaria parasites in female great tit. Behav Ecol **8**: 148-152

Orell M (1989) Population fluctuation and survival of great tits *Parus major* dependent on food supplied by man in winter. Ibis **131**: 112-127

Orell M, Ojanen M (1983) Effect of habitate, date of laying and density of clutch size of the great tit *Parus major* in northern Finland. Holoarctic Ecol **6**: 413-423

Ortego J, Cordero PJ, Aparicio JM, Calabuig G (2008) Consequenses of chronic infections with three different avian malaria lineages on reproductive performance of lesser krestels (*Falco naumanni*). J Ornithol **149**: 337-343

Osorio-Beristain M, Drummond H (2001) Male boobies expel eggs when paternity is in doubt. Behav Ecol **12**: 16-21

Ots I, Horak P (1996) Great tits (*Parus major*) trade health for reproduction. Proc R Soc Lond B **263**: 1443-1447

Otter KA, Steward IRK, McGregor PK, Terry AMR, Dabelsteen T, Burke T (2001) Extra-pair paternity among great tits *Parus major* following manipulation of male signals. J Avian Biol **32**: 338-344

Palme R, Möstl E (1997) Measurements of cortisol metabolites in faeces of sheep as a parameter of cortisol concentration in blood. J Mamm **62**: 192-197

Palme R, Rettenbacher S, Touma C, El-Bahr SM, Möstl E (2005) Stress hormones in mammals and birds; comparative aspects regarding metabolism, excretion, and on invasive measurement in fecal samples. Ann NY Acad Sci **1040**: 162-171

Pap PL, Vagasi CI, Tokolyi J, Czirjak GA, Barta Z (2010) Variation on haematological indices and immune function during the annual cycle in the Great tit Paruds major. Ardea **98**: 105-112

Parslow TG (1994) The phagocytes: neutrophiles and macrophages. In: Sites DP, Terr A, Praslow TG (Eds) Basic and clinical immunology. Appleton & Lange, Norwalk: 326-328

Payevsky VA (2006) Mortality rate and population density regulation in the great tit, *Parus major* L.: a review. Russ J Ecol **37**: 180-187

Peirce MA (1989) The significance of avian haematozoa in conservation strategies. (Ed) In: Cooper JE (1989) Disease and threatened birds. ICBP Tech Pub **10**: 69-76

Perkins SL (2000) Species concepts and malaria parasites: Detecting a cryptic species of *Plasmodium*. Proc R Soc Lond **267**: 2345-2350

Perkins SL, Schall JJ (2002) A molecular phylogeny of malaria parasites recovered from cytochrome b gene sequences. J Parasitol **88**: 972-978

Perrins CM (1979) General behaviour. In: Perrins CM (Ed) British tits. Collins, London: 4-35

Perrins CM (1965) Population fluctuations and clutch size in the great tit, *Parus major*. J Anim Ecol **34**: 601-647

Perrins CM, Geer TA (1980) The effect of sparrowhawks on tit populations. Ardea **68**: 133-142

Pike TW, Petrie M (2006) Experimental evidence that corticosterone affects offspring sex ratios in quail. Proc R Soc Lond B **273**: 1093-1098

Pikula J (1975) Gelegegröße und Brutbeginn bei *Parus major* und *Parus ater* im Bergmassiv Belanské Tatry. Zool Listy Briinn **24**: 373-384

Plischke A, Quillfeldt P, Lubjuhn T, Merino S, Masello JF (2010) Leucocytes in adult burrowing parrots Cyanoliseus patagonus in the wild: variation between contrasting bredding seasons, gender, and individual condition. J Ornithol **151**: 347-354

Poulin R, Vickery WL (1993) Parasite distribution and virulence: impactions for parasite mediated sexual selection. Behav Ecol Sociobiol **33**: 429-436

Pravosudov VV, Mendoza SP, Clayton NS (2003) The relationship between dominance, corticosterone, memory, and food caching in mountain chickadees (*Poecile gambeli*). Horm Behav **44**: 93-102

Prinzinger R, Misovic A (1994) Vogelblut – Eine allometrische Übersicht der Bestandteile. J Ornithol **135**: 133-165

Queyras A, Carosi M (2004) Non-invasive techniques for analysing hormonal indicators of stress. Ann 1st Super Sanità **40**: 211-221

Queras A, Carosi M (2004) Non-invasive techniques for analysing hormonal indicators of stress. Ann I^{st} Super Sanita **40**: 211-221

Quillfeldt P, Schmoll T, Peter HU, Epplen JT, Lubjuhn T (2001) Genetic monogamy in wilson´s storm petrel. Auk **118**: 242-248

Radler K (1988) Inzucht und Inzuchtdepression – Zur Begriffserklärung und Konsequenz für den Artenschutz. Vogelwelt **109**: 171-175

Rätti O, Dufva R, Alatalo RV (1993) Blood parasites and male fitness in the pied flycatcher. Oecologia **96**: 410-414

Raouf SA, Smith LA, Bomberger Brown M, Wingfielld JC, Brown CR (2005) Glucocorticoid hormone levels increase with group size and parasite load in cliff swallows. Anim Behav **71**: 39-48

Rashed AA, Shehata KK, James BL, Arafa MA, Younis TA, Morsy TA (1996) Effect of the behavioural stress on susceptibility of Syrian hamsters to *Schistosoma mansoni* infection: effect on number and fertility of worm burden. J Egypt Soc Parasitol **26**: 285-296

Rathmann A (1996) Untersuchungen zum Fortpflanzungsverhalten von Blaumeisen (*Parus caeruleus*) mit Hilfe des DNA-Fingerprinting. Diplomarbeit, Mathematisch-Naturwissenschaftliche Fakultät Bonn, Rheinische Friedrich-Wilhelms-Universität

Rattner BA, Fairbrother A (1991) Biological variability and the influence of stress on cholinesterase activity. In: Mineau P (Ed): Cholinesterase-inhibiting insecticides, their impact on wildlife and the environment. Elsevier, Amsterdam: 89-108

Reichholf JH (2003) Warum macht die Singdrossel *Turdus philomelos* einen glatten Nestnapf? Orn Anz Ges Bayern **42**: 235-242

Reid JM, Arcese P, Sardell RJ, Keller LK (2011) Heritability of female extra-pair paternity rate in song sparrows (*Melospiza melodia*). Proc R Soc B **278**: 1114-1120

Rettenbacher S, Palme P (2009) Biological validation of a non-invasive method for stress assessment in chickens. Berl Münch Tierärztl Wochenschr **122**: 8-12

Rettenbacher S, Möstl E, Hackl R, Ghareeb K, Palme P (2004) Measurement of corticosterone metabolites in chicken droppings. Poultry Sci **45**: 704-711

Revenstorf D (2004) Das Kuckucksei. Über das pharmokologische Modell in der Psychotherapie-Forschung. Therapief **5**: 1-19

Richard FA, Sehgal RNM, Jones HI, Smith TB (2002) A comparative analysis of PCR-based detection methods for avian malaria. J Parasitol **88**: 819-822

Richner H, Christe P, Opplinger A (1995) Paternal investment affects prevalence of malaria. Proc Natl Acad Sci USA **92**: 1192-1194

Ricklefs RE, Fallon SM, Bermingham E (2004) Evolutionary relationships, cospeciation and host switching in avian malaria parasites. Syst Biol **53**: 111-119

Roberts CW, Satoskar A, Alexander J (1996) Sex steroids, pregnancy-associated hormones and immunity to parasitic infection. Parasitol Today **12**: 382-388

Roberts CW, Walker W, Alexander J (2001) Sex-associated hormones and immunity to protozoan parasites. Clin Microbiol Rev **14**: 476-488

Röhss M, Silverin B (1983) Seasonal variations in the ultrastructure of the leydig cells and plasma levels of luteinizing hormone and steroid hormones in juvenile and adult great tits *Parus major*. Ornis Scand **14**: 202-212

Rönsch K, Schäffer D, Hübner M (2005) Dokumentation von Vogelbruten mithilfe von WEB-Cams. Tagungsband 138. Jahresvers Deutsch Ornithol Gesell: 103

Rogers CM, Ramenofsky M, Ketterson ED, Nolan V, Wingfield JC (1993) Plasma corticosterone, adrenal mass, winter weather, and season in nonbreeding populations of dark-eyed juncos (*Junco hyemalis hyemalis*). Auk **110**: 279-285

Romero LM, Romero RC (2002) Corticosterone responses in wild birds: the importance of rapid initial sampling. Condor **104**: 129-135

Romero LM, Reed JM (2004) Collecting baseline corticosterone samples in the field: is under 3 min good enough? Comp Biochem Physiol **140**: 73-79

Romero LM, Reed JM, Wingfield JC (2000) Effects of weather on corticosterone responses in wild free-living passerine birds. Gen Comp Endocr **118**: 113-122

Ros AFH, Groothuis TGG, Apanius V (1997) The relation among gonadal steroids, immunocompetence, body mass, and behavior in young black-headed gulls (*Larus ridibundus*). Am Nat **150**: 201-219

Saiki RK, Gelfand DH, Stoffel S, Scharf SJ, Higuchi R, Horn GT, Mullis KB, Erlich HA (1988) Primer-directed enzymatic amplification of DNA with a thermostable DNA polymerase. Science **239**: 487-491

Saino N, Møller AP (1994) Secondary sexual characters, parasites and testosterone in the barn swallow, *Hirundo rustica*. Anim Behav **48**: 1325-1333

Saino N, Møller AP, Bolzern AM (1995) Testosteron effects on the immune system and parasite infestations in the barn swallows (*Hirundo rustica*): an experimental test of the immunocompetence hypothesis. Behav Ecol **6**: 397-404

Saladin V, Bonfils D, Binz T, Richner H (2003) Isolation and characterization on 16 microsatellite loci in the great tit *Parus major*. Mol Ecol **3**: 1-3

Sambrook J, Russell DW (2000) Molecular cloning. In: Sambrook J, Russell DW (Eds) Molecular cloning: A laboratory manual. Cold Spring Harbor Laboratory Press, New York: 5-7

Sánchez S, Cuervo JJ, Moreno E (2007) Does habitat structure affect body condition of nestlings? A case study with woodland great tits *Parus major*. Acta Ornithol **42**: 200-204

Sanz JJ (1998) Effects of geographic location and habitat on breeding parameters of great tits. Auk **115**: 1034-1051

Sanz JJ, Tinbergen JM (1999) Energy expenditure, nestling age, and brood size: an experimental study of parental behavior in the great tit *Parus major*. Behav Ecol **10**: 598-606

Sanz JJ, Arriero E, Moreno J, Merino S (2001a) Interactions between hemoparasite status and female age in the primary reproductive output of pied flycatchers. Oecologia **126**: 339-344

Sanz JJ, Arriero E, Moreno J, Merino S (2001b) Female hematozoan infection reduces hatching success but not fledging success in pied flycatchers *Ficedula hypoleuca*. Auk **118**: 750-755

Sands J, Creel S (2004) Social dominance, aggression and faecal glucocorticoid levels in a wild population of wolves, *Canus lupus*. Anim Behav **67**: 387-396

Sapolsky RM (1992) Neuroendocrinology of the stress response. In: Becker JB, Breedlove SS, Crews D (Eds) Behavioural endocrinology. MIT Press, Cambridge: 287-324

Saunders DA, Hobbs RJ, Margules CR (1990) Biological consequences of ecosystem fragmentation: A review. Conserv Biol **5**: 18-32

Scheuerlein A, Ricklefs RE (2004) Prevalence of blood parasites in European passeriform birds. Proc R Soc Lond **1178**: 1363-1370

Schmidt KH (1984) Frühjahrstemperaturen und Legebeginn bei Meisen (*Parus*). J Ornithol **125**: 321-331

Schmidt KH, Steinbach J (1983) Niedriger Bruterfolg der Kohlmeise (*Parus major*) in städtischen Parks und Friedhöfen. J Ornithol **124**: 81-83

Schmidt KH, Steinbach J (1983) Niedriger Bruterfolg der Kohlmeise (*Parus major*) in städtischen Parks und Friedhöfen. J Ornithol **1**: 81-83

Schmidt KH, Wolff S (1985) Hat die Winterfütterung einen Einfluss auf Gewicht und Überlebensrate von Kohlmeisen (*Parus major*)? J Ornithol **126**: 175-180

Schmidt KH, Berressem H, Berressem KG, Demuth M (1985) Untersuchungen an Kohlmeisen (*Parus major*) in den Wintermonaten – Möglichkeit und Grenzen der Methode „Nachtfang". J Ornithol **126**: 63-71

Schmoll T, Dietrich V, Winkel W, Epplen JT, Lubjuhn T (2002) Long-term fitness consequences of female extra-pair matings in a socially monogamous passerine. Proc R Soc Lond **270**: 259-264

Schmoll T, Mund V, Dietrich-Bischoff V, Winkel W, Lubjuhn T (2007) Male age predicts extrapair and total fertilization success in the socially monogamous coal tit. Behav Ecol **18**: 1073-1081

Schrader MS, Walters EL, James FC, Greiner EC (2003) Seasonal prevalence of a haematozoan parasite of red-bellied woodpeckers (*Melanerpes carolinus*) and its association with hot condition and overwintering survival. Auk **120**: 130-137

Schreiber IBR, Kralj S, Kotrschall K (2005) Sampling effort/frequency necessary acute stress responses from fecal analysis in greylag geese (*Anser anser*). Ann Acad NY Sci **1046**: 154-167

Schrenzel MD, Maalouf GA, Keener LL, Gaffney PM (2003) Molecular characterisation of malaria parasites in captive passerine birds. J Parasitol **89**: 1025-1033

Schulze-Hagen K, Swatschek I, Dyrcz A, Wink M (1993) Multiple Vaterschaften in Bruten des Seggenrohrsängers *Acrocephalus paludicola*: Erste Ergebnisse des DNA-Fingerprintings. J Ornithol **134**: 145-154

Schumacher A (1965) Zur submikroskopischen Struktur der Thrombozyten, Lymphozyten und Monozyten des Haushuhns (*Gallus domesticus*). Z Zellforsch **66**: 219-232

Schuster JP, Schaub GA (2001a) *Trypanosoma cruzi*: the development of estrus cycle and parasitemia in female mice maintained without male pheromones. Parasitol Res **87**: 985-993

Schuster JP, Schaub GA (2001b) Experimental Chagas diseases: the influence of sex and psychoneuroimmunological factors. Parasitol Res **87**: 994-1000

Schuhr B (1987) Social structure and plasma corticosterone level in female albino mice. Physiol Behav **40**: 689-693

Schwabl H, Bairlein F, Gwinner E (1991) Basal and stress-induced corticosterone levels of garden warblers, *Sylvia borin*, during migration. J Comp Physiol **161**: 576-580

Scialdo RC, Reinecke RK, Vos V (1982) Seasonal incidence of helminths in the Burchell's zebra. J Vet Res **49**: 127-130

Scope A (1999) Untersuchung des Blutes. In: Kaleta EF, Krautwald-Junghanns ME (Eds) Kompendium der Ziervogelkrankheiten. Schlütersche Verlag, Hannover: 86-92

Schmid M, Zimmermann S, Krug HF, Sures B (2007) Influence of platinum, palladium and rhodium as compared with cadmium, nickel and chromium on cell viability and oxidative stress in human bronchial epithelial cells. Environ Intern **33**: 385-390

Seed TM, Manwell RD (1977) Plasmodia in birds. In: Kreier JP (Ed) Parasitic Protozoa, Acad Press, New York: 311-357

Seidel B (2000) Freilanduntersuchungen an heimischen Stechmücken (Culicidae, Gelsen). Carinthia II: 547-554

Sheldon BC (1994) Sperm competition in the chaffinch: the role of the female. Anim Behav **47**: 167-173

Sheldon BC, Merilä J, Qvarnstöm A, Gustafsson L, Ellegren H (1997) Paternal genetic contribution to offspring condition predicted by the size of male secondary sexual character. Proc R Soc Lond **264**: 297-302

Shurulinkov P, Chakarov N (2006) Prevalence of blood parasites in different local populations of reed warbler (*Acrocephalus scirpaceus*) and great reed warbler (*Acrocephalus arundinaceus*). Parasitol Res **99**: 588-592

Shurukinkov P, Golemansky V (2003) *Plasmodium* and *Leucocytozoon* (Sporozoa: Haemosporida) of wild birds in Bulgaria. Acta Protozool **42**: 205-214

Sigl G, Wruß W (1958) Einige interessante Vogelberingungsergebnisse aus Kärnten. Naturw Ver Kärnten: 4-6

Siikamäki P, Rätti O, Hovi M, Bennett GF (1997) Association between haematozoan infections and reproduction in the pied flycatcher. Funct Ecol **11**: 176-183

Silverin B, Viebke PA, Westin J (1984) Plasma levels of luteinizing hormone and steroid hormones in free-living winter groups of willow tits (*Parus montanus*). Horm Behav **18**: 367-379

Silverin B (1998a) Behavioral and hormonal responses of pied flycatchers to environmental stressors. Anim Behav **55**: 1411-1420

Silverin B (1998b) Stress responses in birds. Poult Avian Biol Rev **9**: 153-168

Smith SM (1988) Extra-pair copulations in black-capped chickadees: the role of the female. Behaviour **107**: 15-23

Snoeijs T, Dauwe T, Pinxten R, Vandesande F, Eens M (2004a) Heavy metal exposure affects the humoral response in a free-living small songbird, the great tit (*Parus major*). Arch Environ Contam Toxicol **46**: 399-404

Snoeijs T, Van de Casteele T, Adriaensen F, Matthysen E, Eens M (2004b) A strong association between immune responsiveness and natal dispersal in a songbird. Proc R Soc Lond **271**: 199-201

Sol D, Jovani R, Torres J (2000) Geographical variation in blood parasites in feral pigeons: the role of vectors. Ecography **23**: 307-314

Sol D, Jovani R, Torres J (2003) Parasite mediated mortality and host immune response explain age-related differences in blood parasitism in birds. Oecologia **135**: 542-547

Stadler A (2006) Einfluss des Geschlechts und psychoneuroimmunologische Faktoren auf die Parasitierung von Zootieren. Diplomarbeit, Fakultät für Biologie & Biotechnologie, Ruhr-Universität Bochum

Stadler A, Lawrenz A, Schaub G (2007) Der Einsatz von Raubwanzen zur Gewinnung von Blutproben bei Zootieren. Z Kölner Zoo **4**: 163-173

Stadler A, Lawrenz A, Schaub G (2009) Der Einsatz der südamerikanischen Raubwanze *Dipetalogaster maxima* in den Zoologischen Gärten zur Gewinnung von Blutproben bei Zootieren. Tierärztl Umschau **64**: 147-153

Stangel PW (1986) Lack of effects from sampling blood from small birds. Condor **88**: 224-245

Steinbach J, Einlof H, Köth T, Hörster P, Achenbach HJ (1980) Brutbiologische Untersuchungen an Höhlenbrütern in drei neuen Frankfurter Kontrollgebieten. Luscinia **44**: 189-200

Stjernman M, Raberg L, Nilsson JA (2004) Survival costs of reproduction in the blue tit (*Parus caeruleus*): a role for blood parasites? Proc R Soc Lond **271**: 2387-2394

Stjernman M, Raberg L, Nilsson JA (2008) Long-term effects of nestling condition on blood parasite resistance in blue tits (*Parus caeruleus*). Can J Zool **86**: 937-946

Stöwe M, Drent P, Möstl E (2009) Kohlmeisennestlinge *Parus major* unterscheiden sich im Glukokortikoidmetabolitenmuster von Adulten. Vogelwarte **47**: 330

Stöwe M, Rosivall B, Drent PJ, Möstl E (2010) Selection for fast and slow exploration affects baseline and stress-induced corticosterone excretion in Great tit nestlings, *Parus major*. Horm Behav **58**: 864-871

Strohbach S, Curio E, Bathen A, Epplen JT, Lubjuhn T (1998) Extrapair paternity in the great tit (*Parus major*): a test of the "good genes" hypothesis. Behav Ecol **9**: 388-396

Stutchbury BJM, Morton ES (1995) The effect of breeding synchrony on extra-pair mating systems in songbirds. Behaviour **132**: 675-690

Stutchbury BJM (1998a) Female mate choice of extra-pair males: breeding synchrony is important. Behav Ecol **43**: 213-215

Stutchbury BJM (1998b) Breeding synchrony best explains variation in extra-pair mating system among avian species. Behav Ecol Sociobiol **43**: 221-222

Sugg DW, Chesser RK, Dobson FS, Hoogland JL (1996) Population genetics meets behavioral ecology. TREES **11**: 338-342

Sundberg J, Dixon A (1996) Old, colourful male yellowhammers, *Emberiza citrinella*, benefit from extra-pair copulation. Anim Behav **52**: 113-122

Sures B (2008) Host-parasite interactions in polluted environments. J Fish Biol **73**: 2133-2142

Tella JL, Forero MG, Gajon A, Hiraldo F, Donazar JA (1996) Absence of blood-parasitization effects on lesser kestrel fitness. Auk **113**: 253-256

Tella JL, Blanco G, Forero MG, Gajons A, Donazar JA, Hiraldo F (1999) Habitat, world geographic range, and embryonic development of hosts explain the prevalence of avian hematozoa at small spatial and phylogenetic scales. Proc Natl Acad Sci USA **96**: 1785-1789

Thiel D, Jenni-Eiermann S, Palme R (2005) Measuring corticosterone metabolites in droppings of capercaillies (*Tetrao urogallus*). Ann NY Acad Sci **1046**: 1-13

Thomsen R, Voigt CC (2006) Non-invasive blood sampling from primates using laboratory-bred blood-sucking bugs (*Dipetalogaster maxima*; Reduviidae, Heteroptera). Primates **47**: 397-400

Tietze DT, Ellrich H, Neu A, Martens J (2007) Integriertes Singvogelmonitoring am Eich-Gimbsheimer Altrhein. Faun Flor Rheinl-Pfalz **11**: 151-174

Tomás G, Martinez J, Merino S (2004) Collection and analysis of blood samples to detect stress proteins in wild birds. J Field Ornithol **75**: 281-287

Tomás G, Merino S, Martinez J, Moreno J, Sanz JJ (2005) Stress protein levels and blood parasite infection in blue tits (*Parus caeruleus*): a medication field experiment. Ann Zool Fennici **42**: 45-56

Tomás G, Merino S, Moreno J, Morales J, Martinez-de la Puente J (2007a) Impact of blood parasites on immunoglobulin level and parental effort: a medication field experiment on a wild passerine. Funct Ecol **21**: 125-133

Tomás DW, Shipley B, Blondel J, Perret P, Simon A, Lambrects MM (2007b) Common paths link food abundance and ectoparasite loads to physiological performance and recruitment in nestling blue tits. Funct Ecol **31**: 947-955

Tomé R, Santos N, Cardia P, Ferrand N, Korpimäki E (2005) Factors affecting the prevalence of blood parasites of little owls *Athene noctua* in southern Portugal. Ornis Fenn **82**: 63-72

Touma C, Palme R (2005) Measuring fecal glucocorticoid metabolites in mammals and birds: the importance of validation. Ann NY Acad Sci **1046**: 54-74

Touma C, Sachser N, Möstl E, Palme R (2003) Effects of sex and time of day on metabolism and excretion of corticosterone in urine and feces of mice. Gen Comp Endocr **130**: 267-278

Touma C, Palme R, Sachser N (2004) Analyzing corticosterone metabolites in fecal samples of mice: a noninvasive technique to monitor stress hormones. Horm Behav **45**: 10-22

Townsend AK, Clark AB, McGowan KJ (2010) Direct benefits and genetic costs of extrapair paternity for female American crows (*Corvus brachyrhynchos*). Am Nat **175**: 1-9

Trivers RL (1972) Parental investment and sexual selection. In: Campbell B (Ed) Sexual selection and the descent of man. Aldine, Chicago: 35-38

Valentin A, Haberkorn A, Hensch B, Jakob W (1994) Massive Malaria-Infektionen mit *Parahaemoproteus* spec. in Schnee-Eulen (*Nyctea scandiaca*) und deren Behandlung mit Primaquin. Verh Ber Erkrg Zootiere **36**: 401-404

Valkiūnas G, Iezhova TA (2001) A comparison of the blood parasites in three subspecies of the yellow wagtail *Motacilla flava*. J Parasitol **87**: 930-934

Van Balen JH (1973) A comparative study of the breeding ecology of the great tit (*Parus major*) in different habitats. Ardea **61**: 1-93

Van Duyse E, Prinxten R, Eens M (2000) Does testosterone affects the trade-off between investment in sexual/territorial behaviour and parental care in male great tit? Behaviour **137**: 1503-1515

Van Duyse E, Prinxten R, Darras VM, Arckens L, Eens M (2004) Opposite changes in plasma testosterone and corticosterone levels following a simulated territorial challenge in male great tits. Behaviour **141**: 451-467

Verboven N, Mateman C (1997) Low frequency of extra-pair fertilizations in the great tit *Parus major* revealed by DNA fingerprinting. J Avian Biol **28**: 231-239

Viner TC, Nicholds D, Montali RJ (2001) Malaria in birds at the Smithsonian National Zoological Park. Proceedings of the Joint Conferences of the American Association of Zoo Veterinarians (AAZV), the American Association of Wildlife Veterinarians (AAWV), the Association of Reptilian and Amphibian Veterinarians (ARAV) and the National Association of Zoo and Wildlife Veterinarians (AZWV) Orlando, Florida, USA **18**: 68-70

Vinkler M, Schnitzer J, Munklinger P, Votýpka J, Albrecht T (2010) Haematological health assessment in a passerine with extremely high proportion of basophils in peripheral blood. J Ornithol **151**: 841-849

Vleck CM, Vertalino N, Vleck D, Bucher TL (2000) Stress, corticosterone, and heterophil to lymphocyte ratios in free-living adelie penguins. Condor **102**: 392-400

Voigt CC, Faßbender M, Dehnhard M, Wibbelt G, Jewgenow K, Hofer H, Schaub GA (2004) Validation of a minimally invasive blood-sampling technique for analysis of hormones in domestic rabbits, *Orycolagus cuniculus* (Lagomorpha). Gen Comp Endocr **135**: 100-107

Voigt CC, Peschel U, Wibbelt G, Fröhlich K (2006) An alternative, less invasive blood sampling collection technique for serologic studies utilizing triatomine bugs. J Wildlife Dis **42**: 446-469

Vogt H (1994) Begriffe der Wahrscheinlichkeitsrechnung. In: Vogt H (Ed) Grundkurs Mathematik für Biologen. Teubner, Stuttgart: 227-286

Von Helversen (1984) Nectar intake and energy expenditure in a flower visiting bat. Oecologia **63**: 178-184

Wagner BO, Mücke W, Schenck HP (1989) Umweltmonitoring. In: Wagner BO, Mücke W, Schenck HP (Eds) Umweltmonitoring. Umweltkonzentrationen organischer Chemikalien. Ecomed Verlagsgesellschaft, Landsberg: 3-14

Wagner RH (1992) The pursuit of extra-pair copulations by monogamous female razorbills: how do females benefit? Behav Ecol Sociobiol **29**: 455-464

Waldenström J, Bensch S, Hasselquist D, Östman Ö (2004) A new nested polymerase chain reaction method very efficient in detecting *Plasmodium* and *Haemoproteus* infections from avian blood. J Parasitol **90**: 191-194

Walter H (1979) Kurzberichte aus der laufenden Forschung – Untersuchungen zu Brutaktivitäten der Kohlmeise (*Parus major*) in der Zeit der Eiablage. J Ornithol **120**: 102-103

Weatherhead PJ (1997) Breeding synchrony and extra-pair mating in red-winged blackbirds. Behav Ecol Sociobiol **40**: 151-158

Weatherhead PJ, Yezerinac SM (1998) Breeding synchrony and extra-pair mating in birds. Behav Ecol Sociobiol **43**: 217-219

Weatherhead PJ, Metz KJ, Bennett GF, Irwin RE (1993) Parasite faunas, testosterone and secondary sexual traits in male red-winged blackbirds. Behav Ecol Sociobiol **33**: 13-32

Weatherhead PJ, Montgomerie R, Bibbs HL, Boag PT (1994) The cost of extra-pair fertilization to female red-winged blackbirds. Proc R Soc Lond **258**: 315-320

Webster MS., Chuang-Dobbs HC, Holmes RT (2001) Microsatellite identification of extrapair sires in a socially monogamous warbler. Behav Ecol **12**: 439- 446

Wedel A (1999) Blutparasiten. In: Wedel A (Ed) Ziervögel – Erkrankungen, Ernährung, Haltung. Parey, Berlin: 198-200

Westneat DF, Grey EM (1998) Breeding synchrony and extrapair fertilizations in two populations of red-winged blackbirds. Behav Ecol **9**: 456-464

Westneat DF, Sherman PW (1997) Density and extra-pair fertilizations in birds: a comparative analysis. Behav Ecol Sociobiol **41**: 205-215

Westneat DF, Stewart IRK (2003) Extra-pair paternity in birds: causes, correlates, and conflict. Ann Rev Ecol **34**: 365-396

Westneat DF, Webster MS (1994) Molecular analysis of kinship in birds: interesting questions and useful techniques. In: Schiewater B, Streit B, Wagner GP, DeSalle R (Eds) Molecular ecology and evolution: approaches and application. Birkhäuser Verlag, Basel: 91-126

Westneat DF, Sherman PW, Morton ML (1990) The ecology and evolution of extra-pair copulations in birds. Curr Ornithol **7**: 331-369

Whittingham LA, Dunn PO (2001) Survival of extrapair and within-pair young in tree swallows. Behav Ecol **12**: 496-500

Widowski TM, Curtis SE, Graves CN (1989) The neutrophil: lymphocyte ratio in pigs fed cortisol. J Anim Sci **69**: 501-501

Wiersch SC (2005) Molekulare Phylogenie der Malariaerreger (Haemosporida) unter besonderer Berücksichtigung des Vogelmalariaerregers *Plasmodium* (*Haemamöba*) *cathemerium* sowie Untersuchungen zum Vorkommen der Vogelmalaria in Deutschland. Dissertation, Mathematisch-Naturwissenschaftliche Fakultät, Rheinische Friedrich-Wilhelm-Universität Bonn

Wiersch SC, Lubjuhn T, Maier WA, Kampen H (2007) Haemosporidian infection in passerine birds from Lower Saxony. J Ornithol **148**: 17-24

Will E (2002) Populationsstruktur und Fortpflanzungsbiologie in den Alpen brütender Kohlmeisen (*Parus major*), Tannenmeisen (*P. ater*), Alpenmeisen (*P. montanus*) und Haubenmeisen (*P. cristatus*) – Untersuchungen mit Hilfe molekulargenetischer und freilandbiologischer Arbeitsmethoden. Dissertation, Fachbereich Geowissenschaften, der Mathematisch-Naturwissenschaftlichen Fakultät, Westfälische Wilhelms-Universität Münster

Wingfield JC, Sapolsky RM (2003) Reproduction and resistance to stress: when and how. J Neuroendocrinol **15**: 711-724

Wingfield JC, Hegner RE, Dufty AM, Ball GF (1990) The "challenge hypothesis" theoretical implications for patterns of testosterone secretion, mating systems, and breeding stategies. Am Nat **136**: 829-846

Wink M, Swatschek I, Feldmann F (1990) Untersuchungen von Verwandtschaftsbeziehungen in Vogelpopulationen mittels DNA-Fingerprinting. Vogelwelt **3**: 86-95

Winkel W (1970) Experimentelle Untersuchung zur Brutbiologie von Kohl- und Blaumeise (*Parus major* und *P. caerulus*). J. Ornithol **111**: 154-174

Winkel W (1996) Das Braunschweiger Höhlenbrüterprogramm des Instituts für Vogelforschung "Vogelwarte Helgoland". Vogelwelt **117**: 269-275

Winkel W, Winkel D (1987) Gelegestärke und Ausfliege-Erfolg bei Erst- und Zweitbruten von Kohl- und Tannenmeisen (*Parus major, Parus ater*). Vogelwelt **108**: 209-220

Winkel W, Winkel D, Lubjuhn T (2001) Vaterschaftsnachweise bei vier ungewöhnlich dicht benachbart brütenden Kohlmeisen-Paaren (*Parus major*). J Ornithol **142**: 429-432

Wrege PH, Emlen ST (1987) Biochemical determination of parental uncertainty in white-fronted bee-eaters. Behav Ecol Sociobiol **20**: 153-160

Wright J, Cotton PA (1994) Experimentally induced sex differences in parental care: an effect of certainty of paternity? Anim Behav **47**: 1311-1322

Woodworth BL, Aktinson CT, LaPointe DA, Hart P-J, Spiegel CS, Tweed EJ, Hennemann C, LeBrun J, Denette T, DeMots R, Kozar KL, Triglia D, Lease D, Gregor A, Smith A, Duffy D (2005) Host population persistence in the face introduced vector-borne diseases: hawaii amakihi and avian malaria. Proc Natl Acad Sci USA **102**: 1531-1536

Wülker W, Schaub GA (2002) Parasiten/Parasitismus/Parasitologie. In: Sauermost R, Freudig D, Lay M, Genaust H, Gack C, Bogenrieder A, Collatz KG, Kössel H, Maier U, Osche G, Schön G (Eds) Lexikon der Biologie. Vol 10, 2nd ed. Spektrum Akademischer Verlag, Heidelberg: 381-390

Wunderlich E, Dekhil MA, Mehnert LI, Braun JV, El-Khadragy M, Borsch E, Hermsen D, Benten WPM, Pfeffer K, Mossmann H, Krücken J (2005) Testosterone responsiveness of spleen and liver in female lymphotoxin ß receptor-deficient mice resistant to blood-stage malaria. Microbes Infect **7**: 399-409

Literaturverzeichnis

Yanovia SP, Fincke OM (2005) Sampling methods for water-filled tree holes and their analogs. In: Leather S (Ed) Insects sampling. Blackwell Science, Oxford: 168-185

Young KM, Walker SL, Lanthier C, Waddell WT, Monfort SL, Brown JL, (2004) Noninvasive monitoring of adrenocortical activity in carnivores by fecal glucocorticoid analyses. Gen Comp Endocrinol **137**: 148-165

Zahavi A (1975) Mate selection: a selection for a handicap. J Theor Biol **53**: 205-214

Zang H (1980) Der Einfluss der Höhenlage auf Siedlungsdichte und Brutbiologie höhlenbrütender Singvögel im Harz. J Ornithol **121**: 371-386

Zang H (1982) Der Einfluß der Höhenlage auf Alterszusammensetzung und Brutbiologie bei Kohl- und Blaumeise (*Parus major*, *P. caeruleus*) im Harz. J Ornithol **123**: 145-154

Zeh JA, Zeh DW (1996) The evolution of polyandry 1. Intragenomic conflict and genetic incompatibility. Proc R Soc Lond **263**: 1711-1717

Zeh JA, Zeh DW (1997) The evolution of polyandry. 2. Post-copulatory defences against genetic incompatibility. Proc R Soc Lond **264**: 69-75

Zhang H, Zhao J, Wang P, Qiao Z (2001) Effect of testosterone on *Leishmania donovani* infection of macrophages. Parasitol Res **87**: 647-676

Zuna-Kratky T (2007) Ergebnisse der Beringungsstation Hohenau-Ringelsdorf im Jahr 2006. Biologische Station Hohenau-Ringelsdorf. Auring: 1-2

9. Danksagung

Herrn Prof. Dr. Hynek Burda danke ich für die Bereitstellung des Arbeitsplatzes, die Überlassung des Themas und für die gute Betreuung, welche sich nicht allein auf die Diskussions- und Hilfsbereitschaft beschränkte, sondern auch auf die Vermittlung eines guten und persönlichen Arbeitsklimas.

Ein großer Dank gilt Herrn Prof. Dr. Günter A. Schaub, Ruhr-Universität Bochum, für die großartige Unterstützung, Wissensvermittlung und Betreuung meiner Arbeit sowie die Übernahme des Korreferats. Bei Herrn Prof. Dr. Franz Schwarzenberger, Universität Wien, bedanke ich mich für die sehr schnelle und gute Zusammenarbeit bei den Kortikosteronanalysen und bei Frau PD Dr. Micaela Poetsch, Rechtsmedizin Essen, für die Hilfs- und Diskussionsbereitschaft bei den Vaterschaftsanalysen. Herrn Prof. Dr. Axel Haberkorn danke ich für die Nachbestimmung der Parasiten. Ein weiterer Dank gilt Herrn Dr. Ulrich Schürer für die Erlaubnis, die Arbeit im Wuppertaler Zoo verrichten zu dürfen.

Bei Herrn Dr. Fritz-Bernd Ludescher, Universität Duisburg-Essen, bedanke ich mich für die sehr gute Betreuung und ständige Unterstützung und breite Wissensvermittlung sowie bei Dr. Carsten Balczun, Ruhr-Universität-Bochum, für die Unterstützung bei methodischen Problemen.

Herrn Dipl. biol. André Stadler vom Wuppertaler Zoo danke ich dafür, dass er während der Anfertigung der Arbeit, bei Fragen und bei Diskussionsbedarf immer für mich da war und mich unterstützt hat. Ein großer Dank gilt auch meiner Familie.

Bei K. Tamm bedanke ich mich für diversen Ablenkungen und bei M. Trochowski und A. Schinköth für die moralische Unterstützung.

Den Mitgliedern der Arbeitsgruppe danke ich für das gute Arbeitsverhältnis und ihre ständige Hilfsbereitschaft.

i want morebooks!

Buy your books fast and straightforward online - at one of world's fastest growing online book stores! Environmentally sound due to Print-on-Demand technologies.

Buy your books online at
www.get-morebooks.com

Kaufen Sie Ihre Bücher schnell und unkompliziert online – auf einer der am schnellsten wachsenden Buchhandelsplattformen weltweit! Dank Print-On-Demand umwelt- und ressourcenschonend produziert.

Bücher schneller online kaufen
www.morebooks.de

 VDM Verlagsservicegesellschaft mbH
Heinrich-Böcking-Str. 6-8   Telefon: +49 681 3720 174   info@vdm-vsg.de
D - 66121 Saarbrücken   Telefax: +49 681 3720 1749 www.vdm-vsg.de

Printed by Books on Demand GmbH, Norderstedt / Germany